医药卫生类高等教育校企合作“双元规划”精品教材

免疫学

主　编　曹启江　田　晶　张建新

上海科学技术出版社

图书在版编目（CIP）数据

免疫学 / 曹启江，田晶，张建新主编．--上海：上海科学技术出版社，2025.2.--（医药卫生类高等教育校企合作“双元规划”精品教材）．-- ISBN 978-7-5478-6904-8

Ⅰ．Q939.91

中国国家版本馆 CIP 数据核字第 2024GP1162 号

免疫学

主　编　曹启江　田　晶　张建新

上海世纪出版(集团)有限公司
上 海 科 学 技 术 出 版 社　出版、发行

(上海市闵行区号景路 159 弄 A 座 9F-10F)

邮政编码 201101　www.sstp.cn

昌昊伟业(天津)文化传媒有限公司

开本 889×1194　1/16　印张　15.5

字数:523 千字

2025 年 2 月第 1 版　2025 年 2 月第 1 次印刷

ISBN 978-7-5478-6904-8/ R・3148

定价:59.00 元

编委会

主　编　曹启江　田　晶　张建新

副主编　于明曦　贾彦超　刘秋颖

张　琪　李　臻　张芸娇

编　者　(按姓氏笔画排序)

于明曦（沈阳农业大学）

王显玲（沈阳农业大学）

王鹤潼（沈阳大学）

田　晶（锦州医科大学）

刘秋颖（辽宁何氏医学院）

李　东（天津医科大学总医院）

李　冰（辽宁何氏医学院）

李　洪（辽宁何氏医学院）

李　臻（昆明医科大学）

李苹苹（甘肃医学院）

杨宝玲（锦州医科大学）

张　琪（辽宁何氏医学院）

张芸娇（昆明医科大学海源学院）

张建新（许昌学院）

罗春艳（辽宁何氏医学院）

贾彦超（许昌学院）

曹启江（沈阳大学）

施　超（青岛科技大学）

前言

免疫学是一门重要的基础医学课程，免疫学理论知识及其相关技术发展日新月异。免疫学是生物科学与医学领域中的前沿学科，同时与其他基础医学学科如细胞生物学、遗传学、生物化学、分子生物学、生理学、微生物学等紧密交叉。免疫学与临床医学、预防医学、影像学、口腔医学等学科密切交叉和相互渗透融合，促进医学乃至整个生命科学的不断发展。在贯彻落实《"健康中国 2030"规划纲要》，发展健康中国的背景下，免疫学教材需要不断更新、持续改进来适应社会发展的需要，并与国家发展大局接轨。

近年来，随着我国高等教育的不断改革和创新人才教育的不断深入，全方位高素质创新人才培养已引起高校的普遍关注。免疫学的实验方法和技术在生命科学领域发挥了重要作用。免疫学课堂理论讲解要能够提升学生的学习兴趣，培养学生自主性学习，不断提升创新思维、分析与解决问题的能力等，这些要求给教育工作者带来前所未有的挑战。

本教材通过思维导图、学习目标、案例分析、思政入课堂、课程小结以及课后思考题与习题等板块，多角度归纳总结免疫学知识点，便于教师的教学和学生的学习。本教材在内容形式上做到系统、准确，按照"免疫组织器官－免疫细胞－免疫分子"从宏观到微观进行讲解。本教材在课程目标上分为知识目标、能力目标和思政目标，以激发学生学习的主动性，从创新思维角度培养学生的学习能力、分析与解决问题能力，并养成终身学习的习惯。本教材注重术语规范、图片质量与教材的整体效果。

本教材共计 22 章，第一章到第十四章为基础免疫学，系统介绍免疫系统的组成与功能、固有免疫应答与适应性免疫应答；第十五章到第二十二章为临床免疫学，包括免疫病理机制分析、免疫预防与治疗和免疫学检测技术等。教材编写过程中，注重每一个章节之间的有机结合和内在联系，便于读者学习与参考。

本教材在编写过程中得到了参编院校教师的大力支持。在此，感谢各位编委老师的辛勤付出，感谢出版社老师的大力支持与帮助。

本教材在内容、文字、图表等方面可能存在疏忽和不足，恳请读者提出宝贵意见，以便在今后的教材修订中不断完善。

编　者

目录

第一章 绪论 …… 001

第一节 免疫学简介 …… 002
第二节 免疫学发展简史 …… 004
第三节 免疫学进展 …… 006

第二章 抗原 …… 009

第一节 影响抗原免疫原性的因素 …… 010
第二节 抗原特异性与交叉反应 …… 013
第三节 抗原的分类及意义 …… 014
第四节 非特异性免疫刺激剂与免疫佐剂 …… 017

第三章 免疫器官 …… 021

第一节 中枢免疫器官 …… 022
第二节 外周免疫器官 …… 024
第三节 淋巴细胞归巢与再循环 …… 027

第四章 免疫细胞 …… 031

第一节 固有免疫细胞 …… 032
第二节 抗原的加工与提呈 …… 036
第三节 T 淋巴细胞 …… 040
第四节 B 淋巴细胞 …… 044

第五章 抗体 …… 050

第一节 免疫球蛋白的结构 …… 051
第二节 免疫球蛋白的免疫原性 …… 054
第三节 抗体的分类与生物学特征 …… 055
第四节 抗体的生物学作用 …… 056
第五节 人工制备的抗体 …… 057

第六章 补体系统 …… 062

第一节 补体系统的组成 …… 063

第二节　补体的激活途径 …… 064
第三节　补体受体及其免疫学作用 …… 069
第四节　补体系统的生物学作用 …… 069
第五节　补体与疾病 …… 071

第七章　细胞因子 …… 075

第一节　细胞因子的共同特点 …… 076
第二节　细胞因子的分类 …… 077
第三节　细胞因子受体 …… 078
第四节　细胞因子的免疫学功能 …… 079
第五节　细胞因子与疾病 …… 081

第八章　白细胞分化抗原与黏附因子 …… 084

第一节　人白细胞分化抗原 …… 084
第二节　黏附分子 …… 086

第九章　主要组织相容性复合体 …… 090

第一节　MHC 结构及其遗传特性 …… 090
第二节　MHC 分子的分布与结构 …… 093
第三节　MHC 与临床医学 …… 094

第十章　固有免疫 …… 098

第一节　固有免疫屏障 …… 099
第二节　固有免疫细胞 …… 099
第三节　固有免疫分子 …… 100
第四节　固有免疫应答 …… 100

第十一章　T 细胞介导的细胞免疫应答 …… 104

第一节　T 细胞对抗原的识别 …… 105
第二节　T 细胞活化增值和分化 …… 106
第三节　T 细胞应答的免疫效应 …… 107

第十二章　B 细胞介导的体液免疫应答 …… 111

第一节　B 细胞对胸腺依赖性抗原的应答 …… 112
第二节　B 细胞对胸腺非依赖性抗原的应答 …… 116
第三节　抗体产生的一般规律 …… 118
第四节　B 细胞应答的免疫效应 …… 119

第十三章　免疫调节 …… 122

第一节　分子水平的免疫调节 …… 123
第二节　细胞水平的免疫调节 …… 126

第三节　个体水平的免疫调节 …… 127
第四节　群体水平的免疫调节 …… 128

第十四章　免疫耐受 …… 132

第一节　免疫耐受的概述 …… 133
第二节　免疫耐受的机制 …… 136
第三节　免疫耐受与临床 …… 138

第十五章　超敏反应 …… 144

第一节　Ⅰ型超敏反应 …… 145
第二节　Ⅱ型超敏反应 …… 148
第三节　Ⅲ型超敏反应 …… 149
第四节　Ⅳ型超敏反应 …… 151

第十六章　自身免疫病 …… 155

第一节　自身免疫的概述 …… 156
第二节　自身免疫病发生的相关因素 …… 158
第三节　自身免疫病的免疫损伤机制 …… 161
第四节　自身免疫病的防治原则 …… 162

第十七章　免疫缺陷病 …… 167

第一节　免疫缺陷病的概述 …… 168
第二节　原发性免疫缺陷病 …… 168
第三节　继发性免疫缺陷病 …… 172
第四节　免疫缺陷病的实验室诊断与防治原则 …… 176

第十八章　肿瘤免疫 …… 180

第一节　肿瘤抗原 …… 181
第二节　肿瘤免疫逃逸机制 …… 184
第三节　机体抗肿瘤的免疫机制 …… 186
第四节　肿瘤的免疫学检测与治疗 …… 189

第十九章　移植免疫 …… 194

第一节　移植免疫的概述 …… 195
第二节　移植排斥反应的免疫机制 …… 197
第三节　移植排斥反应的类型 …… 200
第四节　移植排斥反应的防治原则 …… 202

第二十章　免疫预防 …… 207

第一节　免疫预防的概述 …… 208
第二节　免疫预防的分类 …… 208

第二十一章　免疫治疗…………213

第一节　免疫治疗的概述…………214
第二节　免疫治疗的分类…………215

第二十二章　免疫学检测技术及应用…………223

第一节　抗原抗体特异性结合反应…………224
第二节　检测抗原或抗体的体外实验…………225
第三节　细胞因子的检测…………230
第四节　免疫细胞的检测…………232
第五节　免疫学检测与应用…………236

参考文献…………240

第一章 绪 论

思维导图

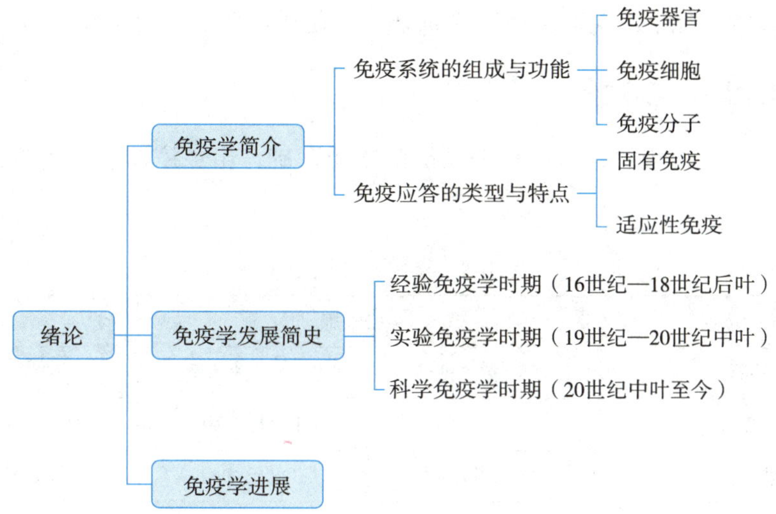

学习目标

知识目标　掌握免疫和免疫学的概念，理解免疫系统的基本功能，了解免疫学的发展简史。

能力目标　通过学习免疫学理论知识，结合人类与疾病的长期斗争，培养学生独立思考、分析问题的能力以及充分了解免疫学的重要性。

思政目标　培养学生的探究精神和学习的主观能动性。

思政入课堂

免疫学的发展经历了三个时期：经验免疫学时期、实验免疫学时期和科学免疫学时期。尽管免疫学科的建立是在19世纪末，但在很早之前就形成了免疫学相关理论知识，免疫学的发展就是人类与流行病的对抗史，记载了无数的辛酸与苦难，是人类战胜疫情的总结。天花、霍乱、黑死病、流感等疾病在人类历史和文明进程中扮演了重要的角色。其中，天花病毒导致至少死亡3亿人；鼠疫在中世纪横行无忌，造成欧洲1/3人口的损失；流感病毒在不断地变异中追击人类，至今每年仍造成数十万人的死亡。通过本章节学习，可以引导学生敬畏自然、珍爱生命，实现人与自然的和谐发展。

第一节　免疫学简介

免疫一词的英文 immunity 最早来源于拉丁文 immunitas，意思为免除赋税、劳役，沿用在医学引申为免除某种传染病。随着免疫学的快速发展，人们对免疫的概念有了更深入的认知。现代“免疫”的含义是指机体免疫系统区分识别“自己”与“非己”，对自身成分产生天然免疫耐受，对非己异物进行免疫应答的一种生理现象。大多数正常情况下，这种免疫应答对机体是有利的，可以保护机体维持机体内环境稳态；但在免疫异常或低下时会对机体产生损伤，如超敏反应、自身免疫病以及肿瘤等。

一、免疫系统的组成与功能

免疫系统是机体执行免疫应答，行使免疫功能的物质基础，由免疫器官、免疫细胞和免疫分子组成（表 1–1）。

表 1–1　免疫系统的组成

免疫器官		免疫细胞		免疫分子	
中枢	外周	固有免疫细胞	适应性免疫细胞	膜型分子	分泌性分子
胸腺	脾	吞噬细胞	T 淋巴细胞	TCR BCR	免疫球蛋白
骨髓	淋巴结	树突状细胞	B 淋巴细胞	CD 分子	补体
—	黏膜相关淋巴组织	NK 细胞	—	黏附分子	细胞因子
—	阑尾	粒细胞	—	MHC 分子	—
—	—	—	—	细胞因子受体	—

（一）免疫器官

根据发生和功能不同，免疫器官分为中枢免疫器官（central immune organ）和外周免疫器官（peripheral immune organ），又称为初级淋巴器官（primary lymphoid organ）和次级淋巴器官（secondary lymphoid organ）。中枢免疫器官是免疫细胞分化、发育以及成熟的场所，包括骨髓和胸腺。骨髓是 B 淋巴细胞发育成熟的场所，胸腺是 T 淋巴细胞发育成熟的场所；而外周免疫器官是免疫细胞定居、增殖和产生免疫应答的场所，包括脾脏、淋巴结、扁桃体、阑尾以及黏膜相关的淋巴组织等。

（二）免疫细胞

根据作用方式和功能不同，免疫细胞分为固有免疫细胞和适应性免疫细胞。固有免疫细胞执行非特异性免疫应答，主要包括单核巨噬细胞、树突状细胞、自然杀伤细胞、肥大细胞、粒细胞等；适应性免疫细胞执行特异性免疫应答，包括 T 淋巴细胞和 B 淋巴细胞。

（三）免疫分子

免疫分子是指由免疫细胞或其他细胞分泌或产生，参与机体免疫应答的各种相关分子，包括抗体、补体、细胞因子、黏附因子、MHC 分子、CD 分子以及模式识别受体（pattern recognition receptor，PRR）等。

从微观到宏观，由免疫分子、细胞以及组织器官组成的免疫系统有三大基本功能，分别是免疫防御、免疫监视和免疫稳定（表1–2）。免疫防御是机体防御病原体入侵以及清除病原体或其他有害物质的作用。免疫监视是机体免疫系统识别清除突变细胞或感染病毒的细胞的一种生理保护作用。免疫稳定是机体通过自身免疫耐受和免疫调节两种机制来达到免疫系统对内环境稳定的一种生理功能（图1–1）。

表1–2 免疫系统的功能

功能	生理性反应	病理性反应
免疫防御	清除病原体和其他有害物质	超敏反应、免疫缺陷病
免疫监视	清除突变或癌变的肿瘤细胞	恶性肿瘤、持续性感染
免疫稳定	清除损伤及衰老的细胞	自身免疫性疾病

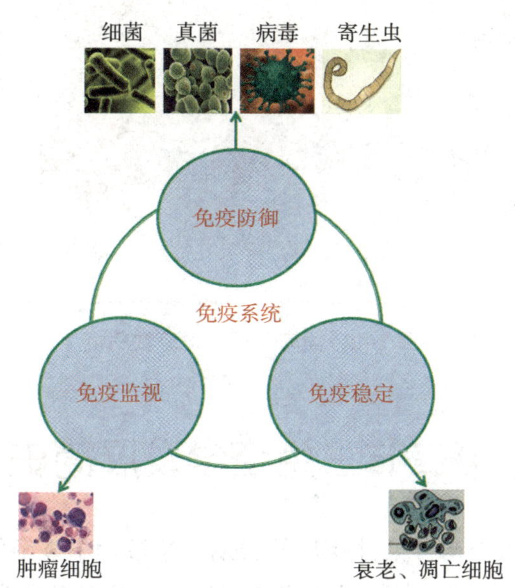

图1–1 免疫系统的基本功能

二、免疫应答的类型与特点

免疫应答是指机体免疫系统通过识别“自己”和“非己”，对入侵的病原体或其他抗原性异物进行有效清除的整个过程。根据免疫应答识别的特点、获得形式以及效应机制不同，分为固有免疫应答和适应性免疫应答两大类。固有免疫又称为天然免疫或非特异性免疫；适应性免疫又称为获得性免疫或特异性免疫。

（一）固有免疫

固有免疫是机体在长期种系发育和进化中逐渐形成的一种天然防御机制，是机体防御病原体侵害的第一道防线。固有免疫的组成包括免疫屏障、固有免疫细胞和固有免疫分子。免疫屏障主要包括皮肤黏膜屏障、血眼屏障、血脑屏障、血胸屏障、血胎屏障和血睾屏障等，用于保护局部环境。固有免疫细胞可通过识别病原体相关分子模式（pathogen associated molecular pattern，PAMP），区分“自己”与“非己”，破坏或清除外来异物。体液中含有的补体成分、溶菌酶、防御素以及抗菌肽等多种抗微生物成分可以非特异性杀伤或吞噬病原微生物。

（二）适应性免疫

适应性免疫是机体免疫系统受到病原体等抗原性异物刺激后产生的，对某一特定病原体具有高度特异性，并将其清除体外的免疫应答。当相同或相似的病原体再次进入机体，能产生快速、更强烈的免疫应答，从而能有效预防该病原体引起的疾病。适应性免疫应答具有特异性、记忆性以及多样性。固有免疫起始适应性免疫，适应性免疫发生又有固有免疫的参与，两者不同但具有密切的联系（图 1-2）。

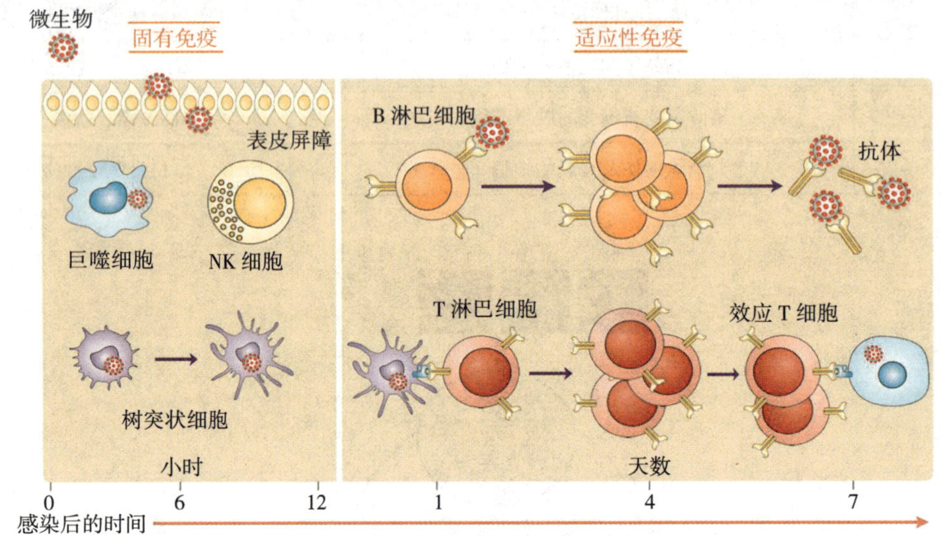

图 1-2　固有免疫和适应性免疫

第二节　免疫学发展简史

人类对免疫学的认知是在人类与传染性疾病的长期斗争过程中逐渐发展起来的。免疫学的发展大致可分为三个阶段，分别为经验免疫学时期、实验免疫学时期和科学免疫学时期。

一、经验免疫学时期（16 世纪—18 世纪后叶）

天花又名痘疮，20 世纪末期之前是世界上传染性最强的疾病之一，因感染天花病毒而引发，死亡率极高，严重威胁人类的生存。据考证，我国早在宋朝（11 世纪）已有吸入天花痂粉用来预防天花的记载，到明朝已有接种人痘预防天花的记载。比如，穿感染天花病毒康复患者的衣物，将天花患者康复后的皮肤痂皮磨成粉末吹入未患病儿童的鼻腔用来预防天花。这种种人痘预防天花存在着一定的危险性，但为后来 Edward Jenner（图 1-3）发明牛痘预防天花提供了宝贵经验。

图 1-3　Edward Jenner（1749—1823）

18 世纪后叶英国科学家 Edward Jenner 观察农场挤牛奶女工在接触患有牛痘的牛后，手臂会长出类似牛痘的疱疹，这些患有牛痘的女工却不患有天花。他设想可以人工接种牛痘可能会预防天花，并将牛痘接种儿童手臂。两个月后，再接种从天花患者取得的痘液，结果发现患者只是有手臂发生疱疹，未引发全身感染天花病毒。1798 年，Edward Jenner 开创了人工主动免疫的先河，发表接种牛痘的论文。1980 年 5 月 8 日，世界卫生组织（WHO）在第 33 届世界卫生大会宣布全世界已经消灭了天花病。

二、实验免疫学时期（19 世纪—20 世纪中叶）

显微镜的问世，使得医学研究者可以观察到微观世界。19 世纪中叶，人们意识到瘟疫的实质是病原微生物感染人体引发的传染病。人们利用显微镜相继分离出许多微生物。1850 年，医学家首先在羊的血液中发现了炭疽杆菌。随后，法国微生物学家 Pasteur 证明实验室内培养的炭疽杆菌能使动物感染致病，并发明了液体培养基。德国细菌学家 Robert Koch 发明了固体培养基，并提出病原菌致病的概念。Pasteur 发明了巴氏消毒法，开创了人工主动免疫的方法，极大地促进了疫苗的发展和应用。1888 年，医学家发现了白喉杆菌导致儿童白喉疾病的发生。1890 年，Behring 用白喉外毒素免疫动物，在动物血清中发现能中和白喉外毒素的物质，称为抗毒素。1891 年，他利用该抗毒素成功治愈首例白喉病人，开创了人工被动免疫的先河。Behring 后期利用甲醛处理白喉外毒素和破伤风外毒素，使其毒性减弱后成类毒素，进行预防接种。因此，1901 年，Behring 获得首届诺贝尔生理学或医学奖。

19 世纪后叶，医学家对人体免疫应答的认知大体分为两种学说，体液免疫学说和细胞免疫学说。前者以 Ehrlich 为首的学者们提出，认为体液中产生了针对各种病原菌的相应抗体。1897 年，Ehrlich 提出了抗体产生的侧链学说，认为抗体分子是细胞表面的一种受体，抗原进入机体可以与该抗体发生互补性的特异性结合，刺激细胞产生更多的抗体。1940 年，Pauling 提出可变折叠学说，抗体按抗原分子的特点进行结构互补折叠形成。这两种学说都片面强调了抗原对抗体的免疫反应作用，解释了抗原决定抗体的特异结构，忽视了机体免疫系统的识别功能。直到后来的克隆选择学说提出后才使免疫学有了新的进展。后者以俄国动物学家 Metchnikoff 为代表，他们在研究过程中提出吞噬细胞具有清除微生物或其他异物的作用，而白细胞在机体的炎症过程中具有防御作用，并于 1883 年提出细胞免疫假说。细胞免疫学派和体液免疫学派两个阵营之间的持续争论极大地推动了免疫学发展。

20 世纪初，Richet 和 Portier 将海葵触角的甘油提取液注射到犬的体内进行实验，发现大剂量可引起犬的死亡，其中有一部分犬存活。经过 3 ~ 4 周后，对存活的犬再次少剂量注射同一提取物，犬会立即死亡，他们称这种现象为过敏反应。后期 Pirguet 利用结核菌素皮肤划痕法提出变态反应，发现病理表现主要为单个核细胞浸润的现象。

1945 年，Ray Owen 发现胚胎期异卵双生的两只小牛共用同一个胎盘，存在两种不同血型的红细胞，但是不发生排斥反应，他称为这种现象为免疫耐受。1953 年，英国学者 Medawar 通过动物实验指出动物在胚胎期或新生时期接触抗原后，等到成年期其对该抗原不发生免疫应答，后期发现获得性移植免疫耐受。

1957 年，澳大利亚微生物学家 Frank Macfarlane Burnet 提出了著名的抗体生成的克隆选择学说。该学说发展了侧链学说，修正了 Jerne 的自然选择理论，是免疫学发展中最为重要的理论，不仅说明了抗体产生机制，而且解释了免疫学现象，如对抗原的识别、免疫耐受、免疫记忆和自身免疫等，奠定了近代免疫学研究的理论基础。1960 年，Burnet 与 Medawar 共同获得诺贝尔生理学或医学奖。

三、科学免疫学时期（20 世纪中叶至今）

1959 年至 1965 年，美国生物化学家 Gerald Maurice Edelman 和英国生物化学家 Rodney Robert Porter 先后证明抗体的四条肽链结构，分为重链和轻链。每条肽链又含有可变区和恒定区，抗体的可变区决定识别抗原的特异性，抗体的恒定区不能结合抗原但与抗体的重要生物学功能有关。鉴于二人在阐明抗体分子结构方面的巨大贡献，他们于 1972 年获得诺贝尔生理学或医学奖。

1935 年开始，美国遗传学家 George Davis Snell 创建移植免疫和免疫遗传学，研究影响小鼠器官移植存活的基因，称为组织相容性基因。1954 年，法国免疫学家、医学家 Jean Dausset 对白细胞抗原深入研究发现有 10 种不同的抗原，称为 Hu-I 系统，后称为 HLA 组织相容性系统。1963 年，美国免疫学家 Baruj Benacerraf 发现染色体内含有免疫应答基因与主要组织相容性复合体（MHC）紧密连锁。1980 年，三人共同获得诺贝尔生理学或医学奖。

1961 年，Miller 发现胸腺中存在发育成熟的淋巴细胞，称为 T 淋巴细胞。1962 年，Warner 和 Szenberg 发现鸡腔上囊是骨髓未成熟淋巴细胞发育成熟的免疫器官，将腔上囊发育成熟的淋巴细胞称为 B 淋巴细胞。对于人与哺乳动物来讲，B 淋巴细胞在骨髓中发育成熟。1968 年，Claman 和 Mitchell 发现了辅助性 T 细胞，并证明抗体的产生需要 T/B 淋巴细胞的协同作用。

1974 年，丹麦免疫学家 Niels K. Jerne 提出独特型网络学说。该学说认为抗体分子不仅是一种可以与抗原特异性结合的受体，同时也是一种抗原，而该抗原表位称为独特型抗原表位，进行相互交织成网。该学说开创了现代的细胞免疫学，1984 年，Jerne 获得诺贝尔生理学或医学奖。

1975 年，德国免疫学家 Kohler 和美国生物化学家 Cesar Milstein 共同研究开发了一套制备单克隆抗体的新技术。他们利用杂交瘤细胞产生单克隆抗体，1984 年获得诺贝尔生理学或医学奖。

1978 年，日本分子生物学家 Susumu Tonegawa 克隆出编码免疫球蛋白可变区和恒定区的基因，同时发现免疫球蛋白编码基因 C、V、D、J 的重排可引起抗体的多样性。游离存在的免疫球蛋白即为抗体，膜结合存在的免疫球蛋白即为 B 细胞受体，1987 年，Tonegawa 获得诺贝尔生理学或医学奖。1984 年，Mark Davis 和 Tak Mak 进一步发现了 T 细胞受体的基因重排现象。

1974 年，世界顶级免疫医学家 Zinkernagel 和澳大利亚科学家 Doherty 首次报道 MHC 限制性得出结论，为了使杀伤性 T 细胞识别受感染的细胞，T 细胞必须识别细胞表面的两个分子——不仅是病毒抗原，还有 MHC 分子。这种双识别是通过 T 细胞表面上的 T 细胞受体完成的。这就是著名的 T 细胞双重识别和 MHC 限制性学说。1996 年，Zinkernagel 和 Doherty 获得诺贝尔生理学或医学奖。

第三节　免疫学进展

1990 年人类基因组计划启动，2003 年 4 月人类基因组序列图绘制成功。随着三代测序和基因标记技术的发展，生命科学的研究开始转入后基因组学时代，即蛋白质组、转录组和代谢组研究的新时代。目前的研究成果极大地推动免疫学的发展，比如基因表达调控、基因及其表达产物功能的研究、整体水平免疫机制的研究、疾病防治及诊断的研究、肿瘤的免疫治疗研究、免疫系统及功能的生物进化方面的研究等，免疫学已成为生命科学的领头学科之一。

免疫学基础理论主要是在研究免疫系统如何识别“自己”和“非己”，并清除“非己”的过程。基于免疫应答阐明肿瘤、感染性疾病、超敏反应、自身免疫性疾病、移植免疫和免疫防治等作用机制以及用于疾病的预防、诊断与治疗。

临床案例

患者，女，35 岁，发热并易疲劳。体检显示淋巴结明显肿大，血液检测结果显示白细胞计数升高，中性粒细胞百分比正常，淋巴细胞形态正常。血清中 IgG、IgM、IgA 测定结果均正常。那么，如何判断该患者的病情。

分析：免疫系统具有免疫防御、免疫稳定与免疫监视功能。淋巴结是外周免疫器官，作为免疫应答发生的场所，局部淋巴结对经过的细菌进行抗原的识别、细胞活化与增殖，产生大量的相应淋巴细胞，因此出现淋巴结肿大与疼痛。发热为机体抗感染的固有免疫反应，由致热原引发，是免疫系统向机体发出求救信号，针对免疫球蛋白检测结果正常，考虑可以排除淋巴瘤或系统性红斑狼疮的可能性。淋巴细胞形态正常，可以排除白血病的可能性。所以，接下来需要做淋巴结活检来进一步确定病情。

本章小结

掌握免疫的传统概念与现代概念。免疫学是研究机体免疫系统如何区分识别自我与非我，并清除非我的过程。免疫系统的组成从微观到宏观包括免疫分子、免疫细胞和免疫组织器官，具有免疫防御、免疫监视和免疫稳定三个基本功能。免疫应答包括固有免疫应答与适应性免疫应答。免疫学的发展时期大体分为三个阶段，分别为经验免疫学时期、实验免疫学时期和科学免疫学时期。

思考题

1. 简述免疫学发展的不同阶段。
2. 免疫系统的三大基本功能是什么，具体有怎样的功能？

习 题

一、名词解释

1. 免疫
2. 免疫学

二、单项选择题

1. 首次使用人痘预防天花的国家是（　　）。
   A. 法国　B. 中国　C. 英国　D. 希腊
   E. 印度
2. 牛痘苗的发明者正确的是（　　）。
   A. 德国 Bering　B. 法国 Pasteur
   C. 德国 Koch　D. 澳大利亚 Burnet
   E. 英国 Jenner
3. 机体免疫监视能力低下时易发生（　　）。
   A. 肿瘤　B. 超敏反应
   C. 移植排斥反应　D. 免疫耐受
   E. 自身免疫病
4. 机体抵抗病原微生物感染的功能称为（　　）。
   A. 免疫耐受　B. 免疫自稳　C. 免疫监视　D. 免疫防御
   E. 免疫识别
5. 机体免疫系统识别并清除衰老或凋亡细胞的功能称为（　　）。
   A. 免疫识别　B. 免疫监视　C. 免疫自稳　D. 免疫耐受
   E. 免疫防御

三、判断题（正确的划“√”，错误的划“×”）

1. Metchnikoff 提出的细胞学说认为机体的免疫机制主要是由 T 细胞介导的免疫起作用。 （ ）
2. 免疫防御功能异常时，可引起变态反应或反复感染。 （ ）
3. 免疫系统的三个基本功能是指免疫防御、免疫监视和免疫自稳。 （ ）
4. 通过预防接种，WHO 宣布在 1985 年全世界人类正式消灭天花。 （ ）

参考答案

第二章 抗 原

思维导图

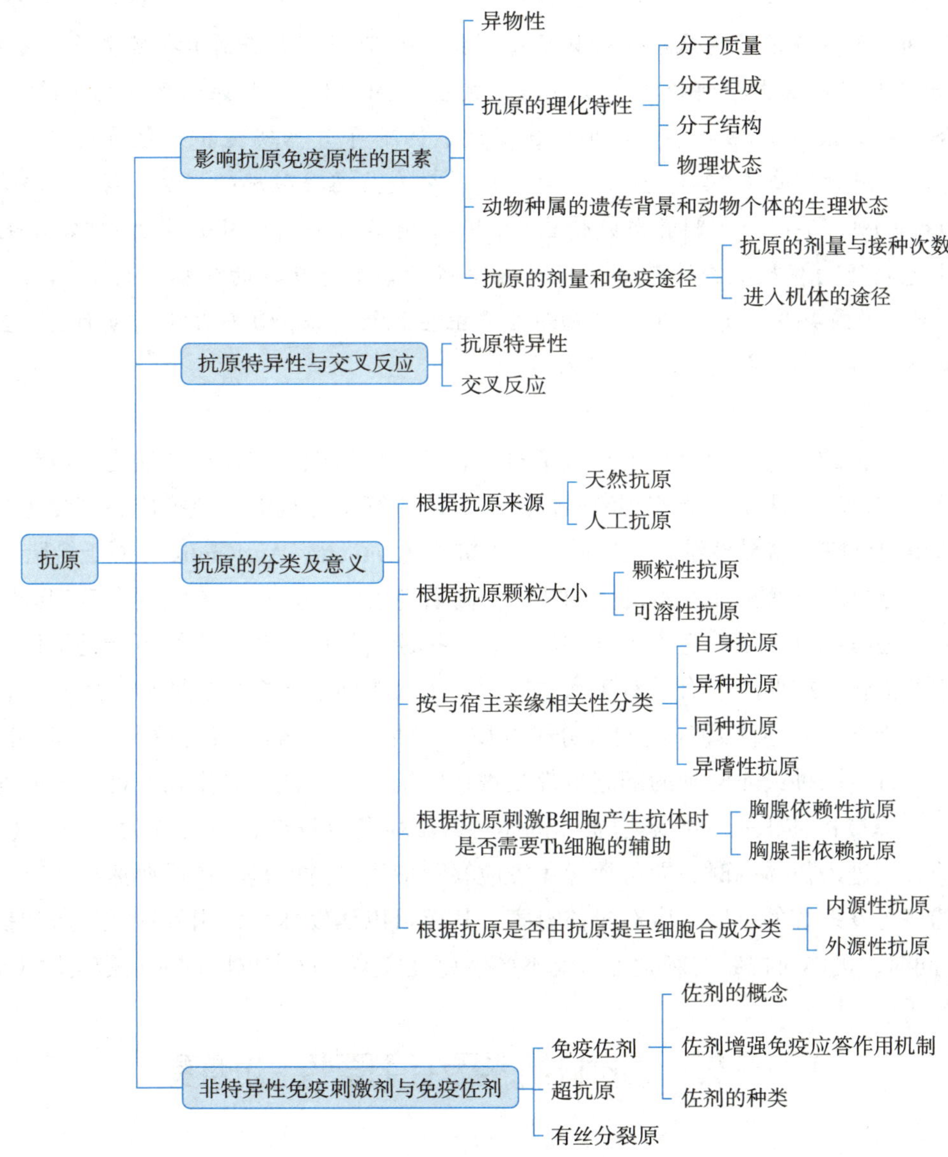

学习目标

知识目标 掌握抗原的基本概念及其基本特性，了解抗原特异性与交叉反应，理解抗原的类别、非特异性免疫刺激剂和佐剂。

能力目标 通过本章学习，能够熟悉影响抗原免疫原性的因素，理论与实践相结合。

思政目标 了解制备新冠病毒疫苗用的抗原物质为新冠病毒刺突糖蛋白，提高学生们科研的敏锐性。

思政入课堂

"糖丸爷爷"顾方舟

顾方舟从事"脊髓灰质炎"（以下简称"脊灰"）减毒活疫苗研究42年，建立了脊灰病毒的分离与定型方法，制定了脊灰活疫苗的试制与安全性标准。他主持制定了中国第一部"脊灰活疫苗制造及检定规程"，指导了中国后来20多年数十亿份疫苗的生产与鉴定。1957年，顾方舟首次用猴肾组织培养技术分离出病毒。1958年，顾方舟从患者粪便中分离出脊髓灰质炎病毒并成功定型，为免疫方案的制定提供了科学依据。1959年年底，国家采纳了顾方舟的建议，中国脊髓灰质炎活疫苗的研究工作展开。1960年，经过动物试验和人体试验，顾方舟带领团队研制出脊髓灰质炎活疫苗。我国自1965年起开始全国范围内接种口服脊灰减毒活疫苗（OPV），脊灰病例数开始下降，1965—1977年间，每年脊灰病例报告数在4500～29000例之间。1978年开始实施扩大免疫后，与实施扩大免疫前相比，脊灰病例数下降了70%。至1988年，随着脊灰疫苗接种率的提高，脊灰病例报告数下降至667例。1989—1990年间，我国脊灰疫情出现反弹，随后部分省份开始实施OPV强化免疫活动，1993年起强化免疫活动扩展到全国范围，有效地阻断了脊灰野病毒的传播。自1994年以来，已无本土野病毒引起的脊灰病例，并于2000年通过世界卫生组织认证，实现了无脊灰目标。2020年5月17日，顾方舟被评为"感动中国2019年度人物"。

动物和人类在漫长的进化中免疫系统形成了对"非己"物质识别和作用的能力，以维持自身内环境的稳态。在这些"非己"物质中，能够刺激机体产生免疫应答，并且能与免疫应答产物（抗体或免疫效应细胞也叫致敏淋巴细胞）特异性结合的物质，称为抗原（antigen，Ag）。antigen源于希腊文的anti（抗）和genes（产生），原指能刺激机体产生抗体的物质。随着免疫学的发展，人们逐渐认识到除了产生抗体的体液免疫之外，还有细胞免疫。免疫系统的反应是由抗原引发的。免疫应答可能是抗体的产生或特异性免疫活性细胞的活化，或两者兼有。对于宿主来说，进入机体的蛋白质、脂质、碳水化合物、某些核酸、磷壁质酸，甚至自身特定生理环境的大分子物质、代谢产物等都可成为抗原，刺激机体产生抗体。另外，寄生虫、病毒、同种或非同种的细胞也都是潜在的抗原。因此，微生物有许多不同的能被免疫系统识别的抗原。抗原被机体识别为外来物质，机体对其产生免疫反应，也可称为免疫原（immunogen）。免疫原以适当的方式进入机体内时，即可诱导免疫应答。应当注意的是，抗原刺激机体产生的免疫应答并不都是有利的，免疫系统的过度反应对身体有害，甚至可以诱发休克，引发这类反应的抗原称为变应原（allergen）。同时，机体对抗原的刺激也可能不产生免疫应答，这类抗原称为耐受抗原（tolerogen）。

第一节　影响抗原免疫原性的因素

一、异物性

异物即非己的物质，异物性是指抗原与自身正常组织成分的差异程度，也叫异源性。一般来说，抗原与机体之间的亲缘关系越远，组织结构差异越大，则异物性越强，其免疫原性就越强。如鸡卵蛋白对鸭是弱抗原，对哺乳动物则是强抗原；非人灵长类（猴或猩猩）组织成分对人是弱抗原，而对啮齿动物则多为强抗原。用牛血清白蛋白注射牛，不易诱导牛免疫应答的发生；但是将牛血清白蛋白注射家兔，就会产生强烈的免疫应答。而且，牛血清白蛋白对兔的免疫原性大于它对山羊的免疫原性，因为山羊与牛的种属关系更接近。在同种异体之间的移植物也是异物，也有免疫原性。但对于那些在进化过程中始终保持着高度的保守性的大分子物质如胶原蛋白和细胞色素，不同的物种之间只显示出非常小的免疫原性。

现代免疫学认为，机体的“自己”必须满足两个条件：①机体胚系基因（gene in germ line）的编码产物；②机体免疫系统发育过程中遭遇过的物质。精子、脑组织、眼晶状体蛋白等因外伤逸出，与免疫活性细胞接触后，会被认为是异物，就是因为在胚胎期未接触免疫活性细胞，因此也具有免疫原性。同样，原属“非己”的外来成分如果在胚胎发育过程进入免疫系统，也有可能被认为“自己”。

二、抗原的理化特性

（一）分子质量

抗原的免疫原性与抗原分子大小有密切关系。通常情况下，分子质量小于 5kDa 的肽类无免疫原性。对于分子结构相似的抗原，一般是分子质量越大，对免疫细胞的刺激作用越强，免疫原性越强。这与大分子表面可能含有抗原表位较多，化学性质相对稳定，从而降解及排除速率较慢，有利于持续刺激机体免疫系统有关。但某些大分子呈弱免疫原性，如明胶分子质量可达 100kDa，因由支链氨基酸组成，稳定性差，在体内容易被降解，其免疫原性很弱，而有些小分子物质（如胰岛素），虽然其相对分子质量小于 4×10^3，但它却具有一定的免疫原性。

（二）分子组成

天然抗原多为大分子有机物，通常情况下，蛋白质和蛋白质复合物都是良好的抗原，包括脂蛋白、糖蛋白和核蛋白等，有些呈现于病毒、细菌、细胞等表面，有的在细胞内，一般都具有很强的免疫原性，如细菌和病毒的表面蛋白、糖蛋白和脂蛋白等。小分子的多肽及多糖也具有一定的免疫原性，但较蛋白质弱。单纯的脂肪和核酸几乎无免疫原性，难以诱导免疫应答。在氨基酸组成上，含有芳香族氨基酸特别是含有酪氨酸的蛋白质免疫性更强；若由单一的氨基酸或糖组成的聚合物，尽管其相对分子质量很大，亦缺乏免疫原性。某些氨基酸残基在多肽骨架侧链上位置和间距也与免疫原性相关。在分子表面时，因易与免疫细胞抗原受体结合，免疫原性强；若在分子内部，则无免疫原性或免疫原性较弱（图 2-1）。

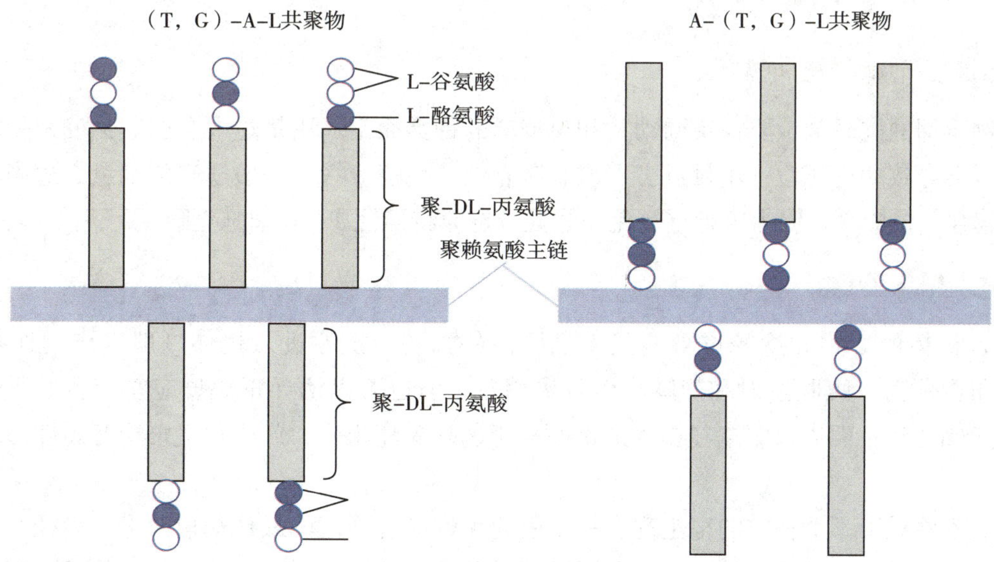

图 2-1 酪氨酸暴露在外，免疫原性强（易与免疫细胞上的抗原受体接近和结合）；酪氨酸位于内部，免疫原性弱

此外，氨基酸的光学构型也会影响免疫原性。一般情况下，含 L- 氨基酸的蛋白质免疫原性强于含 D- 氨基酸的蛋白质。这是由于巨噬细胞内的降解酶只能降解含 L- 氨基酸的蛋白质的缘故。

（三）分子结构

抗原的空间构象（即化学基团间的立体结构关系）越复杂，抗原的免疫原性就越强。一般环状结构免疫原性强，而直链结构免疫原性弱；组成多糖的单糖数目越多，空间结构越复杂，多糖类抗原的免疫原性越强。空间结构是最容易受到破坏的因素，比如利用物理或者化学的方法，破坏球蛋白二级结构中的二硫键以后，球蛋白的抗原性降低。当然，除了改变蛋白质分子内的二硫键之外，多肽链中非共价键的破坏和多肽链的去折叠等，都会使天然蛋白的抗原性和免疫原性受到影响。

（四）物理状态

通常聚合状态的蛋白质较其单体免疫原性强，颗粒性抗原较可溶性抗原免疫原性强。可溶性抗原一般抗原性较弱，当分子聚集或吸附在颗粒表面时，可增强其抗原性。

三、动物种属的遗传背景和动物个体的生理状态

决定某一物质是否具有免疫原性，除了与抗原方面的因素有关外，还受到宿主机体包括遗传、年龄、性别、生理状态、个体差异等诸多因素的影响。

动物中不同种类对同一免疫原的应答有很大差别，同种动物不同品系及不同个体对同种抗原产生不同强度的免疫应答，这与免疫反应基因及其表达有密切关系。一般受体动物的基因型决定宿主对某种抗原免疫应答的强度。例如，哺乳动物对破伤风抗毒素敏感，但两栖类不敏感。二硝基 - 多聚 - 左旋 - 赖氨酸（DNP-poly-L-L）对荷兰猪品系 2（GP strain2）可以引起应答，而对品系 13（GP strain13）则不能引起应答。在 20 世纪 70 年代，McDevitt 等应用人工合成抗原在近交系小鼠体内发现了控制免疫应答的基因座位（immune response locus）位于 H-2 复合体的 I 区，称此基因为免疫应答基因（immune response gene）。此外，受体动物的年龄、性别与健康状态也会影响免疫应答。一般青壮年动物的免疫应答能力强；雌性动物产生抗体的能力强，但怀孕动物的免疫应答能力显著降低。

四、抗原的剂量和免疫途径

（一）抗原的剂量与接种次数

免疫动物所用的抗原剂量要视不同动物和免疫原的种类而定。用量过大会引起免疫耐受而不发生免疫应答，甚至会导致动物死亡；用量过少不能刺激有效的免疫应答。一般适宜的剂量、适当次数的重复免疫，可引起强免疫应答。因为这种重复免疫能促进抗原特异性 T、B 细胞克隆。

（二）进入机体的途径

抗原进入机体的方式和途径也影响其免疫原性的强弱。抗原进入机体一般以皮内途径最佳，皮下次之，以肌内注射、腹腔注射和静脉注射效果稍差，但也可以诱导正免疫应答产生 [即产生抗体和（或）致敏淋巴细胞]；而以口服途径摄入的抗原易于诱导免疫耐受，产生负免疫应答（即形成免疫耐受状态）。

每一种免疫原对于一个特定的宿主都有一个引起免疫应答峰值的最佳剂量及进入途径。剂量不足或者由于不能激活足够数目的淋巴细胞，或者诱导了耐受状态而不能引起免疫应答。相反，剂量过多亦可

诱导淋巴细胞进入无应答状态也不能引起机体的免疫应答。此外，一次免疫难以引起强免疫应答，通常会多次免疫用来刺激机体发生免疫应答。

第二节　抗原特异性与交叉反应

一、抗原的特异性

抗原的特异性（specificity）是指其诱导机体产生免疫应答及其与免疫应答产物相互作用的高度专一性。特异性是免疫应答中最重要的特性，也是免疫学诊断和免疫学防治的理论依据。抗原特异性既表现在免疫原性（immunogenicity）上，也表现在免疫反应性（immunoreactivity）上。其中免疫原性是指能够刺激机体产生免疫应答，即产生抗体或致敏淋巴细胞的特性；免疫反应性是指能够与抗体或致敏淋巴细胞特异性结合的特性，又称抗原性（antigenicity）。

免疫原性可以反映抗原诱导机体免疫应答强弱，一般通过特异性抗体形成或特异性免疫效应淋巴细胞的产生来衡量。免疫反应性是指抗原与抗体或致敏淋巴细胞受体相互作用发生反应的性质。抗原与抗体分子之间的空间互补结构是两者高度特异性结合的分子基础。凡同时具备免疫原性和免疫反应性的抗原称完全抗原（complete antigen），如大多数天然抗原物质细菌、病毒等。只具备免疫反应性而不具备免疫原性的物质叫作不完全抗原（incomplete antigen）或半抗原（hapten，H），多为简单的小分子物质，如青霉素、磺胺等。半抗原只能与抗体结合而不能刺激机体产生抗体，不会引起免疫反应。半抗原是 20 世纪 20 年代奥地利免疫化学家 Karl Landsteiner 在研究抗原化学性质时发现的。他发现小分子的有机化合物本身无免疫原性，单独免疫动物不能产生抗体，但是若偶联较大蛋白质后再免疫动物则能产生抗体。半抗原与大分子蛋白质或非抗原性多聚赖氨酸等物质结合后，能刺激机体产生出针对该半抗原的抗体或效应细胞，就获得了免疫原性而成为完全抗原。而与半抗原结合、赋予半抗原免疫原性的物质称为载体（carrier）。例如：吗啡是一种半抗原，把它与蛋白质分子结合起来，就可以使动物体产生相应抗体，此抗体可作为检测是否吸毒的试剂。此外，某些小分子化合物或某些化学药物为半抗原，但其与血清蛋白结合后成为完全抗原，并介导变态反应，产生病理性免疫反应，出现皮疹或过敏性休克，甚至危及生命，如青霉素过敏。

二、交叉反应

抗原决定簇（antigenic determinant）是抗原物质分子表面或其他部位，具有一定组成结构的特殊化学基团，能与其相应抗体或致敏淋巴细胞发生特异性结合的结构。结构已经确定的抗原决定簇称为抗原表位（epitope）。理论上，每个抗原表位都能导致 B 细胞产生一种特异性抗体。抗原表位是一个抗体或细胞能与之结合的一个抗原的最小单位，是特异性免疫应答的物质基础。复杂抗原进入后能使机体产生多种抗体，如某一细菌感染机体后可检测到体内有针对其表面分子、荚膜、鞭毛及代谢物等不同成分的抗体。其原因是在这些抗原分子中常带有多种抗原表位。两种不同的抗原分子所具有的相同或相似的抗原表位称为共同抗原表位（common epitope），将具有共同抗原表位的这些抗原分子称为共同抗原。某些抗原不仅可与其自身的抗体或致敏淋巴细胞反应，还可与其他抗原产生的抗体或致敏淋巴细胞反应。抗体或致敏淋巴细胞对具有相同和相似抗原表位的不同抗原的反应，称为交叉反应（cross-reaction）。共同抗原的存在和交叉反应的发生并非否定抗原的特异性，而是由于抗原的异质性和共同表位所致。交叉反应是在抗原表位相似的情况下发生的，由于两者并不完全吻合，故一般结合力较弱，亲和力较低。共同抗原常出现在亲缘关系很近的病原生物之间，称为类属抗原，但会导致血清学诊断的检测结果呈现假阳性，应予注意。

第三节　抗原的分类及意义

抗原的分类原则很多，常采用以下几种：

一、根据抗原来源分类

（一）天然抗原

自然界中未加修饰，来源于生物、细胞及细胞内的各种成分及产物的抗原物质称为天然抗原（native antigen）。常见的有细菌、病毒、细胞、各种蛋白质、多肽、糖类、脂类、核酸等。这类抗原分子（或分子质量）大，结构复杂，是疫苗、类毒素等研制的基础。

（二）人工抗原

用化学合成法或基因重组法制备含有已知化学结构决定簇的抗原，称为人工抗原（artificial antigen）。它可包括人工结合抗原、人工合成抗原和基因重组抗原。人工结合抗原是指将简单化学基团或有机分子与蛋白质偶联，形成载体－半抗原结合物，即改造的天然抗原，如天然蛋白质＋二硝基苯酚（DNP）形成的DNP蛋白，可用作免疫学实验中标记探针。人工合成抗原是指用化学方法将一种或多种氨基酸聚合而成。基因重组抗原是利用分子生物学技术将编码抗原的基因克隆至合适载体中，利用受体细胞使之表达，获得多融合蛋白，具有免疫原性，经纯化后可作为抗原。人工抗原无论对免疫学理论研究和分子疫苗的制备都具有重要意义。

二、根据抗原颗粒大小分类

（一）颗粒性抗原

将细菌、支原体、立克次体、衣原体、细胞这些相对较大的抗原叫颗粒性抗原，它们相对颗粒较大，在水溶液中溶解很难形成亲水胶体，与相应抗体特异性结合后可出现凝集反应（如红细胞凝集）。

（二）可溶性抗原

将蛋白质、脂类、糖类、核酸等大分子物质叫可溶性抗原，它们在水溶液中溶解形成亲水胶体，与相应抗体特异性结合后出现沉淀反应。可溶性抗原是抗原研究的主体，它们存在于一切生物的细胞膜内外或体液中，从分子水平看，可溶性抗原存在于颗粒性抗原的细胞膜上，是颗粒性抗原诱导机体产生免疫应答的分子基础。通常来说病毒参与的抗原抗体特异性反应中，参与反应的不是整个病毒，而是其中一部分结构，属于可溶性抗原。

三、按与宿主亲缘相关性分类

（一）自身抗原

自身抗原（autoantigen）是指能诱导宿主发生自身免疫应答的自身组织成分。主要包括改变的自身抗原和隐蔽的自身抗原。如在胚胎期从未与自身淋巴细胞接触过的隔绝成分（如脑组织、晶状体蛋白及精子等）或在外界因素影响下构象发生改变的自身组织。正常情况下，免疫系统对自身物质不产生免疫应答的耐受性是由于机体免疫系统缺少或抑制了对自身组织成分应答的淋巴细胞，即克隆缺失（clonal deletion）。然而，当机体受到外伤或感染等刺激时，如外伤、电离辐射、药物或感染，就会使隐蔽的自身抗原暴露或改变自身的抗原结构，或者免疫系统发生异常，这些情况均可使免疫系统将自身物质当作抗原性异物来识别，诱导免疫应答，引起（自身）免疫病。

（二）异种抗原

异种抗原（xenoantigen）是指与宿主不是同一种属的抗原物质。通常情况下，异种抗原的免疫原性强，容易引起较强的免疫应答。常见的有病原微生物、细菌外毒素、内毒素和异种动物的血清等。

（三）同种抗原

同种抗原（alloantigen）是指同一种属内不同个体之间的抗原，又称同种异型抗原。如人类的 ABO 和 Rh 血型抗原及主要组织相容性抗原等。多数血型抗原与细胞膜结合，为细胞膜的组成部分，也有个别的血型抗原游离在血清或其他体液中，但能被动吸附于红细胞表面。个体间的抗原性差异虽不像异种抗原的免疫原性那么强，但也可在同种间引起一定程度的免疫应答。例如，ABO 和 Rh 血型不符可引起输血反应，而 HLA 除了可引起移植排斥反应之外，还可调节机体的免疫应答。

（四）异嗜性抗原

异嗜性抗原（heterophil antigen）是指有些微生物与人体某些组织有交叉反应的抗原，该抗原可引起宿主发生自身免疫性疾病。异嗜性抗原最初是由 Forssman 发现，故又名 Forssman 抗原。是一类与种属特异性无关的，存在于人、动物、植物、微生物组织间的共同抗原。例如，溶血性链球菌与肾小球基底膜和心肌组织、大肠杆菌脂多糖与结肠黏膜可存在交叉抗原，有可能导致溃疡性结肠炎的发生。在临床上也常借助异嗜性抗原对某些疾病做辅助诊断，如诊断某些立克次体病的外 - 斐反应等。

四、根据抗原刺激 B 细胞产生抗体时是否需要 Th 细胞的辅助分类

（一）胸腺依赖性抗原

含有 T 细胞表位、需要 T 细胞参与才能诱导免疫应答的抗原称为胸腺依赖性抗原（Thymus-dependent，TD-Ag）。TD-Ag 可诱导细胞介导免疫和（或）抗免疫应答，但无一例外地需要 T 细胞的参与。绝大多数蛋白质抗原都是 TD-Ag。

（二）胸腺非依赖抗原

只含 B 细胞表位、可直接激活 B 细胞的抗原称为胸腺非依赖性抗原（thymus independent antigen，TI-Ag）。TI-Ag 的分子结构比较简单，往往是单一表位规律而密集地重复排列。这样的结构可使 B 细胞表面受体发生广泛的交联，从而像有丝分裂原一样直接使 B 细胞活化。但是这种抗原的免疫能力有限，只能诱导 IgM 类抗体，而且不能产生再次应答效应。TI-Ag 又分为 TI-1Ag 和 TI-2Ag，前者如细菌脂多糖，具有 B 细胞丝裂原和单一重复 B 细胞表位，因此可使成熟和不成熟的 B 细胞皆可以发生应答（图 2-2）；TI-2Ag 如肺炎球菌荚膜多糖，仅由重复 B 细胞表位组成，因此，只能使成熟的 B 细胞应答（图 2-3）。近年的研究发现，所谓 TI-Ag 也并非完全不要 T 细胞的帮助，只是对胸腺的依赖性较弱，因此有

人称其为胸腺增效性（thymus efficient）抗原。

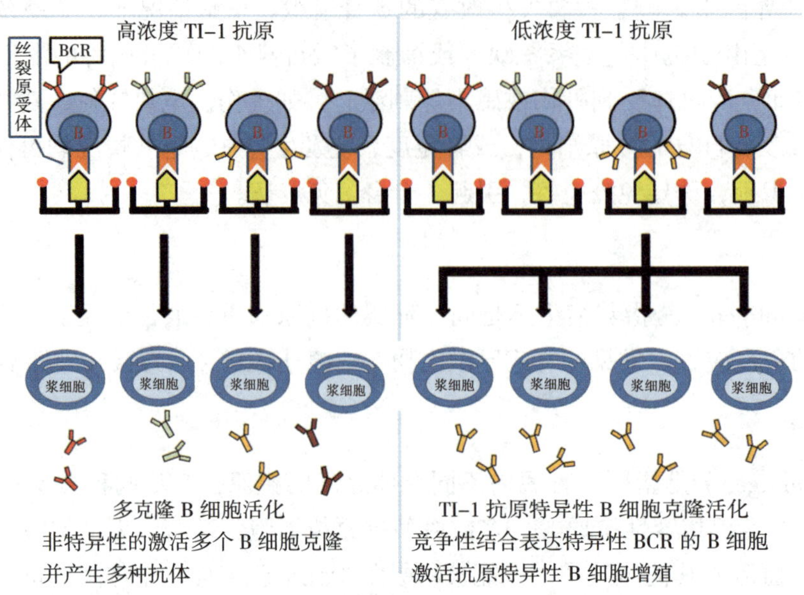

图 2–2　TI–1Ag 诱导 B 细胞的激活

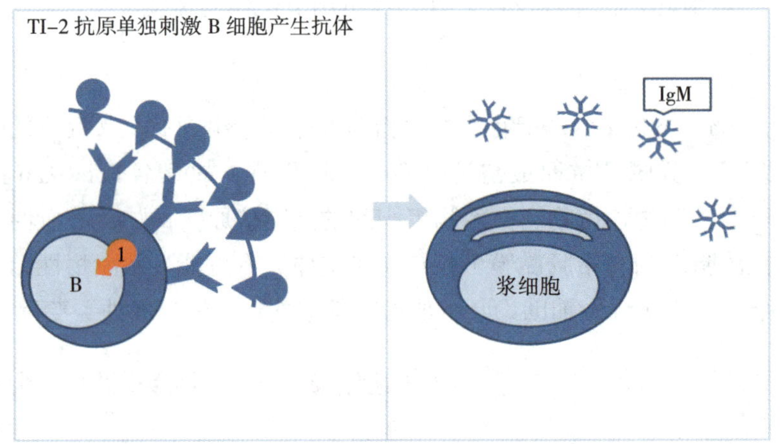

图 2–3　TI–2Ag 能使成熟的 B 细胞应答产生 IgM

五、根据抗原是否由抗原提呈细胞合成分类

（一）内源性抗原

内源性抗原（endogenous antigen）是正常细胞代谢或病毒 / 细胞内细菌感染，在细胞内基因编码产生的抗原。如病毒感染的细胞所合成的病毒蛋白、肿瘤细胞合成的肿瘤抗原等属于内源性抗原。

（二）外源性抗原

外源性抗原（exogenous antigen）是指通过吸入，摄取或注射等方式从外部进入体内的抗原。通过胞吞或吞噬作用，将外源抗原带入抗原呈递细胞并降解成小肽。外源性抗原是最常见的抗原，包括可能引起过敏的花粉或食物，以及可能导致感染的细菌和其他病原体的分子成分。

第四节 非特异性免疫刺激剂与免疫佐剂

抗原可被 T 细胞或 B 细胞特异识别，从而诱导免疫应答。在自然界中，除抗原外，还存在某些可以非特异性激活 T 细胞和 B 细胞的物质，即非特异性免疫刺激剂。

一、免疫佐剂

（一）佐剂的概念

佐剂（adjuvant）是先于抗原或与抗原同时混合后注射机体，可增强抗原的免疫原性或改变免疫应答类型的物质。佐剂的应用对弱免疫原及免疫原剂量较少不足以引起免疫应答时尤为重要。加入佐剂改变抗原的物理状态后，一些免疫原性很弱的可溶性抗原，可能增加或让其获得免疫原性。如甲状腺球蛋白和聚丙烯酰胺颗粒结合后，可使家兔的 IgM 效价提高 20 倍。佐剂还可以用于增强有效抗原量缺乏情况下的免疫应答，达到产生大量特异性抗体的目的。此外，一些佐剂可增强对肿瘤细胞或胞内感染细胞的有效免疫应答，增强吞噬细胞的非特异性杀伤功能和特异性细胞免疫的刺激作用。

（二）佐剂增强免疫应答作用机制

（1）通过改变抗原的物理性状，把无抗原性的物质转变为有效的抗原，在接种部位形成抗原储存库，使抗原在体内缓慢释放，延长抗原在体内的停留时间，提高抗原与免疫细胞接触的概率。

（2）增加抗原表面积，并能延长抗原在体内保留时间，辅助抗原充分暴露，有利于免疫细胞对抗原表位的识别，使抗原与淋巴系统细胞有充分接触时间。

（3）促进局部的炎症反应，增强吞噬细胞的活性（刺激单核巨噬细胞对抗原的吞噬、处理和提呈能力），促进免疫细胞的增殖、分化和活化，诱导细胞因子的分泌。

（4）诱导抗原提呈细胞（APC）分泌不同的细胞因子，促使 Th 前体细胞向 Th1 或 Th2 亚群分化。

（三）佐剂的种类

目前动物试验中最常用的佐剂有弗氏不完全佐剂（incomplete Freund's adjuvant，IFA）和弗氏完全佐剂（complete Freund's adjuvant，CFA）。其中弗氏不完全佐剂是由液体石蜡（或植物油）和乳化剂（羊毛脂或 Tween 80）混合而成，使用时加入水溶性抗原并充分乳化，使抗原和佐剂形成油包水乳剂；在弗氏不完全佐剂中加入卡介苗（或灭活的结核分枝杆菌）即为弗氏完全佐剂。弗氏佐剂易在注射部位形成肉芽肿和持久性溃疡，因而不适于人体使用。

佐剂的种类繁多，主要的物质有：①油性乳剂。如弗氏佐剂（freund adjuvant），它是将抗原水溶液与油剂等量混合制成油包水抗原乳剂，称之为不完全弗氏佐剂。如在不完全佐剂中加入分枝杆菌（如死卡介苗）则称之为完全弗氏佐剂。弗氏完全佐剂是最有效的佐剂之一，已广泛用于实验动物增强免疫应答。②无机化合物。最广泛用于人体的佐剂是无机化合物中的磷酸铝或氢氧化铝，另一种佐剂为磷酸钙，也用于很多疫苗。③微生物及其产物。常用的微生物有分枝杆菌、短小棒状杆菌或百日咳杆菌以及革兰阴性杆菌的脂多糖、分枝杆菌的提取物胞壁酰二肽及霍乱毒素等。所有这些细菌及其产物作为人用疫苗的佐剂毒性较大。④脂质体。脂质体可作为多种抗原的佐剂，也可以作为抗原的载体而发挥其作用。⑤ ISCOM。ISCOM 是皂角苷佐剂 Quil-A、胆固醇和两性分子抗原的稳定的非共价结合混合物。是近年来较为令人关注的佐剂，目前仅用于兽用疫苗，将来有可能用于人类疫苗。⑥其他佐剂。细胞因子正逐渐作为佐剂用于疫苗研制，有 IL-2、IFN-γ 和 IL-12 等。目前已有研究发现一些新型佐剂，如 C3d（补体 C3 分子裂解后的小片段），它能提高抗原的免疫原性，增强 B 细胞的抗原提呈和活化能力；CpG 基序对树突状细胞、B 细胞、T 细胞、NK 细胞和单核巨噬细胞均有强烈的活化作用，有望成为一种新的分子佐剂；另外，纳米颗粒如作为载体与抗原结合后，同样可以延长抗原在体内的存留时间，有利于抗原对机体的持续刺激，从而增强疫苗的免疫原性。

二、超抗原

通常情况下，抗原可激活机体总 T 细胞库中万分之一至百万分之一。然而，有些抗原只需要极低浓度（1 ~ 10 ng/mL）即可激活 5% ~ 20%的 T 细胞或 B 细胞克隆，产生极强的免疫应答，这类抗原称为超抗原（superantigen，sAg）。超抗原主要由细菌、病毒、支原体或寄生虫等微生物的分泌物或代谢产物组成。sAg 可参与某些病理过程，激活 T 细胞分泌 TNF-α、IFN-γ、IL-2、IL-6、IL-10 等过量的细胞因子，使巨噬细胞及其他免疫细胞激活，引起中毒性休克。如金黄色葡萄球菌所致的毒性休克综合征就是超抗原致病的一个例子，其临床表现主要是高热、低血压、全身红皮病、皮肤脱屑和多器官系统功能失常。sAg 还能够参与自身的免疫应答。可通过 T 细胞的 TCR-Vβ 与 B 细胞表面 MHC Ⅱ类分子间发生桥联，从而激活多克隆 B 细胞，持续分泌自身抗体，诱发严重的自身免疫性疾病。超抗原还会刺激细胞毒性 T 细胞大量激活，其他 T 细胞亚类也被激活并分泌多种细胞因子，即对肿瘤细胞显示出杀伤效应。

三、有丝分裂原

又叫丝裂原，属外源性凝集素，多为植物种子中的糖蛋白、细菌的结构成分或代谢产物，可致细胞发生有丝分裂。与抗原分子只能特异性激活某一个免疫细胞克隆不同，丝裂原可激活某一类淋巴细胞的全部克隆，因此是一类非特异性淋巴细胞激活剂。T 细胞和 B 细胞均表达多种丝裂原受体，并对其刺激产生增殖反应。据此，在药物研发实验中常通过体外试验应用丝裂原刺激淋巴细胞，而后通过检测其应答能力的变化来评价药物的作用。此外，丝裂原也被广泛应用于体外机体免疫功能的检测。

临床案例

患者，男，55 岁，因骑自行车时不慎摔伤，左手小指破损出血，遂到防疫站接种破伤风针。临床注射破伤风抗毒素（TAT）之前，需进行皮试，患者否认 TAT 过敏史以及 TAT 脱敏注射过敏史，但皮试结果强阳性，因此需改用人破伤风免疫球蛋白（TIG）代替 TAT。请分析为什么 TAT 会发生过敏，过敏后为什么可采用 TIG 代替。

分析：外伤、烧伤、动物咬伤等创伤患者，为预防破伤风杆菌感染，临床需要注射制破伤风毒素即 TAT。TAT 是由破伤风类毒素免疫马所得的血浆，经胃酶消化后纯化制成的液体抗毒素球蛋白制剂，含特异性抗体，具有中和破伤风毒素的作用。因为来源于马血浆，对于人体属于异种蛋白质抗原，具有抗原性，对部分群体会引起过敏反应，严重者可导致患者死亡。临床中注射 TAT，需进行皮试，如果皮试强阳，或有 TAT 过敏史，或 TAT 脱敏注射发生过敏反应，需改用人破伤风免疫球蛋白（TIG）代替 TAT。TIG 是用破伤风类毒素免疫健康人，待血中抗体达到一定水平时，自血浆分离提纯而制，因来源于人类同时是经过病毒灭活处理，所以极少发生过敏现象，并且体内存留时间长，免疫效能强，但是价格较 TAT 昂贵。

本章小结

影响抗体免疫原性的因素很多，包括抗原异物性、理化性质、免疫途径和剂量、宿主遗传背景等。抗原按照不同原则可分为不同种，但是都具备免疫原性和免疫反应性，不具备免疫原性的抗原称为半抗原，需要载体或者佐剂能诱导机体产生免疫应答。除了佐剂以外，非特异性免疫刺激剂还包括超抗原和丝裂原。

思考题

1. 请分析抗原、抗原决定簇、完全抗原、不完全抗原及半抗原之间的关系。
2. 抗原有哪两种特性？各是什么含义？
3. 如何按不同依据对抗原进行分类？
4. 影响抗原免疫原性的因素有哪些？
5. 顺序决定簇、结构决定簇、T 细胞表位和 B 细胞表位之间的关系是什么？

习 题

一、名称解释

1. 抗原决定簇
2. 完全抗原
3. 胸腺依赖性抗原
4. 佐剂

二、单项选择题

1. 下列物质中免疫原性最强的是（　　）。

A. 脂多糖　　B. 蛋白质　　C. 核酸　　D. 氢氧化铝

2. 一些抗原被称为 TD-Ag，是因为（　　）。

A. 不在胸腺中
B. 在胸腺中产生
C. 刺激 B 细胞产生抗体需要 T 细胞辅助
D. 刺激 B 细胞产生抗体不需要 T 细胞辅助

3. 由序列相连的氨基酸片段构成的决定簇称为（　　）。

A. 结构决定簇　　B. 线性决定簇　　C. 构象决定簇　　D. 不连续决定簇

4. 不同人细胞上的 MHC 分子互为（　　）。

A. 自身抗原　　B. 同种抗原　　C. 异种抗原　　D. 异嗜性抗原

5. 一些抗原被称为 TI-Ag，是因为（　　）。

A. 不在胸腺中产生
B. 在胸腺中产生
C. 刺激 B 细胞产生抗体需要 T 细胞辅助
D. 刺激 B 细胞产生抗体不需要 T 细胞辅助

6. 不连续的氨基酸顺序片段经多肽的折叠卷曲而组合起来的抗原决定簇称为（　　）。

A. 顺序决定簇　　B. 连续决定簇　　C. 线性决定簇　　D. 结构决定簇

7. 半抗原（　　）。

A. 既有免疫原性，又有免疫反应性

B. 只有免疫原性，无免疫反应性

C. 只有与蛋白质载体结合后才能与相应抗体结合

D. 只有免疫反应性，无免疫原性

三、判断题（正确的划“√”，错误的划“×”）

1. 半抗原与载体结合后可以看作是完全抗原。（　　）
2. L- 氨基酸聚合体的免疫原性比 D- 氨基酸聚合体的强。（　　）
3. 抗原的分子量越大其免疫原性一定越强。（　　）
4. 凝集状态的抗原比非凝集状态的抗原免疫原性弱。（　　）
5. 肺炎球菌荚膜多糖就是一种胸腺非依赖性抗原。（　　）

四、填空题

1. 赋予半抗原以免疫原性的蛋白质叫作__________。
2. 抗原具有__________和__________两个基本特性。
3. 胸腺依赖性抗原的英文缩写为__________。
4. 先于__________或与其同时混合注射机体，可增强抗原的免疫原性的物质称为__________。
5. 由 B 细胞识别的抗原表位称为__________，由 T 细胞识别的抗原表位称为__________。

五、简答题

简述影响抗原免疫原性的因素。

参考答案

第三章　免疫器官

思维导图

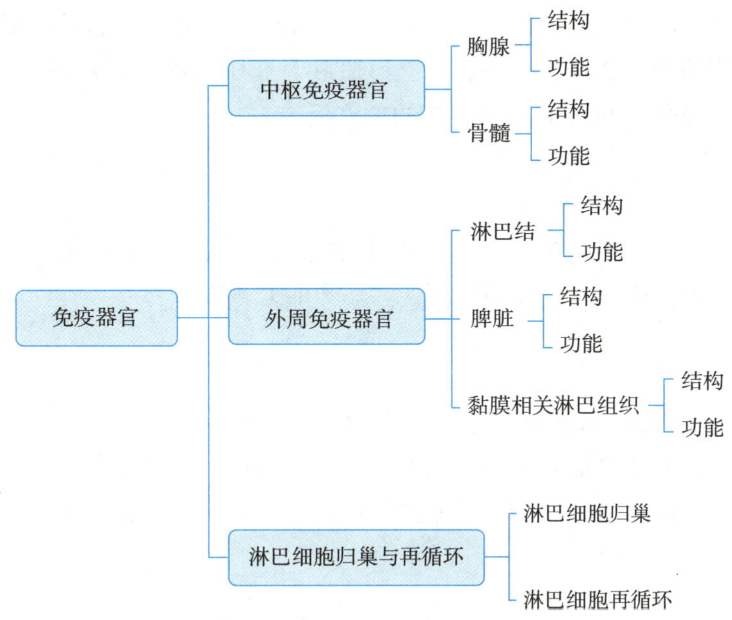

学习目标

知识目标　掌握免疫器官的分类与功能，理解免疫器官运行的免疫学机制，能够了解免疫器官在生命科学、基础医学以及生活中的重要作用。

能力目标　通过学习免疫器官理论知识，结合案例分析讨论，培养学生独立思考、逻辑思维、分析问题以及团队协作能力，有助于解决日常生活中的实际问题。

思政目标　通过比较学习人体正常生理与病理活动，树立学生的健康意识，引导学生养成健康的生活习惯。

思政入课堂

在免疫系统外周免疫器官章节的学习过程中，同学们通过掌握外周免疫器官淋巴结、脾脏、黏膜相关的淋巴组织在对抗病原体时的分工协作方式，培养精诚团结、相互协作的精神，提升责任担当意识，促进同学们团结协作解决问题。

免疫器官是以淋巴组织为主的器官，按其发生的时间顺序和功能差异可分为中枢免疫器官和外周免疫器官。中枢免疫器官是免疫细胞发生、分化和成熟的场所，在人和哺乳类动物主要是胸腺和骨髓，鸟类还包括法氏囊。外周免疫器官是成熟 T 细胞和 B 细胞定居的场所，也是这些细胞在抗原刺激下发生免疫应答的部位。外周免疫器官包括淋巴结、脾脏、黏膜相关淋巴组织等。免疫器官对于生物体的免疫应答和防御机制至关重要，它们可以产生淋巴细胞、滤过淋巴液或血液，参与免疫应答，并在免疫系统中发挥重要作用。

第一节　中枢免疫器官

中枢淋巴器官（central lymphoid organ），又称初级淋巴器官（primary lymphoid organ），是淋巴生成的主要部位，主要包括胸腺和骨髓，这些器官可产生淋巴细胞谱系的母细胞。前体淋巴细胞在胸腺和骨髓中增殖、发育并从淋巴干细胞分化为免疫活性细胞（immunologically competent cell，ICC）。在哺乳动物中，T 淋巴细胞在胸腺中成熟，B 淋巴细胞在胎儿肝脏和骨髓中成熟。在获得免疫能力后，淋巴细胞迁移到次级淋巴器官，可在暴露于抗原时诱导适当的免疫反应。

一、胸腺

胸腺（thymus）是第一个发育的淋巴器官，直到 20 世纪 60 年代初，人们才认识到胸腺在 T 淋巴细胞发育中的重要性，T 淋巴细胞需在胸腺中经过选择后才能发育完成。

（一）结构

胸腺是一个位于心脏上方的双叶扁平器官，周围有一个包膜，每个叶又被分成多个小叶，并通过结缔组织小梁相互连接。胸腺的基质由树突细胞、上皮细胞和巨噬细胞组成，在青春期达到最大随后开始萎缩，脂肪含量增加，皮质和髓质细胞数量减少。小叶主要由两部分组成：皮质和髓质（图 3-1）。

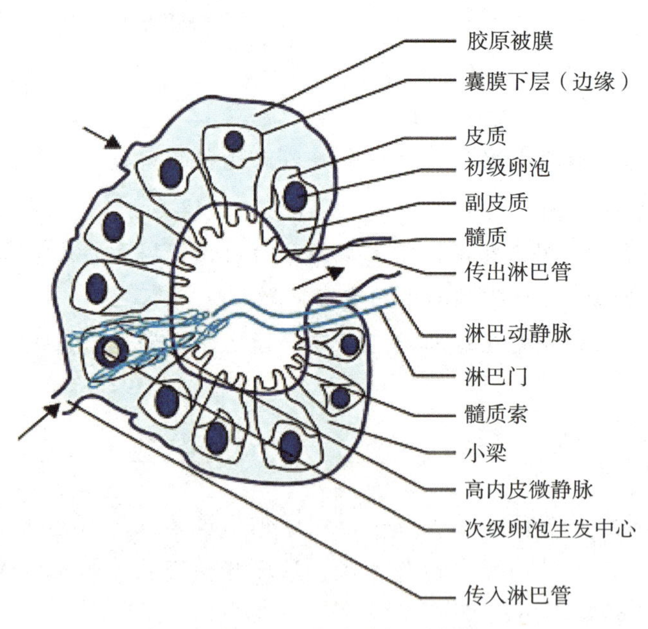

图 3-1　胸腺结构示意图

（1）皮质：皮质主要由皮质胸腺细胞、T 淋巴细胞（即未成熟的免疫细胞）和少量浆细胞及巨噬细胞组成。此外，皮质中有另两种细胞，滋养细胞和上皮细胞，它们属于上皮细胞亚群，在胸腺皮质中形成一个网络。

（2）髓质：髓质主要由成熟的 T 淋巴细胞组成。与皮质相比，髓质中的上皮细胞与淋巴细胞的

比例更高。髓质的一个显著和独特的特征是呈同心圆环状排列的鳞状上皮细胞结构，称为赫氏小体（Hassall's corpuscle），也称胸腺小体（thymic corpuscle）。

（二）功能

胸腺是哺乳动物中唯一明确个体化的初级淋巴器官。它具有多种功能，其中胸腺淋巴细胞的产生是其主要功能，是体内淋巴细胞增殖的主要器官，并在决定T淋巴细胞分化中起着至关重要的作用。胸腺中产生了多样的T淋巴细胞可区分不同种主要组织相容性复合体（major histocompatibility complex，MHC）抗原并对其起免疫作用，促进那些不能再识别MHC抗原或与自身抗原MHC反应的T淋巴细胞的死亡，几乎95%的胸腺细胞未能在胸腺中发育成熟而凋亡，从而可能引发自身免疫性疾病。在器官发育过程中，胸腺控制着细胞的免疫能力；与外周淋巴器官不同，胸腺的淋巴细胞增殖不依赖抗原刺激。通过淋巴细胞的成熟获得新表面抗原的细胞叫作T淋巴细胞（依赖胸腺），其在细胞介导的免疫（cell-mediated immunity，CMI）过程中起主要作用。新生胸腺切除的小鼠与CMI的严重缺乏有关，CMI严重缺乏会导致淋巴细胞减少和移植物排斥反应不足；迪格奥尔格综合征（DiGeorge syndrome），即先天性发育不全，也与胸腺缺失导致的CMI缺乏有关。

二、骨髓

骨髓（bone marrow）是促进造血干细胞（hematopoietic stem cell，HSC）自我更新和分化为成熟血细胞的主要淋巴器官。尽管所有骨骼中都含有骨髓，但长骨（股骨、肱骨）、髋骨和胸骨往往是造血最活跃的部位。骨髓不仅负责血细胞的发育和补充，而且还终生负责维持成年脊椎动物的造血干细胞库。

（一）结构

成人骨髓包含几种协调HSC发育的细胞类型，在分化的每个阶段都被基质细胞和造血细胞紧密包裹。随着年龄的增长，脂肪细胞逐渐取代50%或更多的骨髓室，造血效率降低（图3-2）。

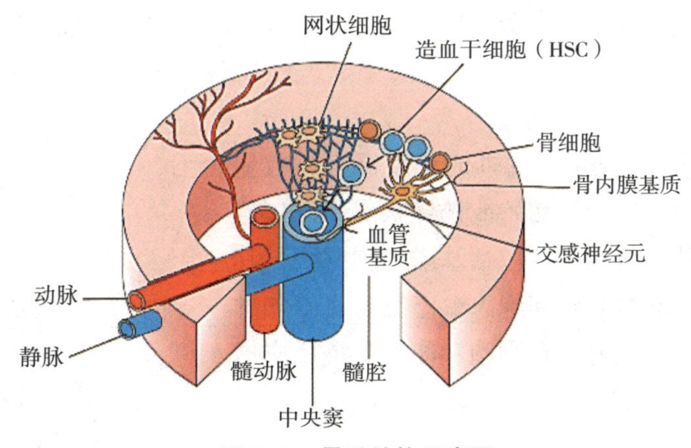

图3-2 骨髓结构示意图

（1）成骨细胞：是一种既能产生骨骼又能控制HSC分化的多功能细胞。

（2）内皮细胞：是一种排列在血管上，也可调节HSC分化的细胞。

（3）网状细胞：是一种将细胞连接到骨骼和血管上的细胞。

（4）交感神经元：可以控制造血细胞从骨髓中的释放过程。

（二）功能

HSC 做出的选择在很大程度上取决于它接收到的信号，骨髓在发育的所有阶段都充满了造血细胞，但很可能每种骨髓和淋巴亚型的前体在骨髓内不同的环境微生态位中成熟。研究表明骨内生态位（骨直接周围并与成骨细胞接触的区域）和血管生态位（血管直接周围并与内皮细胞接触的区域）发挥不同的作用，其中骨内生态位似乎被静止的 HSC 占据，与调节干细胞增殖的成骨细胞密切相关；而血管生态位似乎被 HSC 占据，这些 HSC 被动员离开内皮生态位进行分化或循环。此外，细胞分化程度越高，它离支持它的成骨细胞就越远，离骨骼的中心区域也就越近。例如，最不成熟的 B 淋巴细胞最靠近内皮和成骨细胞，而更成熟的 B 细胞已经进入血管丰富的骨髓的中心窦区域。最后，重要的是要认识到骨髓不仅是淋巴细胞和骨髓细胞发育的场所，也是一个完全成熟的骨髓细胞和淋巴细胞可以返回的地方。已成熟的可分泌抗体的 B 淋巴细胞（浆细胞）甚至可以长期驻留在骨髓中。因此，全骨髓移植不仅包括干细胞移植，还需包括其他成熟的、有功能的细胞，这些细胞既有助于也有损于移植效果。

骨髓功能障碍：骨髓是 B 淋巴细胞发育成熟最重要的部位。然而，除了 B 细胞外，骨髓中还含有多种免疫细胞，包括 $CD4^+$ T 和 $CD8^+$ T 细胞、调节性 T 细胞、NK-T 细胞、树突状细胞和髓源性抑制细胞。任何损害骨髓功能的情况都会对个体的免疫反应产生不利影响，如范可尼贫血（Fanconi anaemia）、再生障碍性贫血、铁母细胞性贫血、骨髓增生异常综合征、白血病等都是患者免疫功能低下和易受到各种感染的情况。

第二节　外周免疫器官

外周淋巴器官（peripheral lymphoid organ），又称次级淋巴器官（secondary lymphoid organ，SLO），由淋巴结、脾脏和非包膜结构组成，如黏膜相关淋巴组织（MALT）。淋巴细胞和骨髓细胞在初级淋巴系统中发育成熟（如胸腺中的 T 淋巴细胞，骨髓中的 B 淋巴细胞、单核细胞、树突状细胞等），然而它们在外周淋巴器官的微环境中遇到抗原并启动免疫反应，充当成熟淋巴细胞与抗原相互作用的位点。

一、淋巴结

淋巴结（lymph node）是一种特殊的外周免疫器官，数量庞大，遍布全身。它们在免疫反应的初始或诱导状态中发挥着动态作用。它们是被包裹的豆状结构，包括基质细胞网络，其中填充淋巴细胞、巨噬细胞和树突状细胞。淋巴结与血管和淋巴管相连，为抗原和淋巴细胞相遇以及细胞和体液免疫反应提供了理想的微环境。

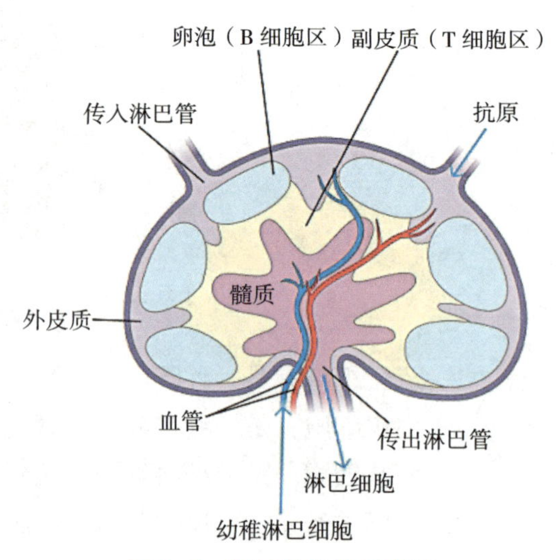

图 3-3　淋巴结结构示意图

（一）结构

淋巴结直径为 1 ~ 25 mm，周围有结缔组织包膜，主要由两个部分组成：皮质和髓质（图 3-3）。

（1）皮质（cortex）：包括皮质和深层皮质，也称为皮质旁区。其中密集地聚集着大量淋巴细胞，如 B 淋巴细胞和 T 淋巴细胞，分别分布在皮质的不同区域。其中皮质内含有密集淋巴细胞的球形区域称为原发性淋巴滤泡，主要由 B 淋巴细胞组成，除此之外还含有巨噬细胞、树突状细胞和少量 T 淋巴细胞。初级卵泡内含有大量小淋巴细胞，不主动参与免疫反应；而次级卵泡较大，里面含有少量淋巴细胞，主要在感染发生区域的淋巴结皮质内出现，其内部含有生发中心，在生发中心内 B 淋巴细胞由于抗原刺激而分裂。T 淋巴细胞主要分布于深层皮质或皮质旁区，因此皮质旁区也被称为 T 依赖区；交错突细胞（interdigitating cell）同样分布在皮质旁区内，在那里抗原被呈递给 T 淋巴细胞。

（2）髓质（medulla）：髓质密度较小，主要由髓质索包裹，其中髓质索是淋巴细胞、浆细胞和巨噬细胞的细长分支带，经肝门流入淋巴管。细胞分裂后，B 细胞经历严格的选择过程，90% 以上的细胞死于凋亡。当抗原经淋巴液进入局部淋巴结时，抗原会被皮质旁区交错的树突状细胞和Ⅱ型 MHC 分子捕获并呈递，导致 Th 细胞的活化，而 B 细胞的初始活化也发生在富含 T 细胞的皮质旁区内；当 Th 细胞和 B 细胞活化后，它们会形成小病灶样区域，主要是由靠近皮质旁区边缘增殖的 B 细胞组成；其中部分 B 细胞分化成浆细胞，分泌 IgM 和 IgG。

（二）功能

淋巴结可作为淋巴组织、淋巴细胞循环系统中的淋巴液和淋巴细胞的过滤器，同时还为形成由淋巴细胞、单核细胞和树突状细胞组成的环状结构提供了位点，以启动免疫反应。其中生成抗体的浆细胞是抗原激活 B 细胞后产生的，而一小部分活化的 B 细胞会进入生发中心经历一系列细胞分化过程，在此过程中基因会发生突变并最终生成编码抗体的基因。

二、脾脏

脾脏（spleen）是机体最大的免疫器官，在对血液中抗原的免疫反应中起主要作用。淋巴结是淋巴细胞和从局部组织排出抗原相遇的场所，而脾脏则是专门用来过滤血液并捕获血源性抗原的器官，因此它在应对全身性感染时尤为重要。脾脏虽不是由淋巴管组成的，但血源性抗原和淋巴细胞却通过脾动脉进入脾脏，经脾静脉排出。

（一）结构

脾脏位于腹腔左侧的高处，卵圆形实质器官，主要由红髓和白髓两部分组成（图 3–4）。

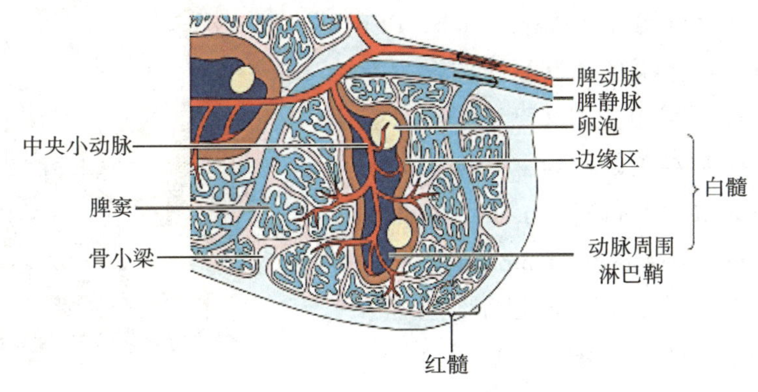

图 3–4 脾脏结构示意图

（1）红髓：脾红髓主要由红细胞、巨噬细胞和部分淋巴细胞组成的窦状网络组成；在红髓内，主要依赖大量巨噬细胞对衰老的和有缺陷的红细胞会被破坏和清除，这些巨噬细胞内含有大量来自被清除红细胞或降解血红蛋白的含铁色素。

（2）白髓：脾白髓包绕着脾动脉分支，主要由动脉周围淋巴鞘（periarteriolar lymphoid sheath，PALS）组成，聚集了大量T淋巴细胞和B细胞滤泡，是病原体进入脾脏后首先接触到大量淋巴细胞的区域。与淋巴结一样，生发中心也是在免疫反应期间在这些卵泡内产生的；白髓的边缘区域由巨噬细胞和B细胞组成，它们是抵御某些血源性病原体的第一道防线。血源性抗原和淋巴细胞通过脾动脉进入脾脏后首先在脾边缘进行相互作用，在脾边缘区，抗原被树突状细胞捕获并处理，然后到达PALS；位于白髓边缘区B细胞也通过补体受体结合抗原并将其传递到生发中心的卵泡内。

（二）功能

脾脏在血液中对抗原的免疫反应中起着重要作用，循环抗原被存在于脾边缘区的巨噬细胞捕获，然后这些巨噬细胞处理抗原并迁移到更深的白髓区域，通过与T淋巴细胞和B淋巴细胞相互作用启动免疫反应。脾脏还有助于过滤或清除感染性微生物、老化或形成缺陷的元素（如球形细胞、卵圆细胞）和来自外周血的颗粒物质。此外，脾脏还能捕获血源性抗原和微生物，主要依赖排列在脾索上的巨噬细胞来执行此功能。

脾切除术的临床意义：在儿童中，脾切除术通常会导致由肺炎链球菌、脑膜炎奈瑟菌和流感嗜血杆菌引起的细菌性败血症的发病率增加；对于成年人来说，脾切除副作用较小，尽管在一些成年人中会使机体更容易受到血源性细菌的感染。

三、黏膜相关淋巴组织

T细胞区和B细胞区以及淋巴滤泡不仅存在于淋巴结和脾脏，也存在于消化系统、呼吸系统和泌尿生殖系统的黏膜以及皮肤中。人体黏膜的总表面积约为400平方米（接近篮球场的大小），是大多数病原体的主要进入部位，这些脆弱的黏膜表面由一组有组织的淋巴组织保护，统称为黏膜相关淋巴组织（mucosa-associated lymphoid tissue，MALT）。

（一）结构

MALT是非包膜结构，同时含有T淋巴细胞和B淋巴细胞，以B淋巴细胞居多。MALT包括肠绒毛、扁桃体、阑尾和派尔集合淋巴结（Peyer patch，PP）固有层中的淋巴细胞簇，在人类的防御系统中发挥着重要作用。且与不同黏膜区域相关的淋巴组织有时被不同命名，如与呼吸道上皮相关的称为支气管相关淋巴组织（bronchus-associated lymphoid tissue，BALT）或鼻腔相关淋巴组织（nasal-associated lymphoid tissue，NALT），与肠上皮相关的称为肠相关淋巴组织（gut-associated lymphoid tissue，GALT）（图3-5）。

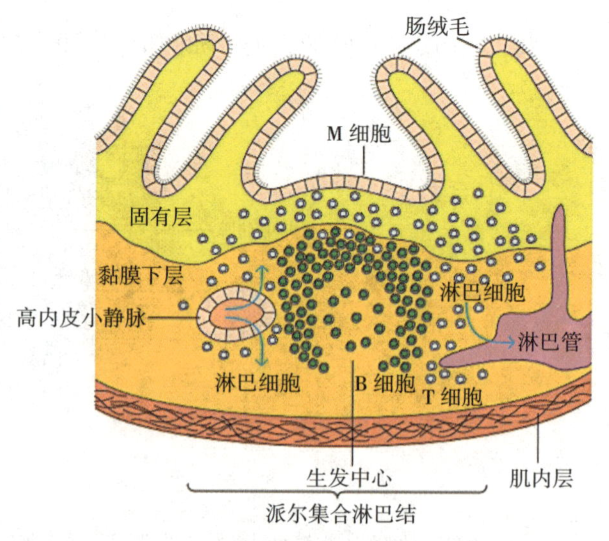

图3-5 黏膜相关淋巴组织结构示意图

（二）功能

MALT可生成产生抗体的浆细胞，且其数量超过了脾脏、骨髓和淋巴结中浆细胞的总数，并且还可以

和脾脏和淋巴结一样促进循环白细胞之间的相互作用。派尔集合淋巴结的滤泡中富含大量 B 淋巴细胞，这些 B 淋巴细胞可在浆细胞中分化产生 IgA 抗体；M 细胞是一种特殊的上皮细胞，主要分布在回肠的派尔集合淋巴结中。这些 MALT 可吞噬细菌、病毒、小颗粒等，并将其输送到黏膜下巨噬细胞，经处理后最终被呈递给 T 淋巴细胞和 B 淋巴细胞而被清除。

第三节　淋巴细胞归巢与再循环

一、淋巴细胞归巢

淋巴细胞归巢（lymphocyte homing）是指淋巴细胞离开中枢免疫器官后，经血液循环迁移至体内特定组织和器官的过程。淋巴细胞归巢的过程包括几个步骤：首先，尚未遇到特定抗原的幼稚淋巴细胞在血液和淋巴系统中循环，当感染或炎症发生在特定组织中时，该组织中的特殊细胞会释放称为趋化因子和黏附分子的化学信号，这些趋化因子和黏附分子定向引导淋巴细胞向炎症或感染组织移动；它们将淋巴细胞吸引到特定的部位，并促进淋巴细胞与该组织血管内皮细胞的黏附；一旦淋巴细胞成功黏附在血管壁上，它们就会与内皮细胞发生一系列相互作用，促使淋巴细胞能穿过血管壁，进入组织内部；一旦进入组织，淋巴细胞就可以发挥其特定功能，如识别和攻击病原体或激活其他免疫细胞。淋巴细胞归巢是一个复杂且高度调节的过程，它确保免疫细胞靶向递送到感染或炎症部位，从而有助于免疫反应的有效性。

二、淋巴细胞再循环

淋巴细胞再循环（lymphocytic recirculation）是指淋巴细胞在体内的持续运动，使其能够调查各种组织和器官，以维持免疫监测和反应。淋巴细胞，包括 B 淋巴细胞和 T 淋巴细胞，分别来源于骨髓和胸腺。一旦成熟，它们就会进入血液和淋巴系统，进而可以在全身再循环。淋巴细胞的再循环对免疫功能至关重要，它使淋巴细胞能够持续监测身体是否有入侵的病原体或异常细胞，这一监测过程涉及淋巴细胞在淋巴组织中的移动，如淋巴结、脾脏、扁桃体和派尔集合淋巴结。在再循环过程中，淋巴细胞与呈递抗原的细胞相互作用，抗原是外来物质或感染细胞的分子标记，如果淋巴细胞遇到其特定抗原，它就会被激活并启动免疫反应，并可以通过穿过淋巴组织中的毛细血管壁而离开血液，受到趋化因子和黏附分子的趋化到达病变部位，最终穿过淋巴管、淋巴结，返回血液。这种持续的再循环使淋巴细胞能够监测各种组织和器官，确保有效的免疫应答和反应，从而实现协调的免疫防御。总之，淋巴细胞再循环是淋巴细胞在全身的动态运动，能够进行免疫监测、抗原识别和免疫反应，它在维持免疫系统的功能方面起着至关重要的作用（图 3-6）。

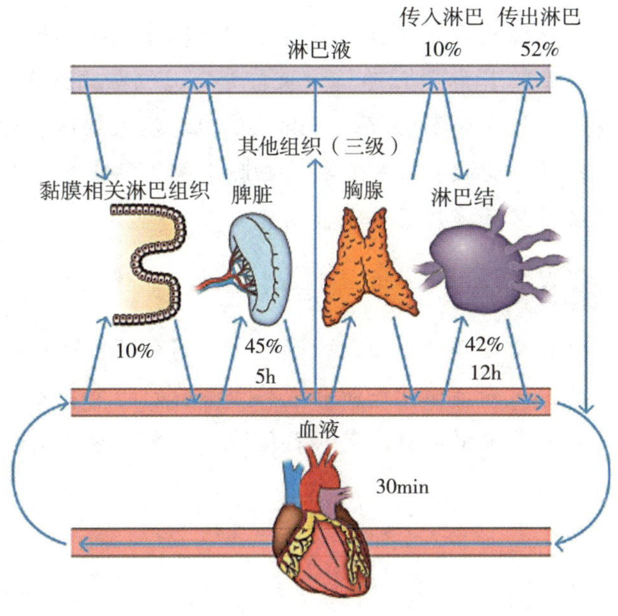

图 3-6　淋巴细胞再循环示意图

临床案例

患者为一名50岁男性，因“心慌、手抖半年，发现甲状腺功能异常和前纵隔占位1周”就诊。患者就诊前半年出现心慌、手抖，伴多汗、乏力，半年内体重减轻约7kg，便次增加，2～3次/日，便不成形，未在意。就诊前1周体检，甲状腺功能提示血清甲状腺激素水平升高，肺CT提示“前纵隔占位”。为求下一步治疗方案来诊。病来精神状态和食欲好，睡眠欠佳。既往健康。否认肿瘤家族史和甲状腺疾病家族史，否认辐射暴露史。体格检查：脉搏102次/分，血压126/78mmHg。皮肤温暖潮湿，无明显眼球突出，眼睑无下垂，疲劳试验阴性。舌颤（－），双手平举震颤（＋）。颈软，甲状腺Ⅱ度弥漫性、对称性肿大。双肺呼吸音清，心率102次/分，心律齐。四肢肌力Ⅴ级。实验室检查：血常规、肝肾功能、肌酸激酶正常，乙酰胆碱受体抗体（AchR抗体）阴性。肺CT提示“前上纵隔帆船样密度增高影，胸腺占位”。

分析：

（1）胸腺瘤是一种常见的纵隔肿瘤，通常位于前上纵隔。本例患者通过CT检查发现前上纵隔帆船样密度增高影，提示胸腺占位，因此可以诊断为胸腺瘤。

（2）重症肌无力是一种神经肌肉传递障碍性疾病，表现为骨骼肌无力、极易疲劳。本例患者在胸腺瘤的同时出现了重症肌无力的症状，如心慌、手抖半年，伴多汗、乏力等。这可能是因为胸腺瘤影响了神经肌肉传递的功能，从而引起了重症肌无力的症状。

（3）胸腺瘤与重症肌无力的关系：胸腺瘤与重症肌无力之间存在一定的关联。部分患者切除胸腺瘤后重症肌无力的症状可以得到缓解或消失，这可能是因为胸腺瘤影响了神经肌肉传递的功能，从而引起了重症肌无力的症状。

（4）治疗方案：对于胸腺瘤合并重症肌无力的患者，手术是首选的治疗方法。通过手术切除胸腺瘤，可以缓解重症肌无力的症状，提高患者的生活质量。同时，患者可能还需要接受其他辅助治疗，如药物治疗或放疗等。

本章小结

免疫反应是机体内多种细胞、器官和微环境协同作用的结果。初级免疫器官是淋巴细胞发育和成熟的部位，其中T细胞前体来自骨髓，但在胸腺中完全发育；在人类和小鼠中，B细胞在骨髓中产生和发育。次级免疫器官提供了淋巴细胞与抗原相遇、被激活、克隆扩增和分化为载体细胞的场所，它们包括淋巴结、脾脏和分布在整个黏膜系统的黏膜相关淋巴组织（MALT）。通过淋巴细胞归巢和再循环维持机体的正常免疫应答和免疫功能

思考题

1. 简要描述中枢免疫器官和外周免疫器官的组成和功能。
2. 区分造血干细胞和成熟血细胞的两个主要特征是什么？
3. 简要描述什么是淋巴细胞再循环。它的生物学意义是什么？

习　题

一、名词解释

1. 中枢免疫器官（immune system）
2. 胸腺微环境（thymic microenvironment）
3. 外周免疫器官（peripheral immune organ）

二、单项选择题

1. 人类的中枢免疫器官是（　　）。
   A. 淋巴结和脾脏　　B. 胸腺和骨髓
   C. 淋巴结和胸腺　　D. 骨髓和黏膜相关淋巴组织
   E. 淋巴结和骨髓
2. 关于免疫器官叙述正确的是（　　）。
   A. 中枢免疫器官与外周免疫器官相互独立
   B. 中枢免疫器官发生较晚
   C. 外周免疫器官发生较早
   D. 外周免疫器官是成熟淋巴细胞定居的场所
   E. 中枢免疫器官是成熟淋巴细胞定居的场所
3. 胸腺的特征性结构是（　　）。
   A. 被膜　　B. 皮质　　C. 髓质　　D. 胸腺小体
   E. 胸腺上皮细胞
4. 以下哪项不是淋巴结的功能（　　）。
   A. 过滤作用
   B. 淋巴细胞分化成熟的场所
   C. 成熟淋巴细胞定居的场所
   D. 参与淋巴细胞再循环
   E. T 细胞分化、成熟的场所
5. 脾脏所不具备的作用是（　　）。
   A. 提供 T、B 细胞寄居的场所
   B. 产生分泌型 IgA，发挥黏膜免疫作用
   C. 提供免疫应答的场所
   D. 造血作用
   E. 贮血作用
6. 关于淋巴细胞归巢与再循环的描述，以下错误的是（　　）。
   A. 成熟淋巴细胞进入外周淋巴器官后定向分布于不同的特定区域
   B. 不同功能的淋巴细胞亚群可选择性迁移至不同的淋巴组织
   C. 淋巴细胞只在血液、淋巴液内反复循环
   D. 淋巴细胞在血液、淋巴液、淋巴器官或组织间反复循环
   E. 淋巴细胞再循环是维持机体正常免疫应答并发挥免疫功能的必要条件

三、判断题（正确的划“√”，错误的划“×”）

1. T 细胞主要产生于骨髓。 （ ）
2. 在骨髓内发生的再次免疫应答速度快、持续时间短。 （ ）
3. 淋巴结的次级淋巴滤泡含大量的记忆 B 细胞。 （ ）

四、简答题

1. 简述中枢免疫器官和外周免疫器官的组成和功能。
2. 试述黏膜相关淋巴组织的功能及其特点。

参考答案

第四章 免疫细胞

思维导图

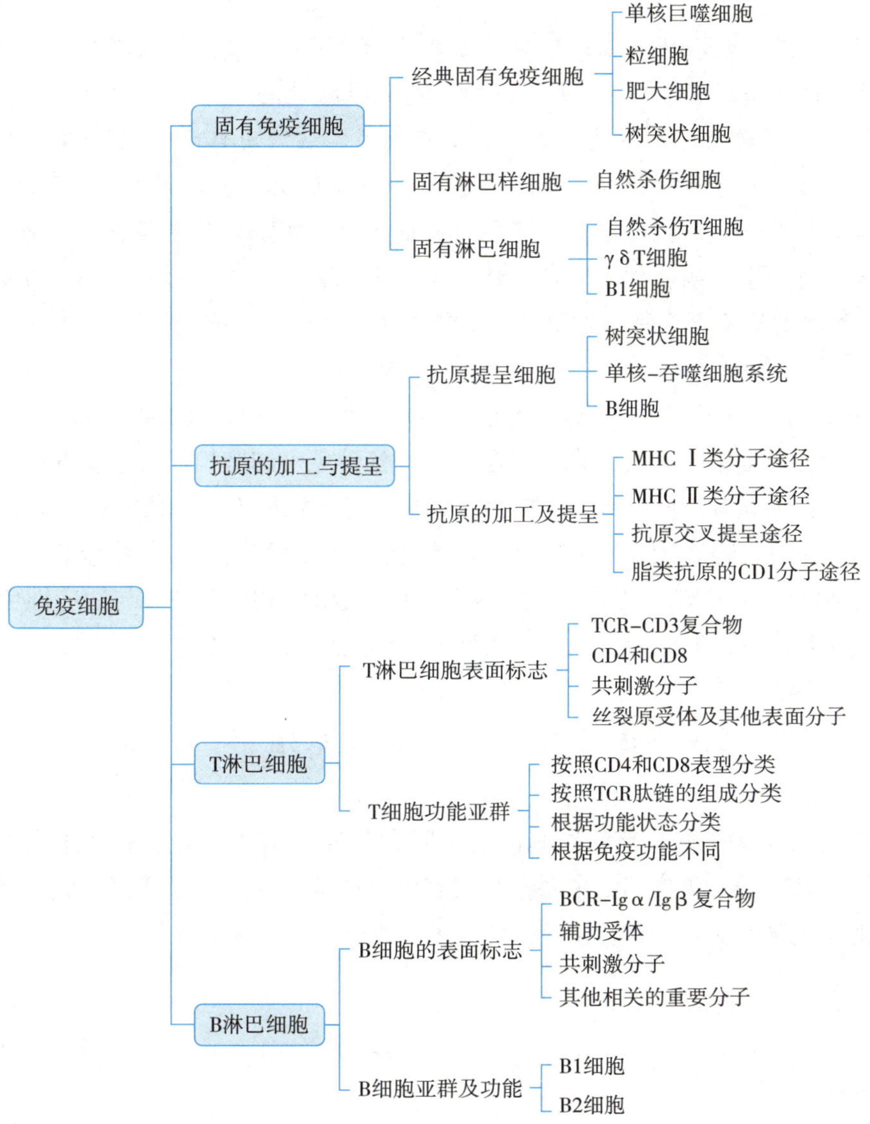

学习目标

知识目标 掌握免疫细胞概念与种类；T 细胞、B 细胞主要表面分子；T 细胞亚群主要功能；NK 细胞功能、特点以及杀伤机制；APC 细胞的概念、种类；树突状细胞、单核巨噬细胞的特点及主要生物学功能。

能力目标 熟悉 T 细胞在胸腺内发育；B 细胞的分化发育，结合案例分析讨论，培养学生理论联系运用所学知识解决现实生活中的免疫学问题的能力。

思政目标　学习固有与适应性免疫细胞，体会免疫细胞各司其职又相互协作，共同抵御外来的侵害，发挥着人体健康卫士的重要作用。

思政入课堂

每一项科学发现，每一次技术进步，都闪耀着敬业精神的光辉。诺贝尔生理学或医学奖获得者拉尔夫·斯坦曼（Ralph Steinman）的主要成就是发现了树突状细胞（DC），这是一类重要的抗原提呈细胞，是影响免疫应答的关键调节器。因为DC数量极少，在研究的很长一段时间内并没有得到认可。但是Ralph没有气馁，而是继续用更加精细的实验设计和更加敏锐的观察开展研究工作，终于使人们认识到DC是启动人体适应性免疫应答的必须的关键因素，在抗感染和抗肿瘤过程中发挥重要作用。因此可通过增强DC的功能用于肿瘤和感染性疾病的治疗。不幸的是Ralph患上胰腺癌，大多数胰腺癌患者在确诊之后活不过1年，他没有放弃，继续用自己研究的DC对自身进行治疗，使其生命延长了将近5年的时间。遗憾的是在宣布其获得诺贝尔奖的前几天，永远地离开了人世。他也因此成为历史上唯一一位获得诺贝尔奖却已离世的科学家。但他的坚持不懈的精神，激励着更多的科研人员从事免疫学研究。作为医务工作者，应当兢兢业业工作，刻苦钻研业务和技能，努力提高服务质量，承担起救死扶伤的社会责任，并实现自己的人生价值。

免疫细胞（immunocyte）泛指所有参与免疫应答或与免疫应答有关的细胞及其前体，主要包括淋巴细胞、抗原提呈细胞、粒细胞、肥大细胞等。在人体中各种免疫细胞担任着重要的角色，免疫细胞根据其功能可分为两大类：①固有免疫细胞，包括吞噬细胞、各类粒细胞、单核巨噬细胞、树突状细胞、NK细胞、固有样淋巴细胞（NKT细胞、γδT细胞、B1细胞），以及其他参与免疫应答和效应的细胞；②T淋巴细胞和B淋巴细胞，分别表达特异性抗原识别受体（TCR/BCR），是参与适应性免疫应答的关键细胞。两类免疫细胞相互作用，彼此调控，共同执行机体免疫系统的功能。

第一节　固有免疫细胞

固有免疫细胞包括来源于髓样前体细胞的经典固有免疫细胞和来源于淋巴样前体细胞的固有淋巴细胞和固有淋巴样细胞。固有免疫细胞主要参与固有免疫的免疫应答，某些固有免疫细胞是抗原提呈细胞，如树突状细胞和巨噬细胞等，也是参与启动适应性免疫应答的关键细胞。

一、经典固有免疫细胞

（一）单核巨噬细胞

单核细胞（monocyte）来源于骨髓的造血干细胞。在血液中短暂停留数小时至数日，随即移行到肝、脾、淋巴结和结缔组织等全身组织器官，发育成为巨噬细胞（Mϕ）。如肝脏中的库普弗细胞、肺脏中的肺泡巨噬细胞、骨中的破骨细胞、神经组织中的小胶质细胞等。巨噬细胞具有抗感染、抗肿瘤、参与免疫应答和免疫调节作用等多种生物功能。单核巨噬细胞具有较强的黏附于玻璃或塑料表面的能力，借此可分离和纯化巨噬细胞。

1. 表面标志

单核巨噬细胞可表达多种表面标志，与其功能密切相关。如MHC分子、共刺激分子（CD80/CD86、

CD40）、特征性表面分子 CD14、整合素 Mac-1 或 CD11b/CD18，以及众多表面受体分子，包括调理性受体和细胞因子受体以及模式识别受体（pattern-recognition receptor，PRR）。调理性受体主要包括 IgGFc 受体和补体受体（如 C3bR/C4bR）。细胞因子受体主要包括 IL-1R、TNF-αR、M-CSFR、IFN-α/βR，与其活化、趋化、募集等密切相关。重要的 PRR 包括甘露糖受体、清道夫受体、Toll 样受体等。

2. 主要生物学功能

（1）吞噬消化功能：Mϕ 有很强的吞噬和杀伤功能，因此，单核巨噬细胞和中性粒细胞又被称为吞噬细胞（phagocyte）。Mϕ 可吞噬和消化各类病原微生物及大颗粒抗原，主要通过氧依赖和非氧依赖的杀菌系统杀伤病原体：包括反应性氧中间物（reactive oxygen intermediate，ROI）和反应性氮中间物（reactive nitrogen intermediate，RNI）。ROI 主要包括超氧阴离子、游离羟基、过氧化氢等。RNI 主要包括瓜氨酸和一氧化氮。氧非依赖途径涉及酸性 pH 环境、溶菌和防御素的效应作用。病原体被吞噬杀伤后，在吞噬溶酶体内多种水解酶作用下被消化降解，其产物大部分通过胞吐作用排出胞外部分产物被加工处理为抗原肽被 MHC 分子结合提呈给 T 细胞。Mϕ 还能清除机体内衰老死亡的细胞，维持自身平衡和稳定，是机体非特异性免疫防御及维持自身稳定的重要免疫细胞。

（2）抗原提呈功能：Mϕ 属专职性抗原提呈细胞（APC），通过吞噬、胞饮和受体介导的胞吞作用摄取抗原，进行加工处理，并组成抗原肽 -MHC 复合物，提呈给有相应抗原受体的 T 细胞（活化的第一信号），同时通过表面 CD80 和 ICAM-1 等黏附分子提供 T 细胞活化的第二信号，启动适应性免疫应答。

（3）免疫调节功能：Mϕ 能合成分泌多种生物活性介质，发挥免疫调节作用，如 IFN-γ 可上调 APC 表达 MHC 分子，增强抗原提呈能力；Mϕ 分泌的 IL-12 可促进 Th1 分化，激活 NK 细胞发挥杀伤功能。调节性 Mϕ 可通过分泌 IL-10、TCF-β 抑制 T 细胞、NK 细胞功能而下调免疫应答。

（4）杀伤肿瘤细胞：Mϕ 分泌的 TNF-α、蛋白水解酶等可直接杀伤或抑制肿瘤细胞生长，Mϕ 也可提呈肿瘤抗原，活化 T 细胞产生 TNF-β、IFN-γ 穿孔素协同杀伤肿瘤细胞。此外，巨噬细胞也可在肿瘤特异性抗体的参与下，通过 ADCC 效应杀伤肿瘤细胞。

（5）介导炎症反应：Mϕ 在趋化因子等作用下可向炎症部位移行，参与炎症反应，感染都位产生的 MCP-1、CM-CSF 和 IFN-γ 等细胞因子可募集和活化 Mϕ（M1）；活化的 Mϕ 可通过分泌 IL-1、TNF-α、IL-6 等促炎细胞因子、其他炎性介质（前列腺素、白三烯）和多种补体成分等参与和促进炎症反应。此外，Mϕ 分泌的各种酶和炎症介质也增强了局部炎症反应，既可引起炎症损伤又可增强抗感染免疫。

（二）粒细胞

粒细胞（granulocyte）来源于骨髓的髓样前体细胞，包括中性粒细胞、嗜酸性粒细胞和嗜碱性粒细胞，是参与炎症或过敏性炎症反应的重要效应细胞。

（1）中性粒细胞（neutrophil）来源于骨髓髓样造血干细胞，是白细胞中数量最多的一种。约占外周血白细胞总数的 50% ~ 70%，其寿命短、更新快、数量多。中性粒细胞胞质内有中性颗粒，其内含多种溶酶体酶，如组织蛋白酶、溶菌酶磷酸酶过氧化氢酶和多种水解酶等。这些酶类参与中性粒细胞的生物学功能，也可介导某些病理损伤。中性粒细胞具有很强的趋化作用和吞噬功能，经瑞氏（Wright）染色或碱性亚甲蓝染色，核呈杆状或分叶状。当局部发生病原体感染时，大量中性粒细胞趋化至炎症部位，释放多种细胞毒性分子，发挥杀伤作用，中性粒细胞高表达整合素 CD11b/CD18 和趋化性受体 IL-8R 和 C5a 受体，使其在胞外菌或真菌感染时被迅速募集至感染或炎症部位发挥作用。此外，中性粒细胞表面有 IgG Fc 受体和补体 C3b 受体，可通过调理作用增强其吞噬和杀菌作用。

（2）嗜酸性粒细胞（eosinophilic granulocyte）来源于骨髓髓样造血干细胞，占外周血白细胞总数的5% ~ 6%，血液中仅停留6 ~ 8小时，进入结缔组织后可存活8 ~ 12天。嗜酸性粒细胞胞质内含粗大的嗜酸性颗粒，颗粒内含酸性磷酸酶类、阳离子蛋白、过氧化物酶、芳基硫酸酯酶和组胺酶等。表达趋化因子受体CCR3、IL-5R和PAF-R，在相应细胞因子或炎性介质作用下趋化募集并激活分化为效应细胞，释放细胞溶酶体内所含的过氧化物酶等酶类等杀伤寄生虫。激活后分泌IL-3、IL-5、IL-8、GM-CSF以及白三烯（leukotriene，LT）、PAF等炎性介质，参与和促进局部炎症或过敏性炎症反应。因此，在寄生虫感染和Ⅰ型超级反应发生过程中，常伴有嗜酸性粒细胞增多。

（3）嗜碱性粒细胞（basophil）来源于骨髓髓样造血干细胞，占外周血白细胞总数的0.2%，表面表达CCR3，可被趋化因子招募炎症部位或过敏性炎症反应部位，在组织中可存活10 ~ 15天。嗜碱性粒细胞的免疫功能为：表达高亲和力IgE Fc受体Ⅰ（FcεRⅠ）介导Ⅰ型超敏反应，此外，通过释放IL-1、IL-4、TNF等促炎细胞因子，发挥趋化和致炎反应作用，参与固有免疫。

（三）肥大细胞

来源于骨髓造血干细胞，主要分布于黏膜和结缔组织中，胞质内含有嗜碱性颗粒，与嗜碱性粒细胞类似。其表面表达Toll样受体（TLR2、TLR4）和过敏毒素受体（C3aR、C5aR），在病原体的PAMP或C3a、C5a作用下脱颗粒，并合成和分泌白三烯、前列腺素D2、PAF等脂类介质及TNF-α、IL-5、IL-13等细胞因子，引起炎症反应发挥抗感染作用。肥大细胞是Ⅰ型超敏反应的主要效应细胞，其数量多且分布广泛，故具有比嗜碱粒细胞更强的效应。肥大细胞表面FcεRⅠ结合的IgE一旦与过敏原作用，即可触发脱颗粒，释放预存及新合成的生物活性介质。

（四）树突状细胞

树突状细胞（dendritic cell，DC）广泛分布于全身组织和器官，因其具有许多树突样突起而得名。DC由骨髓中髓样干细胞和淋巴样干细胞分化而来，包括来源于髓样干细胞的DC称为经典DC（conventional DC，DC或cDC）和来源于淋巴样前体细胞的浆细胞样DC（淋巴系DC）。另外，不同组织部位DC具有不同的名称，如表皮和胃肠上皮组织DC称为朗格汉斯细胞，器官组织内DC称为间质性树突状细胞，淋巴细胞内DC称为并指状树突状细胞。

经典DC是专职抗原提呈细胞，表面有多种表面分子和受体。根据成熟状态，又分为未成熟DC（non-mature DC）和成熟DC（mature DC），两者在表面分子、表面受体及功能特性上有很大差异。经典DC也发挥免疫调节作用，可通过分泌不同的细胞因子调节适应性免疫应答。浆细胞样DC（plasmacytoid DC，pDC）活化后可快速产生大量Ⅰ型干扰素（IFN-α、IFN-β），参与抗病毒固有免疫应答，阻止病毒复制，在机体抗病毒免疫中发挥重要作用。

二、固有淋巴样细胞

固有淋巴样细胞（innate lymphoid cell，ILC）其活化不依赖于对抗原的识别，不表达特异性/泛特异性抗原受体。来源于共同淋巴样前体细胞（common lymphoid precursor，CLP），后者可分化为NK前体细胞和共同辅助固有淋巴样前体细胞。共同辅助固有淋巴样前体细胞分化为除NK细胞以外的其他固有淋巴样细胞，包括ILC1、ILC2、ILC3三个亚群。自然杀伤细胞也归属于固有淋巴样细胞。

自然杀伤细胞

自然杀伤细胞（natural killer cell，NK cell）是一类独立的淋巴细胞亚群，无需抗原预先致敏，即可直接杀伤某些肿瘤细胞，因而得名。NK 细胞来源于骨髓淋巴样干细胞，广泛分布于外周血、外周淋巴组织、肝、脾等组织。NK 细胞属于异质性细胞群体，可表达多种表面标志，临床及科研实践中常以 $CD3^-$ $CD19^-$ $CD56^+$ $CD16^+$ 作为 NK 细胞表面标志。NK 细胞可表达一系列与其活化和抑制相关的调节性受体，识别“自身”与“非己”成分，选择性杀伤病毒感染或肿瘤等靶细胞。NK 细胞表达中等亲和力的 IL-2 受体 β 和 γ 链，在 IL-2 刺激下可增殖。NK 细胞还可表达 CD94、CD314 和细胞因子受体，如 IL-12R、IL-15R 和 IL-18R 等，有利于其发挥功能。

NK 细胞无抗原识别受体，能直接杀伤某些肿瘤细胞和病毒感染的细胞，与其表面表达的受体分子密切相关。NK 细胞表面除表达相关黏附分子、细胞因子受体及趋化因子受体外，其活性主要受多种调节性受体的调控，根据受体功能可分为两类：一类是可激发 NK 细胞杀伤作用的受体，称为杀伤细胞激活性受体（killer activation receptor，KAR）；另一类是能够抑制 NK 细胞杀伤作用的受体，称为杀伤细胞抑制性受体（killer inhibitory receptor，KIR）。根据受体所识别的配体不同，NK 细胞表面调节性受体可分为识别 MHC Ⅰ类分子的受体和识别非 MHC Ⅰ类分子配体的受体。

1. 识别 MHC Ⅰ类分子的受体

（1）杀伤细胞免疫球蛋白样受体（killer immunoglobulin-like receptor，KIR）：为跨膜糖蛋白，是免疫球队蛋白超家族（IgSF）成员，能识别经典 MHC Ⅰ类分子（主要是 HLA-C），属于 Ig 超家族成员。

（2）杀伤细胞凝集素样受体（killer lectin-like receptors，KLR）：主要是由 CD94 和Ⅱ型跨膜分子 NKG2 家族不同成员构成的异二聚体。可分为抑制性受体和活化性受体两个类型，均可识别 HLA-E 分子，但活化受体与 HLA-E 亲和力低于抑制性凝集素受体。

2. 识别非 MHC Ⅰ类分子的杀伤活化受体

包括 NKG2D 和自然细胞毒性受体。此类受体是具有自然细胞毒作用的受体，识别的配体通常是在病毒感染细胞和肿瘤细胞表面异常或高表达，而在正常组织细胞表面缺失或低表达的膜分子。NK 细胞可通过此类杀伤活化受体选择性杀伤病毒感染的靶细胞和肿瘤细胞，而不攻击正常组织细胞。

NKG2D 是 NK 细胞重要的活化性受体，以同源二聚体形式表达于 NK 细胞表面。NKG2D 识别非 MHC Ⅰ类分子配体，胞质区不含 ITAM，但与 DAP-10 同源二聚体结合形成复合体，由 DAP-10 转导活化信号。NKG2D 可识别 MHC Ⅰ类链相关分子 A/B（MHC class Ⅰ chain-related A/B，MIC A/B）。MIC A 和 MIC B 在病毒感染及肿瘤细胞高表达或异常表达，而正常细胞一般低表达或不表达。

天然细胞毒性受体（natural cytotoxicity receptor，NCR）属活化性受体，是在 NK 细胞中发现并与细胞毒作用密切相关的一类受体，是 NK 细胞特有的表面标志，包括 NKp46、NKp30 和 NKp44，三者均为 lg 超家族成员，但彼此无同源性。其中 NKp46 和 NKp30 胞质区与含 ITAM 的 CD3-ζζ 同源二聚体非共价结合，而获得转导活化信号的功能。NKp46 和 NKp30 表达于不同分化阶段的 NK 细胞表面与 CD3-ζζ 非共价结合，而 NKp44 主要表达在活化 NK 细胞表面通过与 DAP-12 分子偶联而转导活化信号。近年来研究发现，NKp46 和 NKp44 可识别结合流感病毒血凝素，提示 NK 细胞可攻击流感病毒感染的靶细胞。

NK 细胞主要通过以下机制杀伤靶细胞：①通过释放穿孔素和颗粒酶引起靶细胞溶解。② Fas 与 FasL 途径引起细胞凋亡；③细胞表面表达 IgG Fc 受体，通过 ADCC 作用杀伤靶细胞。

NK 细胞主要生物学功能：①抗感染和抗肿瘤作用：通过释放各种细胞因子溶解被病毒感染的细胞，如被病毒、李斯特菌、疟原虫等感染的靶细胞。同时，NK 细胞释放各种细胞因子 IFN-γ 和 IFN-α 等干扰病毒复制。NK 细胞具有广谱抗肿瘤效应，也可以在特异性抗体帮助下通过 ADCC 作用杀伤被特异性 IgG 包被的肿瘤细胞以及释放穿孔素、颗粒酶等机制杀伤靶细胞。②免疫调节作用：NK 细胞通过释放 IFN-γ、IL-2 和 TNF-α 等多种细胞因子对机体免疫功能进行调节，增强机体抗感染能力。

三、固有（样）淋巴细胞

固有（样）淋巴细胞（innate-like lymphocyte，ILL）是一类介于适应性免疫细胞和固有免疫细胞之间的淋巴细胞，包括 NKT 细胞、γδT 细胞和 B1 细胞，表达的抗原虽有抗原识别受体 TCR/BCR，但多样性有限，由胚系基因直接编码，不经过基因重排。功能上更接近固有免疫细胞，可直接识别某些靶细胞或病原体所共有的特定分子，并在未经克隆扩增条件下迅速活化发生应答。

（一）自然杀伤 T 细胞

自然杀伤 T 细胞（natural killer T cell，NKT）的表面既表达 NK 细胞特征性表面标志 CD56（小鼠 NK1.1），又表达 T 细胞特征性表面标志 TCR-CD3 复合体，为特殊的 T 细胞亚群。NKT 细胞可在胸腺内或胸腺外（胚肝）分化发育，主要分布于骨髓、肝、胸腺、脾、淋巴结，外周血中少量存在。NKT 细胞绝大多数为 CD4-CD8- 双阴性 T 细胞，其表面抗原识别受体（TCR）表达密度较低，约为外周血 T 细胞表达的 TCR 密度的 1/3，大多数为 TCRαβ 型，少数为 TCRγδ 型。

NKT 细胞在相应脂类抗原或细胞因子作用下，发挥直接杀伤靶细胞（如肿瘤细胞或病毒感染的细胞）的活性。NKT 细胞可组成性表达 IL-12、IL-2 和 IFN-γ 等细胞因子的受体，细胞活化后，通过分泌穿孔素使某些病毒、胞内寄生菌感染的靶细胞和肿瘤细胞发生溶解破坏或经 Fas/FasL 途径使上述靶细胞发生凋亡。也可通过活化 NKT 细胞分泌 IL-4 和 IFN-γ 等细胞因子等发挥免疫调节作用，增强细胞免疫应答。此外，NKT 细胞还可分泌多种趋化性细胞因子，参与炎症反应。

（二）γδT 细胞

γδT 细胞在胸腺中分化发育，是表达 γδ 型 TCR 的 T 细胞。主要分布于肠道、呼吸道及泌尿生殖道等黏膜和皮下组织，有杀伤靶细胞的功能。γδT 细胞的 TCR 由 γ 和 δ 链组成，可与 CD3 分子形成复合物。分布在不同黏膜和皮下组织中的 γδT 细胞可表达不同的 TCRγδ 以识别不同的抗原，但在同一组织中的 γδT 细胞只表达一种相同的 TCRγδ，因而具有相同的抗原识别特异性。

γδT 细胞的主要生物学功能有：①借助 TCRγδ 或 NK 细胞样受体对体内的异常细胞产生细胞毒作用，是皮肤黏膜局部早期抗病毒感染和抗肿瘤的重要效应细胞，其杀伤机制与 CD8CTL 基本相同。②活化的 γδT 细胞还可通过分泌多种细胞因子（如 IL-17、IFN-γ 和 TNF-α 等）介导炎症反应或参与免疫调节。

（三）B1 细胞

B1 细胞即 $CD5^{+}$B 细胞，来源于胚肝或骨髓，是个体发育中最早出现的 B 细胞，具有自我更新的能力，主要分布于肠黏膜固有层、腹腔和胸腔，构成了机体免疫的第一道防线。B1 细胞 BCR 可识别 TI 抗原的多糖类物质，尤其是某些菌体表面共有的多糖抗原，如肺炎球菌荚膜多糖等，以及某些变性的自身抗原如变性红细胞、变性 Ig、ssDNA 等，快速产生低亲和力 IgM，在感染早期发挥重要作用。此外，B1 细胞可识别某些自身抗原直接产生低亲和力的 IgM，参与损伤细胞碎片的清除，在清除自身衰老、损伤和变性的细胞过程中发挥重要生物学功能，但有时参与某些自身免疫性疾病的发生。

第二节　抗原的加工与提呈

抗原提呈是指经 APC 摄入、加工处理后的有免疫原性的多肽，以抗原肽 -MHC 分子复合物的形式

表达于APC细胞表面，供T细胞抗原受体识别的过程。以细胞免疫过程中的T细胞为例，T细胞表面受体需与APC表面结合了特定抗原肽段的MHC复合物结合，同时有多种免疫共刺激分子作用下，才能充分活化成为效应细胞。APC最重要的功能是摄取、加工和提呈抗原。

一、抗原提呈细胞

抗原提呈细胞（antigen-presenting cell，APC）是指能够加工、处理抗原，并将抗原肽提呈给抗原特异性T淋巴细胞的一类免疫细胞。在机体的免疫识别、免疫应答与免疫调节中起重要作用。APC摄取抗原并将其加工处理成抗原肽，以抗原肽-MHC分子复合物的形式提呈给T细胞；同时APC表达共刺激分子，与T细胞表面相应配体结合，激活抗原特异性T细胞，启动适应性免疫应答。APC可分为专职APC和非专职APC两大类。

（1）专职APC（professional APC），包括巨噬细胞、树突状细胞和B细胞，它们均组成性表达MHC Ⅱ类分子和T细胞活化所需的共刺激分子及黏附分子，具有显著的抗原摄取、加工、处理与提呈功能。

（2）非专职APC（non-professional APC），包括内皮细胞、上皮细胞和成纤维细胞等，其在某些因素刺激下可表达MHC Ⅱ类分子，并具有一定的抗原提呈功能。通常与炎症反应的发生和某些自身免疫病的发病机制有关。另外，所有表达MHC Ⅰ类分子的有核细胞且被病毒感染或发生突变即可提呈抗原，广义上也属于APC。

（一）树突状细胞

树突状细胞（DC）是体内诱导初始T细胞活化能力最强的APC，正常情况下，以未成熟的状态存在于包括表皮和胃肠道黏膜下的组织中，与病原体等异物识别活化后，迁移至外周免疫器官，分化成熟，激活初始T细胞，启动适应性免疫应答。体内DC的数量较少，但分布很广，其最大的特点是能够显著刺激初始T细胞增殖，是机体适应性免疫应答的始动者。

（二）单核巨噬细胞

单核细胞和巨噬细胞（Mϕ）表面均表达模式识别受体、清道夫受体、Fc受体、补体受体，以及胞质内表达RIG-1与cGMP合成酶等识别核酸的受体等，可分泌多种酶类及生物活性产物，其吞噬和清除病原微生物能力很强，在机体的免疫防御中发挥重要作用。在病原体组分和趋化因子的作用下，单核细胞和巨噬细胞可趋化至炎症部位，参与炎症反应。与DC和B细胞不同，巨噬细胞主要向活化的T细胞和记忆性T细胞提呈抗原，以抗原肽-MHC分子复合物的形式表达于巨噬细胞表面，为抗原特异性$CD4^+$/$CD8^+$T细胞提供识别选择的靶标，而对初始T细胞的激活作用微弱。在IFN-γ作用下单核细胞和巨噬细胞表达上述分子的水平显著增高，可将抗原肽-MHC分子复合物提呈给T细胞发挥专职APC功能。

（三）B细胞

B细胞可通过其表面BCR分子特异性识别和结合抗原，内吞入胞内进行加工处理。通过BCR-Igα/Igβ复合体识别抗原的B细胞表位，捕获并内吞抗原，处理加工后，将T细胞表位以抗原肽-MHC Ⅱ类分子复合物的形式提呈给特异性$CD4^+$Th2识别。尤其当抗原浓度较低时，B细胞通过其高亲和力的IgM或IgD浓集抗原并内化，此时B细胞的抗原提呈功能尤为重要。B细胞在向Th细胞提呈抗原的同时，也受到Th细胞的辅助而活化，并对TD-Ag产生抗体应答。

二、抗原的加工及提呈

抗原根据其来源于 APC 之外或其内而分为以下两类：①内源性抗原（endogenous antigen），指靶细胞（广义的 APC）胞内合成的抗原，例如细胞内由于基因变异合成的蛋白如肿瘤细胞内合成的特异蛋白或病毒感染细胞内合成的病毒蛋白等，内源性抗原产生后即在细胞质中被降解加工成肽段。②外源性抗原（exogenous antigen），指 APC 以各种方式所摄取的细胞、细菌和蛋白抗原等。例如被吞噬的细胞、微生物或细胞外环境中的可溶蛋白等，这类抗原主要通过细胞的胞吞作用，被抗原提呈细胞摄入胞内，形成内体。

根据抗原的性质和来源不同，APC 通过以下 4 种途径进行抗原的加工、处理和提呈：MHC Ⅰ类分子途径（内源性抗原途径）、MHC Ⅱ类分子途径（外源性抗原途径）、非经典 MHC 交叉抗原提呈途径、脂类抗原的 CD1 分子提呈途径。其中，MHC Ⅰ类分子将内源性抗原肽提呈给 $CD8^+T$ 细胞，MHC Ⅱ分子将外源性抗原肽提呈给细胞，CD1 分子主要将脂类抗原提呈给 NKT 细胞。MHC Ⅰ类分子途径和 MHC Ⅱ类分子途径是抗原加工和提呈的主要途径，两条途径的主要差异见表 4–1。

表 4–1　MHC Ⅰ类和 MHC Ⅱ类分子途径的比较

性质	MHC Ⅰ类分子途径	MHC Ⅱ类分子途径
抗原来源	内源性抗原	外源性抗原
胞内抗原降解位置	蛋白酶体	内体、溶酶体
锚合抗原部位	内质网	MHC
提呈抗原肽的 MHC 分子	MHC Ⅰ类分子	MHC Ⅱ类分子
伴侣分子	钙连蛋白、TAP	钙连蛋白、Ii 链
抗原提呈细胞	所有有核细胞	专职 APC
识别和应答细胞	$CD8^+T$ 细胞	$CD4^+T$ 细胞

（一）MHC Ⅰ类分子途径

1. 内源性抗原加工与转运

内源性抗原经加工后形成抗原肽 –MHC Ⅰ类分子复合物，并提呈给 $CD8^+T$ 细胞（亦称为内源性抗原提呈途径或胞质溶胶抗原提呈途径）。内源性抗原在多种酶和 ATP 的作用下与泛素（ubiquitin）结合，首先被泛素化，解除蛋白折叠，才能进入蛋白酶体（proteasome）进行降解。内源性抗原在胞质中被蛋白酶体中的蛋白酶降解成 5 ~ 15 个氨基酸的肽段，此类肽段更利于与 MHC Ⅰ类分子结合。降解的肽段经抗原加工相关转运蛋白（transporter associated with antigen processing，TAP）转运至 ER 腔内，才能形成抗原肽 –MHC Ⅰ类分子的复合物，然后再由 TAP 移行至高尔基体。

2. 内源性抗原的提呈

新合成的 MHC Ⅰ类分子 α 链进入 ER 并维持部分折叠，继而与新合成的 β_2 微球蛋白（β_2m）组装成完整的 MHC Ⅰ类分子，当抗原肽借助 TAP 转运至 ER 时，即可与 MHC Ⅰ类分子的抗原结合槽结合，组成抗原肽 –MHC Ⅰ类分子复合物，经高尔基体，通过胞吐被转运到细胞膜表面，供 $CD8^+T$ 细胞的 TCR 识别。

一般情况下，MHC Ⅰ类分子所呈递的抗原来自自身蛋白，当细胞被病毒或其他胞内寄生的微生物感染时，胞质中合成的微生物蛋白片段也将会被 MHC Ⅰ类分子呈递于细胞表面。

（二）MHC Ⅱ类分子途径

外源性抗原经加工处理后产生的抗原肽与 MHC Ⅱ类分子结合、提呈，故称此为 MHC Ⅱ类分子途径，或溶酶体途径。与 MHC Ⅰ类分子在细胞表面的普遍表达不同，MHC Ⅱ类分子优先表达在专职 APC 上。

1. 外源性抗原的加工与降解

外源性抗原主要经胞饮、吞噬或受体介导的内吞作用进入 APC。被 APC 摄取后，在胞质中被胞膜包裹，内化形成内体（endosome），其功能是运输和降解被摄入的抗原。初形成的内体从胞膜下逐渐向胞质深部移动，经过早期、中期和晚期内体阶段，逐渐成熟，最终与溶酶体融合成吞噬溶酶体。内体中含有多种蛋白水解酶、肽酶、核酸酶、酯酶等，在内体和溶酶体内的 pH 酸性环境下，蛋白质被水解成小分子肽（约含 12 ~ 18 个氨基酸），从而暴露出能被特异 T 细胞识别的表位。

2. MHC Ⅱ类分子的合成与转运

MHCI Ⅰ类分子的 α 链和 β 链在内质网内合成后，即Ⅰ a 相关恒定链（Ⅰ a-associated invariant chain，Ⅱ）非共价结合，形成（α-β-Ⅱ）3 九聚体。其中 Ii 链可促进 MHC Ⅱ类分子二聚体的折叠、阻止 MHC Ⅱ类分子在内质网腔内与其他内源性多肽的结合，促进 MHC Ⅱ类分子在细胞内的转运。（α-β-Ⅱ）3 九聚体由高尔基体转运，与吞噬溶酶体融合形成 MHC Ⅱ类小室（MHC class Ⅱ compartment，M Ⅱ C）。在 M Ⅱ C 腔内，Ii 链被降解，仅保留与 MHC Ⅱ类分子结合的抗原短肽，称为Ⅱ类分子相关恒定链肽段（class Ⅱ -associated invariant chain peptide，CLIP）。

3. 抗原肽 -MHC Ⅱ类分子的组装和抗原肽的提呈

在 M Ⅱ C 中，由 HLA-DM 分子（一种 MHC Ⅱ类祥分子）协助将 CLIP 与 MHC 分子抗原肽结合槽解离，从而保证了与抗原多肽结合成稳定的抗原肽 -MHC Ⅱ类分子复合物。然后转运至细胞膜表面，供 $CD4^{+}T$ 细胞识别，从而将外源性抗原提呈给 $CD4^{+}T$ 细胞。

（三）抗原交叉提呈途径

抗原的交叉提呈（cross-presentation）也称为交叉致敏（cross priming），指在某些情况下，APC 能够将外源性抗原摄取、加工和处理并通过 MHC Ⅰ类途径提呈给 $CD8^{+}T$ 细胞，这不同于传统性的外源性抗原是通过 MHC Ⅱ类分子途径进行加工、处理和提呈给 $CD4^{+}T$ 细胞。现已证实，MHC 分子对抗原的提呈确实存在交叉提呈现象，除了 MHC Ⅰ类分子提呈外源性抗原外，内源性抗原在某些情况下也能通过 MHC Ⅱ类途径加以提呈。MHC 对抗原的交叉提呈属非经典的抗原提呈途径，参与对病毒（如疱疹病毒）、细菌（如李斯特菌）感染和大多数肿瘤的免疫应答过程，但是该途径并不是抗原提呈的主要方式。

（1）外源性抗原交叉提呈的机制包括：①某些外源性抗原从内体或吞噬溶酶体中溢出进入胞质或者直接穿越细胞膜进入胞质；②溶酶体中形成的抗原肽通过胞吐作用被排出细胞外，然后与细胞膜表面的空载 MHC Ⅰ类分子结合而被提呈；③细胞表面 MHC Ⅰ类分子被重新内吞进入内体，新合成的 MHC Ⅰ类分子也可进入内体，在内体中它们直接与外源性抗原肽结合形成复合物而被提呈。

（2）内源性抗原交叉提呈的机制包括：①含有内源性抗原的细胞或凋亡小体被 APC 摄取，形成内体；②内源性抗原肽被释放出细胞外，然后与细胞膜表面的空载 MHC Ⅰ类分子结合为复合物。

（四）脂类抗原的 CD1 分子途径

上述抗原提呈途径都是针对蛋白质类抗原的，后来又有研究发现，某些 T 细胞的活化不受 MHC 限制，它们通过结合 APC 表面的 CD1 分子而被提呈，而且 CD1 分子所提呈的不是多肽类物质，而是脂类物质。因此，又发现了区别于 MHC Ⅰ类和Ⅱ类分子依赖的抗原提呈的第三类途径，称为脂类抗原的

CD1 分子途径。

CD1 是一类 MHC Ⅰ类样分子，包括 CD1a ~ e 五个成员。目前认为，CD1a、CD1b 和 CD1c 主要结合病原体来源的磷脂、糖脂及脂质抗原成分，将脂质抗原（如分枝杆菌胞壁成分）提呈给特定的 T 细胞（CD4-CD8-T 细胞），介导对病原微生物的适应性免疫应答；CD1d 主要将脂类抗原提呈给 NKT 细胞以参与固有免疫应答；CD1e 为中间产物。

CD1 主要提呈糖脂或脂质抗原给 T 细胞，这种提呈途径通常没有明显的抗原加工过程，主要通过 CD1 分子在细胞表面—吞噬体或内体—细胞表面的再循环过程中结合各种脂类抗原，再被运至细胞膜参与抗原提呈。因此，CD1 分子提呈脂类抗原不依赖于 TAP 或者 HLA -DM 分子，主要是通过 CD1 分子的再循环过程，而没有明显的抗原加工处理。

第三节　T 淋巴细胞

T 淋巴细胞（T lymphocyte）来源于骨髓中的淋巴样祖细胞（lymphoid progenitor），在胸腺中分化发育成熟，故称 T 淋巴细胞，简称 T 细胞。主要介导细胞免疫应答，同时对 TD-Ag 激发的体液免疫应答发挥重要的辅助和调节功能。因此 T 细胞在机体免疫应答中占据核心地位，与其他免疫细胞相互协作，高度特异性地清除体内出现的抗原，共同维持机体自身内环境的平衡和稳定。

一、T 淋巴细胞表面标志

T 细胞表面标志及其膜蛋白，包括各种表面受体，表面抗原是 T 细胞与其他免疫细胞相互作用，接受信号刺激便产生应答的物质基础。它们参与 T 细胞识别抗原，T 细胞的活化、增殖、分化和其效应功能的执行，是鉴定 T 细胞及其亚群的重要依据。

（一）TCR-CD3 复合物

1. T 细胞抗原受体（T cell antigen receptor，TCR）

TCR 为所有 T 细胞表面的特征性标志，是由两条不同肽链由二硫链相连构成的异二聚体，构成 TCR 的肽链有 α、β、γ、δ 四种。根据所含肽链的不同，TCR 分为 TCRαβ 和 TCRγδ 两种，表达相应 TCR 的 T 细胞分别称为 αβT 细胞和 γδT 细胞。TCRaβ 由 a、β 链组成，两条链均属 Ig 超家族，具有高度多样性，可特异性识别抗原提呈细胞或靶细胞表面的抗原肽 -MHC 分子复合物（pMHC）；TCRγδ 由 γ 和 δ 链组成，其多样性较少，表达 TCRγδ 的 T 细胞参与机体固有免疫。而且，TCR 识别 pMHC 时具有双重特异性，即既要识别抗原肽的表位，也要识别自身 MHC 分子的多态性部分。TCR 识别自身 MHC 分子的多态性部位也是 T 细胞识别抗原具有自身 MHC 限制性的原因。

2. CD3 的结构和功能

CD3 分子是由 γ、δ、ε、ζ 和 η 五种肽链组成的跨膜蛋白，不具有多样性，表达于所有成熟 T 细胞和部分胸腺细胞表面，与 T 细胞受体（TCR）以非共价键结合为 TCR-CD3 复合体。TCR-CD3 复合体中，TCR 专司特异性识别抗原表位。CD3 是参与 TCR 信号转导的关键分子，其主要功能是稳定 TCR 结构，并传递 TCR 特异性识别抗原的信号，促进 T 细胞活化。CD3 分子的缺陷或缺失，将导致 T 细胞活化缺陷。CD3 分子的胞质段含免疫受体酪氨酸激活模体（immunoreceptor tyrosine-based activation motif，ITAM）。TCR 接受抗原刺激后，通过 ITAM 所含的酪氨酸磷酸化，招募 ZAP-70 等信号分子并与其分子中的 SH2 结构域结合，活化相关激酶，从而将 TCR 识别抗原的活化信号转入 T 细胞内。

（二）CD4 和 CD8

成熟 T 细胞只表达 CD4 或 CD8，即 $CD4^+$T 细胞或 $CD8^+$T 细胞。CD4 和 CD8 的主要功能是辅助 TCR 识别抗原和参与 T 细胞活化信号的转导，因此又称为 TCR 的共受体。

CD4 分子属 Ig 超家族，为胞膜表面单链糖蛋白，胞外区可与 APC 表面的 MHC Ⅱ类分子的 α2 和 β2 结构域结合，是辅助性 T 细胞（helper T cell，Th）的重要表面标志，也可表达于某些 APC（如 B 细胞，单核巨噬细胞）表面。CD4 分子的主要功能是辅助 TCR 识别抗原并参与 T 细胞活化信号的转导。另外，CD4 分子亦是人类免疫缺陷病毒（HIV）的受体，HIV 膜蛋白 gp120 通过结合 CD4 分子感染 $CD4^+$ 细胞（主要是 T 细胞和巨噬细胞等）。

CD8 分子是由 a 和 β 肽链组成的异二聚体，2 条肽链均为跨膜蛋白，由二硫键连接，膜外区各含 1 个 Ig 样结构域，能够与 MHC Ⅰ类分子重链的 α3 结构域结合，可增强 T 细胞与 APC 之间的相互作用并辅助 TCR 识别抗原。CD4 或 CD8 分子胞质区结合蛋白酪氨酸激酶（PTK）Src 家族的 Lck（p56lck），p56lck 被活化后，可使 CD3 分子胞质区的 ITAM 中的酪氨酸磷酸化，从而启动活化级联反应，使 T 细胞活化。部分 γδT 细胞及 NK 细胞也可表达 CD8。

（三）共刺激分子

共刺激分子（costimulatory molecule）是表达于 APC 和 T、B 细胞表面、参与 APC-T 细胞和 T-B 细胞间相互作用的一类黏附分子，因其参与细胞活化所需的共刺激信号的产生，故称共刺激分子。根据功能将其分为正性共刺激分子和负性共刺激分子，共同参与对 T 细胞或 B 细胞活性的调控作用。

1. CD28

CD28 是由两条相同肽链组成的同源二聚体，表达于 90% $CD4^+$T 细胞和 50% $CD8^+$T 细胞。CD28 是协同刺激分子 B7 的受体。B7 分子包括 B7 1（CD80）和 B7 2（CD86），其胞内区含有 ITAM，传递活化信号。CD28 分子与 B7 分子结合产生的协同刺激信号在 T 细胞活化中发挥重要作用，诱导 T 细胞表达抗细胞凋亡蛋白（Bcl-XL 等），刺激 T 细胞合成 IL-2 等细胞因子，促进 T 细胞增殖和分化。

2. CTLA-4（CD152）

细胞毒性 T 淋巴细胞抗原 -4（cytotoxic T lymphocyte antigen-4，CTLA-4）表达于活化的 $CD4^+$ 和 $CD8^+$T 细胞，为同源二聚体。其配体亦是 CD80 和 CD86，但 CTLA-4 与配体结合的亲和力显著高于 CD28。由于 CTLA-4 的胞质区有免疫受体酪氨酸抑制模体（immunoreceptor tyrosine-based inhibitory motif，ITIM），故传递抑制性信号。通常 T 细胞活化并发挥效应后才表达 CTLA-4，所以对 T 细胞介导的免疫应答具有负调节作用。

3. ICOS

诱导性共刺激分子（inducible costimulator，ICOS）主要表达于活化的 T 细胞，配体为 ICOS-L。能促进活化的 T 细胞产生多种细胞因子并促进其增殖。

4. CD40 配体（CD40L，CD154）

属于肿瘤坏死因子超家族（tumor necrosis factor superfamily，TNFSF）成员。主要表达于活化的 $CD4^+$ T 细胞，也表达于部分 $CD8^+$ T 细胞和 γδT 细胞。在 TD-Ag 诱导的免疫应答中，CD40L 与 B 细胞表面 CD40 分子结合，为 B 细胞活化提供第二信号，刺激 B 细胞增殖、分化，抗体生成和抗体类别的转换，诱导记忆 B 细胞形成。

5. CD2

又称淋巴细胞功能相关抗原 2（lymphocyte function associated antigen 2，LFA-2），配体 CD58（LFA-

3），属于IgSF成员。人的CD2配体为CD58（LFA-3），分布广泛。CD2分子表达于成熟T细胞、部分胸腺细胞和NK细胞。CD2主要功能为增强T细胞与APC或靶细胞间的黏附，促进T细胞对抗原的识别，为T细胞提供活化信号。

6. LFA-1和ICAM-1

T细胞表面的淋巴细胞功能相关抗原-1（LFA-1）与APC表面的细胞间黏附分子-1（ICAM-1）相互结合，介导T细胞与APC及靶细胞的黏附。

（四）丝裂原受体及其他表面分子

有丝分裂原（mitogen）可使静止状态的T细胞活化、增殖，转化为淋巴母细胞。T细胞表面表达有多种丝裂原（mitogen）受体，与相应的丝裂原结合后，直接诱导静止T细胞非特异性多克隆活化、增殖、分化。植物血凝素（phytohemagglutinin，PHA）和刀豆蛋白A（concanavalin A，Con A）为最常用的T细胞丝裂原。

T细胞活化后又可表达多种与其功能相关的膜分子，如多种细胞因子受体（IL-1R、IL-2R、IL-4R、IFN-γR和趋化因子受体等）、细胞凋亡相关分子（FasL）等以及抗体（FcR）和补体的受体（CR）。

二、T细胞功能亚群

T细胞是高度不均一的细胞群体，根据其表面标志及功能特点，可分为不同亚群。各亚群的T细胞既相互依赖又相互调节。检测T细胞表面标志有助于判断不同的T细胞亚群。

（一）按照CD4和CD8表型分类

根据T细胞表面CD4、CD8分子表达，可分为$CD4^+$或$CD8^+$T细胞。外周淋巴组织中$CD4^+$T细胞约占65%，$CD8^+$T细胞约占35%。一般而言，两者均为αβT细胞。

1. $CD4^+$T细胞

功能上具有异质性的T细胞亚群，在巨噬细胞、树突状细胞和小胶质细胞也有低水平的表达。$CD4^+$T细胞的TCR识别抗原提呈细胞表面的抗原肽-MHC Ⅱ类分子复合物，因此$CD4^+$ T细胞主要识别由MHC Ⅱ类分子提呈的由13 ~ 17个氨基酸组成的抗原肽，活化后主要分化为Th细胞，通过分泌细胞因子发挥效应，少数表现细胞毒效应。

2. $CD8^+$T细胞

$CD8^+$T细胞主要是一类具有杀伤活性的效应细胞，为细胞毒性T细胞（CTL）。CD8分子可识别靶细胞（如病毒感染细胞、肿瘤细胞等）表面的抗原肽-MHC Ⅰ类分子复合物，因此$CD8^+$ T细胞主要识别由MHC Ⅰ类分子提呈的由8 ~ 10个氨基酸组成的抗原肽，通过分泌穿孔素、颗粒酶等直接杀伤靶细胞，或分泌TNF-α等细胞因子对靶细胞发挥杀伤作用，也可通过FasL/Fas途径介导靶细胞凋亡。

（二）按照TCR肽链的组成分类

1. αβT细胞

αβT细胞是参与机体适应性免疫应答的主要T细胞群体。占脾、淋巴结和外周血循环T细胞的90% ~ 95%。成熟的αβT细胞多为$CD4^+$/$CD8^+$单阳性细胞，能识别由MHC分子提呈的抗原肽，主要执行特异性免疫功能。

2. γδT细胞

γδT细胞多为CD4-CD8-双阴性细胞（少数为$CD8^+$），仅占外周血成熟T细胞的5% ~ 10%，其广泛分布于皮肤黏膜组织。识别抗原无 MHC 限制性，主要识别由 CD1 分子提呈的多种病原体的共同抗原。γδT 细胞在抗肿瘤、抗胞内感染中具有重要作用，能分泌多种细胞因子发挥免疫调节作用和介导炎症反应。

（三）根据功能状态分类

1. 初始 T 细胞

初始 T 细胞（naive T cell）是由胸腺中发育成熟后转移到淋巴结、脾等外周淋巴组织的 T 细胞。因处于细胞周期的 G0 期，故称为初始 T 细胞。表达 CD45RA 和 L- 选择素，接受 DC 提呈的 pMHC 分子复合物刺激而活化、增殖、分化为效应 T 细胞（effector T cell）或记忆 T 细胞（memory T cell）。

2. 效应 T 细胞

效应 T 细胞（effector T cell，Teff）指执行免疫效应的 T 细胞，由初始 T 细胞，经抗原刺激后分化而来，存活期较短，可向异物抗原侵入的局部组织迁移和浸润。表达 CD45RO 分子和高亲和力 IL-2 受体，是细胞免疫应答的主要执行者，发挥细胞免疫功能。

3. 记忆 T 细胞

记忆 T 细胞（memory T cell，Tm）由效应 T 细胞或初始 T 细胞受抗原刺激后分化而成，表达 CD45RO 和黏附分子（整合素和 CD44），存活期长达数年甚至数十年，可规律性地自发性增殖使其数量维持在一定水平。记忆 T 细胞参与淋巴细胞再循环，再次免疫应答中，记忆 T 细胞可经相同特异性抗原刺激，可迅速活化，迅速分化为效应 T 细胞。

（四）根据免疫功能不同

1. 辅助性 T 细胞

辅助性 T 细胞（helper T cell，Th），Th 细胞通过合成和分泌细胞因子，发挥对 T、B 淋巴细胞应答的辅助及效应功能。根据产生的细胞因子和免疫效应的不同，Th 细胞分为 Th1、Th2、Th17 和 Th17 等亚类，均来自 Th0 细胞。特征性表达 CD4 分子，故为 $CD4^{+}$细胞，初始细胞为 Th0 细胞，受不同抗原刺激以及局部细胞因子调控分化为不同的 Th 细胞，辅助性 T 细胞通过分泌细胞因子以及细胞间直接接触的方式辅助 B 细胞活化，增强巨噬细胞等效应细胞的杀伤活性。

（1）Th1 细胞：主要分泌 Th1 型细胞因子，如 IFN-γ、TNF-β/α 和 IL-2 等，介导局部炎症有关的免疫应答，参与细胞免疫及迟发型超敏反应炎症的形成，故称为炎症性 T 细胞或迟发型超敏反应 T 淋巴细胞（delayed type hypersensitive T lymphocyte，TDTH）。Th1 细胞持续性强应答，可引起器官特异性自身免疫性疾病，如接触性皮炎、不明原因的慢性炎症性疾病等。

（2）Th2 细胞：主要分泌 Th2 型细胞因子，包括 IL-4、IL-5、IL-6、IL-10 和 IL-13 等，促进体液免疫应答，诱导 B 细胞分化为浆细胞并产生抗体，发挥体液免疫效应，抑制 Th1 增殖。Th2 细胞在对蠕虫感染和环境变应源的应答中也发挥重要作用，如 IL-4 和 IL-5 诱导 IgE 生成和嗜酸性粒细胞活化等。

（3）Th17 细胞：该细胞亚群于 2005 年被发现，主要分泌 IL-17、IL-21、IL-22、IL-26 和 TNF-α 等细胞因子，参与固有免疫和某些炎症反应，在慢性感染和自身免疫病发生发展中起重要作用。

（4）Tfh 细胞：$CD4^{-}$ 滤泡辅助性 T 细胞（T follicular helper cell，Tfh）表型为 $CXCR5^{+}ICOS^{+}CD40L^{+}$，可分泌 1L-21、IL-4 和低水平 IFN-γ，是不同于 Th1/Th2/Th17 的一类 T 细胞亚群，因定居于淋巴滤泡而得名。目前认为 Tfh 细胞是辅助 B 细胞产生抗体的关键 T 细胞亚群。但是 Th1 细胞、Th2 细胞等 T 细胞亚群及其分泌的细胞因子也参与辅助 B 淋巴细胞活化和 Ig 类别转换。

2. 细胞毒性 T 细胞

细胞毒性 T 细胞又称为杀伤性 T 细胞（cytotoxic T lymphocyte，CTL 或 cytotoxic T cell，Tc），主要为 $CD8^+$T 细胞。主要功能是特异识别 MHC Ⅰ类分子提呈的抗原肽，进而对其攻击杀伤，如肿瘤细胞和病毒感染的细胞。在杀伤靶细胞过程中 CTL 自身不受伤害，因此可以连续杀伤多个靶细胞。虽然 CTL 可以破坏病毒感染的细胞，但不能直接杀死寄居其中的病毒。清除从细胞中释放出来的病毒仍需补体和抗体等其他机制。

3. 调节性 T 细胞

调节性 T 细胞（regulatory T cell，Treg）是 $CD4^+$T 细胞中高表达 IL–2Rα（CD25）、胞内表达 Foxp3 转录因子的具有免疫抑制功能的 T 细胞亚群，占外周血 $CD4^+$T 细胞的 5% ~ 10%。Treg 可在胸腺分化发育成熟后迁移至外周血，通常称为自然调节 T 细胞（natural Treg，nTreg），亦可通过外周初始 T 细胞在 TGF–β 等细胞因子诱导下分化发育而成，称为适应性或诱导型调节 T 细胞（adaptive Treg/ inducible Treg，aTreg/iTreg）。Treg 主要通过直接接触抑制靶细胞和分泌 TGF–β 与 IL–10 等细胞因子两种方式调控免疫应答，在维持机体内环境稳定、肿瘤免疫监视、诱导移植耐受及自身免疫病发生中发挥重要作用，如增强 Treg 细胞功能，有利于防治自身免疫病超敏反应性疾病及移植排斥反应。自然调节性 T 细胞和诱导性调节性 T 细胞的比较见表 4–2。

表 4–2　自然调节性 T 细胞和诱导性调节性 T 细胞的比较

特点	自然调节性 T 细胞	诱导性调节性 T 细胞
诱导部位	胸腺	外周
CD25 表达	+++	–/+
转录因子 Foxp3	+++	+
抗原特异性	自身抗原（胸腺）	组织特异性抗原和外来抗原
作用机制	细胞直接接触、细胞因子调控	细胞直接接触、细胞因子调控
功能	抑制自身反应性 T 细胞介导的免疫应答	抑制炎症性自身免疫和移植排斥

第四节　B 淋巴细胞

B 淋巴细胞（B lymphocyte）简称 B 细胞，是骨髓内多能干细胞在骨髓微环境直接诱导下分化发育而来，表面有免疫球蛋白、Fc 受体和 C3 受体等，在骨髓、脾、淋巴结中比例较高，主要执行体液免疫，并具有抗原提呈功能。

一、B 细胞的表面标志

（一）BCR–Igα/Igβ 复合物

B 细胞抗原受体（B cell antigen receptor，BCR）是表达于 B 细胞表面的免疫球蛋白（mIg），是 B 细胞特异性识别抗原表位的分子基础，也是 B 细胞重要的特征性表面标志，可用荧光素标记的抗 Ig 抗体进行检测、鉴别。mIg 的类别随 B 细胞发育阶段而异：未成熟 B 细胞仅表达 IgM；成熟 B 细胞同时表达 IgM 和 IgD；接受抗原刺激后，B 细胞 mIgD 很快消失；记忆 B 细胞不表达 mIgD。mIg 与 2 个 Igα（CD79a）/Igβ（CD79b）异二聚体通过非共价键结合为 BCR–Igα/Igβ 复合物，其功能类似于 TCR–CD3 复合物。

与T细胞的TCR不同，B细胞的BCR可直接识别具有天然构象的抗原分子，可溶性抗原、微生物或其他细胞表面的抗原均可直接与BCR结合，无需抗原提呈细胞加工处理成抗原肽，也无MHC限制性。

（二）辅助受体

1. CD19/CD21/CD81

是BCR识别抗原辅助受体。B细胞表面的CD19与CD21及CD81以非共价相连，形成一个B细胞特异的多分子活化辅助受体，作用是增强B细胞对抗原刺激的敏感性。CD21即CR2，可与C3d结合。CD21也是EB病毒受体。CD19的胞质段可传递信号，而CD81则起到稳定CD19和CD21的作用。

2. CD72

CD72是C型凝集素超家族成员。CD72组成性表达于除浆细胞外的所有各分化阶段B细胞。CD72的胞内区有2个ITIM，通过募集蛋白酪氨酸磷酸酶SHP1并磷酸化ITIM，可抑制B细胞活化。CD72的配体是CD100，表达于包括B细胞和T细胞的大部分造血细胞。CD100与CD72相互作用，能消除经由CD72的抑制作用，起增强第一信号的作用，故CD72对B细胞激活的调节是双向的。

（三）共刺激分子

1. CD40

CD40是B细胞活化过程中最重要的共刺激分子，属于肿瘤坏死因子受体超家族（TNFRSF）。CD40的配体（CD40L，CD154）表达于活化的T细胞。CD40与CD40L的结合在B细胞分化成熟中起重要作用。对激活B细胞并阻止B细胞凋亡具有重要意义。

2. CD80和CD86

表达于B细胞及其他抗原提呈细胞表面。T细胞对抗原的识别只获得第一信号。T细胞是否能完全激活，还取决于抗原提呈细胞能否向T细胞提供协同刺激信号（第二信号）。CD80和CD86在静息B细胞不表达或低表达，在活化B细胞表达增强。

（四）其他相关的重要分子

1. CD20

表达于除浆细胞外的发育分化各阶段的B细胞。分化为浆细胞后表达消失，CD20分子可能通过调节跨膜钙离子流动直接对B细胞起作用，在B细胞增殖和分化中起重要的调节作用。

2. CD22

CD22特异表达于B细胞。B细胞发育成熟以及活化过程中，其表面CD22分子的表达增加，但浆细胞不表达CD22。

3. CD32

有a、b两个亚型，其中CD32b即FcγRⅡb，能负反馈调节B细胞活化及抗体的分泌。

4. MHC分子

B细胞组成性表达MHC Ⅰ类和MHC Ⅱ类分子。除了浆细胞外，从前B细胞至活化B细胞均表达MHC Ⅱ类抗原。B细胞表面的MHC Ⅱ类分子在B细胞与T细胞相互协作时起重要作用。此外，还参与B细胞的抗原提呈作用。

5. 补体受体

多数B细胞表面表达可与补体C3b和C3d结合的受体，分别称为CR1和CR2（即CD35和CD21）。

CR1（CD35）可与补体 C3b 和 C4b 结合，从而促进 B 细胞的活化。CR2（CD21）的配体是 C3d，C3d 与 B 细胞表面 CR2 结合可调节 B 细胞的生长和分化。CR2（CD21）是 EB 病毒受体，EB 病毒可选择性感染 B 细胞。在体外可用 EB 病毒感染 B 细胞，可建成 B 细胞永生化（immortalization）细胞株，在人单克隆抗体等技术中有重要价值。EB 病毒体内感染与传染性单核细胞增多症、Burkitt 淋巴瘤以及鼻咽癌等的发病有关。

6. 细胞因子受体

B 细胞表面可表达 IL-1R、IL-2R、IL-4R、IL-5R、IL-6R、IL-7R 及 IFN-γR 等，细胞因子通过与 B 细胞表面的相应受体结合而参与调节 B 细胞活化、增殖和分化。

7. 丝裂原受体

多种丝裂原可与 B 细胞表面丝裂原受体结合，使之被激活并增殖分化为 B 淋巴母细胞，可用于检测 B 细胞功能状态。美洲商陆丝裂原（pokeweed mitogen，PWM）对 T 细胞和 B 细胞均有致有丝分裂作用；脂多糖（lipopolysaccharide，LPS）是对小鼠常用的致有丝分裂原。

二、B 细胞亚群及功能

外周免疫器官的 B 细胞具有异质性。可分为 B1 细胞和 B2 细胞两个亚群。B1 细胞表面表达 CD5，称为 $CD5^{+}$B 细胞，主要存在于腹膜腔、胸膜腔和肠道固有层。B2 细胞即为在骨髓中发育成熟、分布全身的 B 细胞，不表达 CD5，为 $CD5^{-}$B 细胞。B1 和 B2 细胞分别主要参与固有免疫和适应性免疫。

（一）B1 细胞

B1 细胞发生于个体发育的早期，肠道黏膜固有层中的 B 细胞多数属于 B1 细胞。其产生的抗体与抗原的结合表现为多反应性（polyreactivity），即其产生的抗体以相对低的亲和力与多种不同的抗原表位结合。B1 细胞在蛋白质抗原诱导机体产生的免疫应答中作用不明显，但可对碳水化合物刺激产生较强的应答，主要产生低亲和力 IgM 类抗体。B1 细胞在受到自身抗原刺激时也能产生如类风湿因子和抗 ssDNA 的 IgM 类自身抗体。

B1 细胞的主要生物学功能为：①产生抗细菌抗体而抗微生物感染；②产生多反应性自身抗体而清除变性的自身抗原；③产生自身抗体而诱导自身免疫病。B1 细胞与 B2 细胞的特点见下表 4-3。

表 4-3　B1 细胞和 B2 细胞的比较

性质	B1 细胞	B2 细胞
发生时间	胚胎期	出生后
分布	主要在胸腔、腹腔、肠壁固有层	主要在外周免疫器官、外周血
表面标志	CD5、mIgM、CD44、CD11	mIgM、mIgD、CD23
更新方式	自我更新	由骨髓产生
特异性	多反应性	特异性
识别的抗原	多糖类抗原为主	蛋白质类抗原为主
对 T 细胞的依赖	无	有
自发产生 Ig	高	低
分泌的 Ig 类别	IgM >IgG	IgG >IgM
体细胞高频突变	低 / 无	高
免疫记忆	少 / 无	有

（二）B2 细胞

B2 细胞是分泌抗体参与体液免疫的主要细胞。B2 细胞在个体发育中出现相对较晚，定位于外周淋巴器官的滤泡区，也称滤泡 B 细胞。在抗原刺激和 Th 细胞的辅助下，B2 细胞最终分化浆细胞，产生抗体，行使体液免疫功能。初次免疫应答后保留下来的部分高亲和力细胞分化成记忆 B 细胞（memory B cell），当再次感染时记忆 B 细胞可以快速分化为浆细胞，介导迅速的再次免疫应答。

B2 细胞的主要生物学功能为：①在抗原刺激及 Th 细胞辅助下，可被激活并分化为浆细胞（即抗体形成细胞），产生高亲和力抗体；② BCR 可特异性识别、结合并摄取抗原，进而进行加工处理。将抗原肽 -MHC Ⅱ类分子复合物提呈给 CD4 Th 细胞；③活化的 B 细胞可产生多种细胞因子，发挥免疫调节作用。

临床案例

患者男性，25 岁。发热、全身酸痛伴咳嗽 1 周，加重伴乏力、皮肤黏膜出血 3 天。患者 1 周前无明显诱因开始发热，伴全身酸痛、轻度咳嗽，无痰，最高体温 38.2℃，无寒战，曾在当地化验血常规异常（具体不详），予“感冒药”等治疗无效。3 天来上述症状加重伴乏力，有两次鼻出血和刷牙时牙龈出血。发病以来进食减少，睡眠差，大小便正常，体重无明显变化。既往体健，无结核和肝炎病史，无药物过敏史，无遗传病家族史。

查体：T 38.7℃，P 105 次 / 分，R 20 次 / 分，BP 120/80mmHg，轻度贫血貌，前胸和四肢皮肤有出血点，两侧颈部和右腹股沟区均可触及数个肿大淋巴结，最大为 2.5cm × 2.0cm，均活动好，无压痛，巩膜无黄染，口唇稍苍白，甲状腺不大。胸骨压痛（+），心界不大，心率 105 次 / 分，律齐，腹平软，无压痛，肝肋下 1.5cm，脾肋下 1cm，移动性浊音（－）。双下肢无水肿。

实验室检查：血常规：Hb 80g/L，RBC 2.7×10^{12}/L，WBC 1.5×10^{9}/L，分类见原始细胞 0.28，POX（或 MPO）染色（－），PLT 20×10^{9}/L，网织红细胞 0.001。尿常规（－）。

分析：贫血、持续性高热伴有肝脾、淋巴结肿大。诊断为急性淋巴细胞白血病（ALL）。急性淋巴细胞白血病（ALL）是造血系统的恶性肿瘤，骨髓造血功能受到抑制和衰竭。发病机制可能与病毒、物理化学及遗传因素有关。主要症状贫血随病情加重、出血、持续性高烧伴有感染、骨痛、肝脾及淋巴结肿大。

诊断依据：①青年男性，急性病程，有感染（发热，咳嗽）、出血（鼻出血和牙龈出血）、贫血（乏力）症状。②贫血貌，前胸和四肢皮肤有出血点，多处浅表淋巴结肿大，无压痛，口唇苍白，胸骨压痛（+），肝脾大。③血常规示全血细胞减少，网织红细胞明显减低。④血白细胞分类见较多原始细胞，POX（或 MPO）染色（－）。

本章小结

由于免疫应答的不同，免疫细胞包括两大类，第一类是参与固有免疫的细胞，包括吞噬细胞、各类粒细胞、单核巨噬细胞、树突状细胞、NK 细胞、固有样淋巴细胞（NKT 细胞、γδT 细胞、B1 细胞），以及其他参与免疫应答和效应的细胞。这类细胞不像 T 细胞和 B 细胞那样具有高度的特异性，可识别特定的抗原。它们主要是通过细胞表面的一些特殊受体（如模式识别受体）识别和区分“自己”与“非己”，产生非特异性免疫保护作用。

第二类是参与适应性免疫的细胞，包括 T 淋巴细胞和 B 淋巴细胞。T 淋巴细胞来源于胸腺，故称 T 细胞，发育成熟之后成为初始 T 细胞，迁出胸腺后进入血液循环，随血液循环进入外周淋巴器官，定居于外周淋巴器官的胸腺依赖区，接受抗原刺激后发生免疫应答。T 细胞介导的免疫应答称为细胞免疫应答，此外也可在胸腺依赖性抗原诱导的体液免疫应答中发挥重要的辅助作用。

B 淋巴细胞是由哺乳动物骨髓或鸟类法氏囊中的淋巴样干细胞分化发育而来，故称 B 细胞。成熟 B 细胞主要定居在外周淋巴器官的淋巴滤泡内。病原体及其抗原成分进入机体后可诱导抗原特异性 B 细胞活化、增殖并最终分化为浆细胞，产生特异性抗体进入体液，通过抗体的中和作用、调理作用以及对补体的活化作用而阻止机体内病原体的吸附、感染。这种通过调节细胞外液微环境而实现保护机体的方式称为体液免疫应答。除此之外，B 细胞也是一类抗原提呈细胞，参与免疫调节。两类免疫细胞相互作用，彼此调控，共同执行机体免疫系统的功能。

思考题

1. NK 细胞为何能区别正常组织细胞与病毒感染的细胞或肿瘤细胞？
2. 简述抗原提呈细胞的定义、种类以及功能。
3. T 细胞表面有哪些主要分子？其功能是什么？
4. 简述 B 细胞的分类和功能。

习　题

一、名词解释

1. TCR–CD3 复合物
2. APC（antigen–presenting cell）
3. 抗原提呈（antigen presenting）

二、单项选择题

1. 单核巨噬细胞的功能不包括（　　）。
   A. 吞噬并清除病原微生物
   B. 清除衰老细胞，维持机体内环境稳定
   C. 抗原提呈作用
   D. 杀伤肿瘤细胞
   E. 产生抗体
2. APC 提呈外源性抗原的关键分子是（　　）。
   A. MHC Ⅰ类分子　　B. MHC Ⅱ类分子
   C. MHC Ⅲ类分子　　D. 黏附分子
   E. 共刺激分子
3. 与 TCR 构成复合体的分子是（　　）。
   A. CD2　　B. CD4　　C. CD8　　D. CD28
   E. CD3
4. 人类 B 细胞分化成熟的场所是（　　）。
   A. 胸腺　　B. 骨髓　　C. 法氏囊　　D. 淋巴结

E. 脾

5. 鉴别 B1 细胞和 B2 细胞表面的主要标志是（　　）。

A. CD4　　B. CD8　　C. CD5　　D. CD28

E. CD40

6. 下列有关 B2 细胞叙述正确的是（　　）。

A. 产生于胎儿期

B. 可与多种不同的抗原表位结合，表现为多反应性

C. 对蛋白质抗原的应答能力强

D. 主要产生低亲和力的 lgM

E. 可产生致病性自身抗体而诱发自身免疫病

三、判断题（正确的划“√”，错误的划“×”）

1. 中性粒细胞是免疫系统中最主要的抗体生成细胞。（　　）

2. 免疫细胞通过一系列的信号转导和细胞因子的相互作用来完成免疫应答过程。（　　）

3. T 细胞主要负责细胞免疫应答，B 细胞主要负责体液免疫应答。（　　）

4. 免疫系统中的巨噬细胞和 NK 细胞主要负责吞噬和杀伤病原体和被感染的细胞。（　　）

四、简答题

1. 专职性 APC 包括哪三类细胞？这三类 APC 摄取、加工和提呈抗原的主要异同点是什么？

2. 简述 T 细胞辅助受体及其主要功能。

参考答案

第五章　抗　体

思维导图

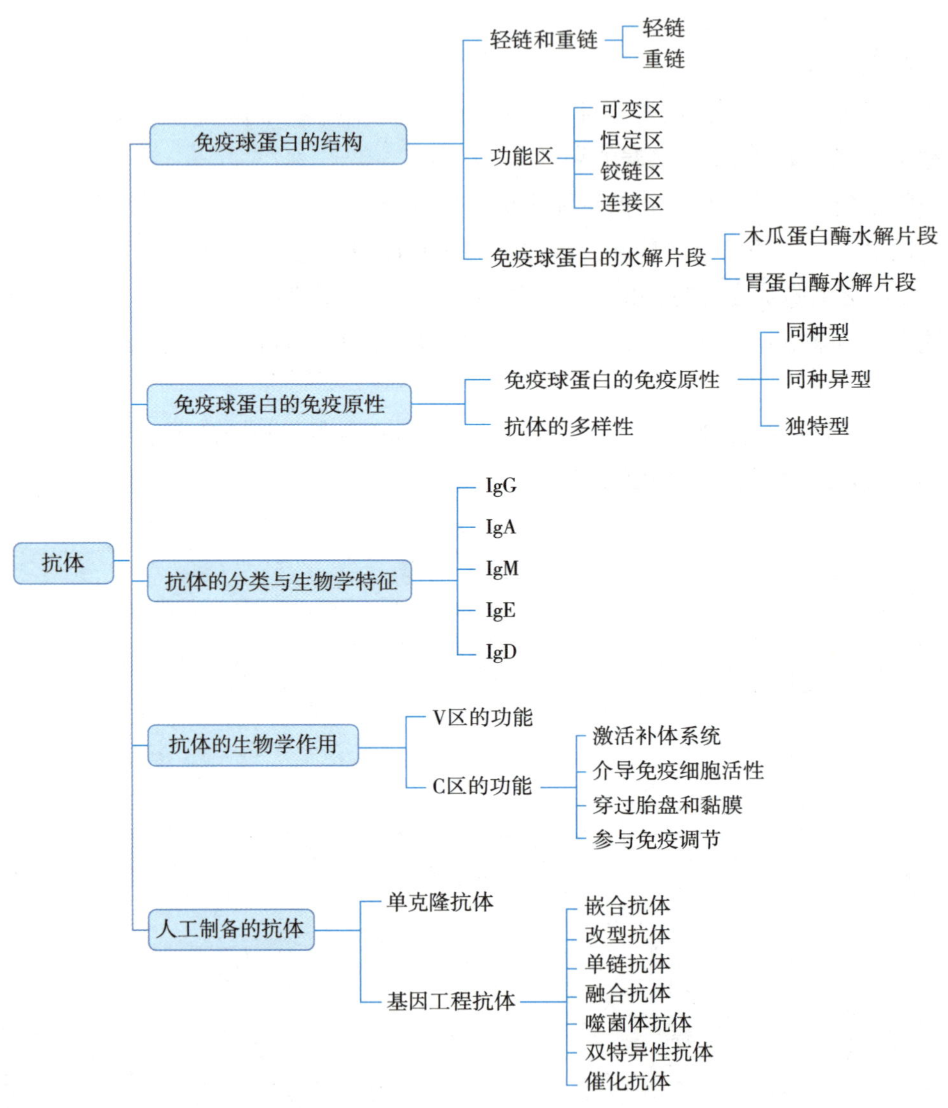

学习目标

知识目标　掌握抗体与免疫球蛋白的概念，理解其区别；掌握免疫球蛋白的结构与类别，各类免疫球蛋白的特性与功能；了解免疫球蛋白的免疫原性，理解抗体的生物学功能。

能力目标　熟悉单克隆抗体的原理与制备流程，了解基因工程抗体的研究现状。

思政目标　通过本章学习，同学们了解现实生活为什么提倡母乳喂养，抗体与新生儿感染的相关性，增加同学们对父母的感恩之情。

思政入课堂

1900 年，德国免疫学保罗·埃尔利希（Paul Ehrlich，1854–1915）提出了全新的抗体生成侧链学说，这是第一个有影响的解释抗体形成过程和作用机制的学说。该学说的发现使埃尔利希获得了 1908 年的诺贝尔生理学或医学奖。之后，有人不惧权威、勇于挑战权威，认为埃尔利希提出的理论学说是错误的，并通过实验证明了该学说的错误性。虽然抗体生成侧链学说被证明是错误的，但是其中蕴含的医学理论知识却被后人所吸收和借鉴，麦克法兰·伯内特（Macfarlane Burnett）经过不断研究，探索出了新的克隆选择学说，与梅达沃（Medawar）共同获得了 1960 年诺贝尔生理学或医学奖。抗体生成学说启迪我们在科学研究的道路上，要勇于挑战，并不断钻研，从而实现新的突破。

1890 年，德国学者 Von Behring 和日本学者 Kitassato 发现白喉毒素或破伤风毒素免疫动物后的血清可使动物免受白喉毒素的侵害，即血清中具有中和毒素的物质，称为抗毒素（antitoxin），后来引入抗体（antibody，Ab）概念。抗体是机体免疫细胞被抗原激活后，由分化成熟的终末 B 细胞——浆细胞合成、分泌的一类能与相应抗原特异性结合的具有免疫功能的球蛋白。

1937 年，Tiselius 和 Kabat 用电泳方法将血清蛋白分为白蛋白、α1、α2、β 及 γ 球蛋白等组分。1939 年，Tisrlius 用电泳方法证明抗体的活性部分主要为 γ 球蛋白，因此，抗体被称为 γ 球蛋白。进一步的实验证明，抗体并不都在 γ 区，有小部分具有活性的抗体存在于 β 球蛋白部分，而且位于 γ 区的球蛋白，也不一定都具有抗体活性。1968 年，世界卫生组织举行专门会议，将具有抗体活性或化学结构与抗体相似的球蛋白统称为免疫球蛋白（immunoglobulin，Ig）。所有抗体都是免疫球蛋白，但并非所有免疫球蛋白都是抗体。例如，骨髓瘤蛋白、巨球蛋白血症、冷球蛋白血症等患者血清中存在着无抗体活性的异常免疫球蛋白，正常人克隆存在的免疫球蛋白亚单位，这些物质化学结构都为免疫球蛋白，也能与相应抗原特异性结合，但不是由抗原刺激 B 细胞所产生的，因此不能称之为抗体。除以上特例外，抗体和免疫球蛋白这两个术语习惯上是相通的，免疫球蛋白是结构及化学本质的概念，而抗体是生物学及功能上的概念。

第一节　免疫球蛋白的结构

X 射线晶体衍射分析显示，所有的免疫球蛋白均由 4 条多肽链构成，即两条相同的轻链和两条相同的重链，呈 Y 字形对称。在此基本单位中，一条轻链羧基端（C 端）通过二硫键与一条重链连接。同样的，两条重链之间由一对或一对以上的二硫键（–S–S–）互相连接（图 5–1）。

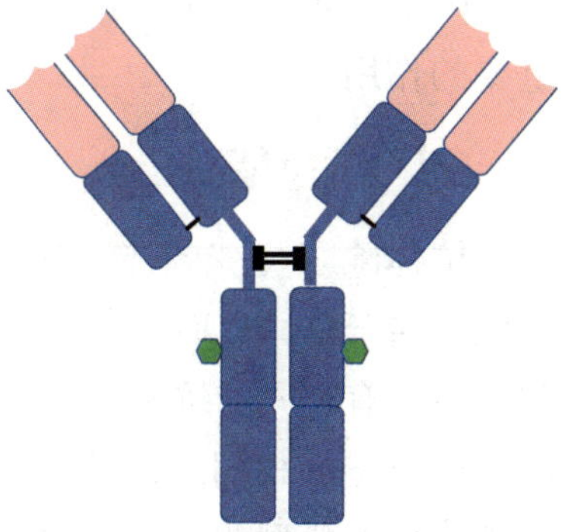

图 5–1　免疫球蛋白基本结构

一、轻链和重链

（一）轻链

轻链（light chain，L 链）由 213 ~ 214 个氨基酸残基组成，通常不含碳水化合物，分子质量约 22.5 ~ 25kDa。每条轻链含有两个由链内二硫键所组成的环肽。根据轻链氨基酸组成和排列顺序不同（抗原性的差异），可将轻链分为 2 种，即 kappa（κ）链与 lambda（λ）链。据此，免疫球蛋白分为两个类型，即κ型与λ型。同一个天然免疫球蛋白分子上两条L链的型总是相同的，但同一个体内可存在2种类型抗体分子。κ型和λ型轻链的差别主要表现在C区氨基酸组成和结构的不同，这也是轻链分型的依据。正常人血清中的免疫球蛋白中，κ和λ之比约为2：1。比例的异常可能反映免疫系统的异常。κ链只有一个型，但λ链又可分为不同亚型。

（二）重链

重链（heavy chain，H链）大小约为轻链的2倍，是由450～550个氨基酸残基构成，分子质量为55～75kDa。每条重链含有4～5个链内二硫键所组成的环肽。

不同的H链由于氨基酸组成和排列顺序以及二硫键的数目和位置不同，其抗原性也不相同，根据H链抗原性的差异可将其分为5类，即μ链、γ链、α链、δ链和ε链。不同H链与L链（κ或λ链）组成完整Ig的分子分别称之为IgM、IgG、IgA、IgD和IgE。γ、α和δ链上含有4个环肽，μ和ε链含有5个环肽。

二、功能区

免疫球蛋白的多肽链分子可折叠形成几个由链内二硫键连接成的环状球形结构，这些球形结构称为免疫球蛋白的功能区。免疫球蛋白的每一个功能区都由约110个氨基酸组成。

（一）可变区

通过分析不同免疫球蛋白重链和轻链氨基酸序列，发现从氨基端开始的110个氨基酸的顺序以及结构随抗体特异性不同而变化，这一区域称为可变区（variable region，VR）。VH（重链可变区）和VL（轻链可变区）是抗体结合抗原的部位，决定着抗体的特异性。在重链和轻链的可变区内，有3个区域的氨基酸变异度最大，称为高变区（hypervariable region，HVR），VL和VH的这三个HVR分别称为HVR1、HVR2和HVR3。因为抗原结合位点是与抗原表位结构相互补的，所以高变区又称为互补决定区（complementarity determining region，CDR）。因此HVR1、HVR2和HVR3又称为CDR1、CDR2和CDR3，一般CDR3具有更高的变异程度。三个高变区通常分别位于轻链的第24～34位、第50～56位、第89～97位和重链的第31～35位、第50～65位、第95～102位。VL和VH的在V区中非HVR部位的氨基酸变化较小，称为骨架区（framework region，FR）。VL和VH中的骨架区各有4个，分别用FR1、FR2、FR3和FR4表示。骨架区对维持CDR的空间构型具有重要的作用。

（二）恒定区

抗体除了可变区外，其余区域氨基酸比较稳定，变化很小，称为恒定区（constant region，C）。恒定区不结合抗原，而是决定结合抗原的命运。恒定区氨基酸序列在同一种属动物所有个体的同一类免疫球蛋白具有相同的抗原特异性，称之为免疫球蛋白同种型抗原。针对不同抗原的IgG类抗体其可变区不同，但恒定区相同。针对同一抗原的不同类型抗体，其可变区相同，但恒定区可能不相同，表现为类、亚类或型、亚型的差别。例如，人抗白喉外毒素IgG与人抗破伤风外毒素的抗毒素IgG，它们的V区不相同，只能与相应的抗原发生特异性结合，但其C区的结构相同，即具有相同的抗原性。应用马抗人IgG第二抗体（或称抗抗体）均能与这两种抗不同外毒素的抗体（IgG）发生结合反应。这是制备第二抗体，应用荧光、酶、同位素等标记抗体的基础。

IgA、IgD的重链有4个功能区，其中有一个功能区在可变区，其余的在恒定区，分别称为VH、

CH1、CH2、CH3。IgM 和 IgE 有 5 个功能区。轻链有两个功能区，即 VL 和 CL，分别位于可变区和恒定区。

（三）铰链区

在两条重链之间二硫键连接处附近的重链恒定区，即 CH1 与 CH2 之间为免疫球蛋白的铰链区（hinge region，HR），由 2 ~ 5 个二硫键和小段肽链构成，不同 H 链铰链区含氨基酸数目不等。该区富含脯氨酸，不形成 α 螺旋，易发生伸展及一定程度的转动，与抗体分子的构型变化有关，当 VL、VH 与抗原结合时此区发生转动，一方面使抗体分子上两个抗原结合点更好地与两个抗原决定簇发生互补；另一方面可使抗体分子变构，使其补体结合位点充分暴露。5 类免疫球蛋白分子中，IgG1、IgG2、IgG4 和 IgA 的铰链区较短，IgG3 和 IgD 的铰链区较长，IgM 和 IgE 缺乏铰链区。

（四）连接链

存在于二聚体分泌型 IgA 和五聚体 IgM 中，也简称为 J 链（joining chain）。J 链分子质量约为 15kDa，是由 124 个氨基酸组成的酸性糖蛋白，含有 8 个半胱氨酸残基，通过二硫键连接到 μ 链或 α 链的羧基端的半胱氨酸。J 链在 Ig 二聚体、五聚体或多聚体的组成以及在体内转运中具有一定的作用。

三、免疫球蛋白的水解片段

在一定条件下，免疫球蛋白分子中的某些肽键可被蛋白酶水解切断，形成分子质量大小不同的片段（图 5–2）。常用的蛋白酶有木瓜蛋白酶和胃蛋白酶。

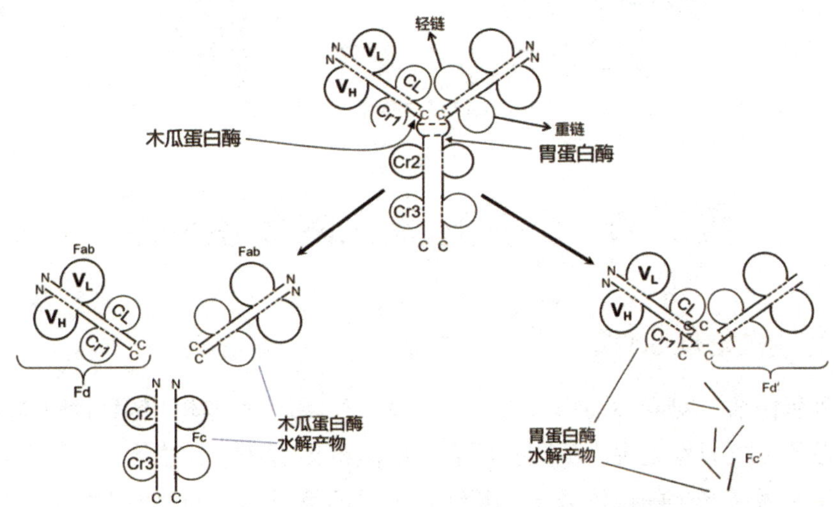

图 5–2 免疫球蛋白肽键可被蛋白酶水解切断，形成分子质量大小不同的片段

（一）木瓜蛋白酶水解片段

可将 IgG 分子重链在靠近链间二硫键的 N 端切断，得到大小相近的 3 个片段，其中有两个相同的片段，可与抗原特异性结合，称为抗原结合片段（fragment antigen-binding，Fab），分子质量约为 54kDa。一个完整的 Fab 段可与抗原结合，表现为单价，但不能形成凝集或沉淀反应；另一个片段可形成蛋白结晶，称为可结晶片段（fragment crystallizable，Fc）或 Fc 片段，分子质量约 50kDa。Ig 在异种间免疫所具有的抗原性主要存在于 Fc 段（图 5–3）。

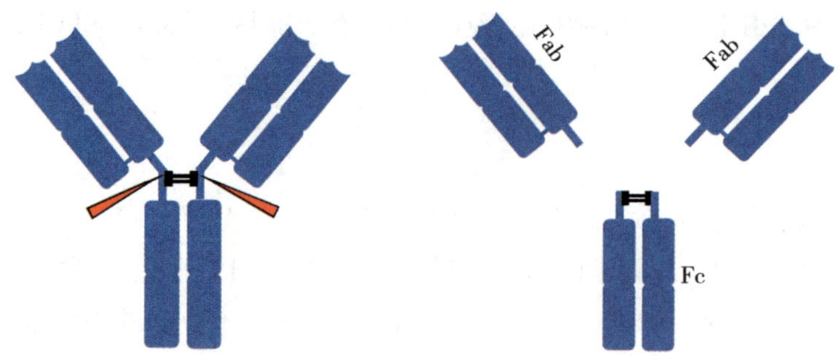

图 5-3　木瓜蛋白酶水解片段

（二）胃蛋白酶水解片段

可将重链在靠近链间二硫键的 C 端水解 IgG，获得了两个大小不同的片段，一个是由两个 Fab 和铰链区组成，具有双价抗体活性的 F（ab'）2 片段，与抗原结合可发生凝集和沉淀反应。小片段类似于 Fc，称为 pFc' 片段，后者无任何生物学活性。双价的 F（ab'）2 保持了结合抗原的生物学活性，同时减少了 Fc 段抗原性可能引起的副作用，因而在生物制品中有较大的实际应用价值（图 5-4）。

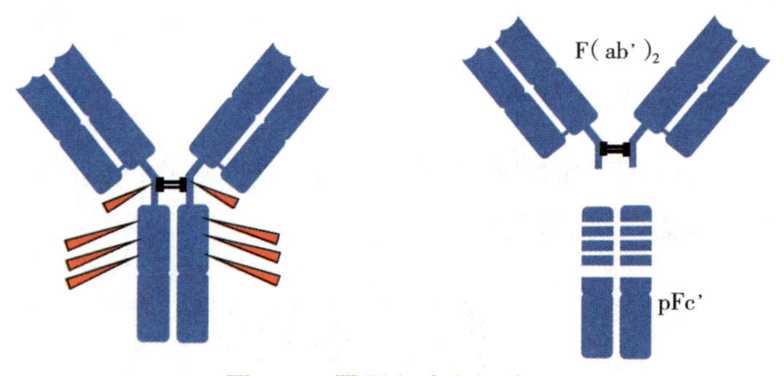

图 5-4　胃蛋白酶水解片段

第二节　免疫球蛋白的免疫原性

一、免疫球蛋白的免疫原性

抗体本身是一种蛋白质，对异种动物来说又可能是抗原。因此抗体的特异性可称为免疫球蛋白的免疫原性。免疫球蛋白的免疫原性表现为不同抗原表位刺激机体所产生的抗体分子，其结合抗原的特异性不同；同一抗原表位刺激所产生的抗体分子，其结合抗原的特异性相同，但重链和轻链类别有差异，因此恒定区不同。免疫球蛋白作为抗原，同样包含不同的抗原表位，呈现出不同的抗原性，并通过特异性抗体识别，称为免疫球蛋白的血清型。不同类别免疫球蛋白都可用血清学方法检出抗原特异性，表现出不同的血清学类型，包括同种型、同种异型和独特型 3 种。

（一）同种型

同种型（isotype）是指同一物种内所有个体共有免疫球蛋白的抗原特异性结构。同种型抗原决定簇存在于免疫球蛋白的恒定区。人的免疫球蛋白可分为 5 大类（IgM、IgG、IgA、IgD、IgE）、2 个型（λ 型和 κ 型），以及若干亚类、亚型、群和亚群等。但是抗体和抗原特异性结合与抗体的类、型别无关。例如使用同一种抗原免疫家兔和小鼠，各自产生的抗体的可变区相同，但恒定区不同。换言之，同种型抗原表位就是在同一种动物不同个体之间不被识别的免疫球蛋白抗原表位。

（二）同种异型

同种异型（allotype）是指同一种属内不同个体间的免疫球蛋白在抗原性上的差异。反映在免疫球蛋白分子恒定区上的氨基酸差异，是由个体遗传基因决定的，是免疫球蛋白稳定的遗传标志，故又称为遗传标志（genetic marker）。

（三）独特型

独特型（idiotype）是指在同一个体体内，不同B细胞克隆产生的免疫球蛋白V区以及T、B细胞表面抗原受体V区具有的抗原特异性各不相同，其超变区具备的独特型抗原决定簇结构，称为抗体的独特型。独特型决定簇是超变区特有的氨基酸序列和构型所决定的，并且与抗原决定簇为结构互补关系，决定抗体的特异性。独特型抗原表位可以诱导自身B细胞克隆活化、增殖和分化，产生针对其独特型表位的抗体，称为抗独特型抗体（anti-idiotype，Aid）。

二、抗体多样性

在机体的免疫防御中，抗体的主要功能之一是识别和结合外来物质。自然界中外源性抗原种类复杂，含有多种不同的抗原表位，这些抗原表位在外源分子表面通常以多拷贝的形式进行表达，如细菌细胞表面的蛋白质和糖类以及病毒表面的囊膜蛋白等，因此一般宿主体内的抗体均能识别数量庞大的不同的分子结构，即一个人可以产生针对数以亿计的不同分子结构的抗体。这是抗体能够和不同的病原分子结构发生反应的必要性，也即抗体的多样性（antibody diversity）。抗体的多样性受B细胞系统的遗传基因的控制。

第三节 抗体的分类与生物学特征

人类抗体主要分为五类。

一、IgG

IgG是血清中含量最高（约占75% ~ 80%）、半衰期最长（约20天）的免疫球蛋白。主要由脾脏和淋巴结中的浆细胞合成，3 ~ 5岁时达成人水平，40岁以后逐渐下降。IgG是标准的单体免疫球蛋白分子，具有2条γ链和2条L链，是唯一能够通过胎盘的抗体，在新生儿抗感染免疫中发挥重要作用。IgG也是人体抗感染的主要抗体，同时也是机体再次免疫应答的主要抗体。人类IgG有四个亚类，IgG1、IgG2及IgG3与相应抗原特异性结合后可通过经典途径激活补体，但各亚类与补体结合的能力不同。IgG4的凝聚物也可经旁路途径激活补体。IgG还能通过Fc段与表面具有FcγR的吞噬细胞、NK细胞结合，从而对细菌等颗粒性抗原发挥调理作用，促进吞噬，产生ADCC效应，有效杀伤、破坏肿瘤细胞和病毒感染的靶细胞。IgG可以介导抗体的调理作用，主要是通过IgG的Fc片段与中性粒细胞、巨噬细胞表面的FcR结合，从而增强其吞噬作用。IgG的Fc段能够与金黄色葡萄球菌细胞壁的蛋白A（SPA）非特异性结合，结合后，Fab段仍然可以与特异性抗原结合，可以据此建立协同凝集试验用于微生物抗原检测。

二、IgA

IgA有两种类型，血清型和分泌型。新生儿可从母亲乳汁中获得分泌型IgA，这对婴儿抵抗呼吸道和消化道病原微生物的感染具有重要意义。分泌型IgA的单体和J链均由呼吸道、胃肠道泌尿生殖道黏膜固有层中的浆细胞合成，在被浆细胞分泌之前，一个J链将两个单体IgA连接在一起，形成二聚体IgA。分泌片（secretory piece，SP）是分泌型IgA上的重要成分，由黏膜上皮细胞合成，当二聚体IgA经过黏膜上皮细胞时，与分泌片通过非共价键相连组成完整的分泌型IgA，排出至黏膜表面。分泌片一方面介导sIgA的转运、分泌，另一方面保护sIgA不被肠道中的酶降解。血清中IgA对含量约为10% ~ 20%，仅次于IgG，半衰期大约5 ~ 8天。分泌型IgA能阻止病原微生物对黏膜上皮细胞的黏附，具有抗菌、抗病毒和中和毒素等多种作用，因此是黏膜局部抗感染的重要免疫物质。

三、IgM

IgM是分子量最大的免疫球蛋白，具有五个单体和一个J链，是一个五聚体，血清中含量大约5% ~ 10%。IgM是个体发育过程中最早合成和分泌的免疫球蛋白，也是在体液免疫应答中，最早产生的免疫球蛋白。因此，IgM在机体早期免疫防御中具有重要作用。血清中特异性IgM含量增高提示有近期感染，有助于临床早期诊断。IgM几乎全部分布于血液中，因此对防止菌血症的发生具有重要作用。IgM具有较高的抗原结合价，具有明显的激活补体能力。IgM不能通过胎盘，如果脐带血或新生儿血清中IgM水平升高，表明胎儿有宫内感染。IgM半衰期短，约为5天。

四、IgE

IgE是血清中含量最低的免疫球蛋白，以单体形式存在，比IgG多了一个CH4功能区。IgE虽然血清含量低（仅占总免疫球蛋白对0.002%），但是可以介导速发型超敏反应，即I型超敏反应。因此在过敏性疾病和某些寄生虫感染患者血清中特异性IgE含量显著增高。IgE主要由呼吸道（如鼻、咽、喉、扁桃体、支气管）和胃肠道等处的黏膜固有层的浆细胞产生，是种系进化过程中出现最晚的免疫球蛋白。

五、IgD

IgD是单体形式，血清中含量约为0.2%。目前IgD的确切功能尚不清楚，但表达在B细胞表面的IgD作为B细胞表面的抗原识别受体，可接受相应抗原的刺激，并对B细胞的活化、增殖和分化起调节作用，是B细胞成熟对标志。

第四节　抗体的生物学作用

一、V区的功能

抗体V区主要的生物学作用是特异性的识别并结合抗原。此外可以结合毒素或病毒的活性组成部分从而中和病毒或毒素，阻止病毒或毒素对机体细胞的黏附作用。另外，对细胞表面某些分子特异的抗体能介导程序性细胞死亡。

二、C 区的功能

（一）激活补体系统

IgG 和 IgM 与相应的抗原复合物，能激活补体经典途径，导致靶细胞溶解。IgG、IgA、IgE 的各自凝聚物可激活补体的旁路途径。

（二）介导免疫细胞活性

1. 调理作用（opsonization）

通常将抗体促进吞噬细胞吞噬功能的作用称为抗体的调理作用。IgG 的 Fab 片段与抗原结合，Fc 片段与吞噬细胞（PMN、巨噬细胞和嗜酸性粒细胞）表面的 FcγR 结合，可增强吞噬细胞的吞噬功能。IgA 也可以介导调理作用，其 Fc 受体为 FcαR。

2. 抗体依赖性细胞介导的细胞毒作用（antibody dependent cellular cytotoxicity，ADCC）

IgG 的 Fab 片段与靶细胞结合，Fc 片段与 PMN、单核细胞、巨噬细胞、嗜酸性粒细胞和 NK 细胞表面的 FcγR 结合，可以增强 NK 细胞的细胞毒作用。即 IgG 与靶细胞表面相应抗原决定簇特异性结合，NK 细胞借助其 FcγR Ⅲ与结合于靶细胞上的 IgG Fc 段结合。活化的 NK 细胞释放穿孔素，颗粒酶等细胞毒物质杀伤靶细胞。

3. 介导超敏反应

IgE 为亲细胞抗体，其 Fc 段在游离状态下与肥大细胞、嗜碱性粒细胞表面的 FcεR Ⅰ结合，使上述免疫细胞处于致敏状态，若 IgE 的 Fab 片段再与抗原（如变应原）结合、交联，可使肥大细胞或嗜碱性粒细胞脱颗粒，释放生物活性物质，增强急性炎症应答。介导Ⅰ型超敏反应。

（三）穿过胎盘和黏膜

人类 IgG 能借助 Fc 段选择性地与胎盘内皮细胞结合，主动穿过胎盘进入胎儿血循环。此外，sIgA 可经黏膜上皮细胞进入消化道及呼吸道发挥局部免疫作用。IgG 穿过胎盘及 SIgA 经初乳传递给婴儿是构成机体天然被动免疫的重要因素。

（四）参与免疫调节

抗体主要通过独特型 – 抗独特型网络参与体液免疫的正负调节。

第五节 人工制备的抗体

一、单克隆抗体

单克隆抗体（monoclonal antibody，McAb）是指由一个 B 细胞克隆的子代细胞（浆细胞）产生的针对单一抗原表位的抗体。这种抗体的特异性、亲和力、生物学性状及分子结构均完全相同。Kohler 和 Milstein 在 1975 年建立了淋巴细胞杂交瘤技术，使得单克隆抗体得以用人工的方法大规模生产。

二、基因工程抗体

随着血清多克隆抗体、杂交瘤单克隆抗体技术以及 DNA 重组技术的研究发展，目前基因工程抗体有以下几种类型：嵌合抗体（chimeric antibody）、人改型抗体（reshaped humanized antibody）、小分子抗体以及双特异性抗体（bispecific antibody）等。

鼠单克隆抗体C区可作为异源蛋白诱发免疫反应，产生人抗小鼠抗体（human anti–mouse an–tibody, HAMA）。抗体的小分子化是基因工程抗体的又一特色。通过重组DNA技术可以合成任何所需抗体的特定片段，包括Fab片段、Fc片段和含有轻、重链可变区的Fv片段（fragment of variable region）。这些小分子片段分子量小、免疫原性弱、渗透力强，并可有药物导向和中和毒素等用途。同时，又可进一步构建分别针对靶抗原和效应分子或效应细胞的双特异抗体；在基因水平将目的蛋白基因同Ig部分片段基因相连，并在真核或原核细胞中表达具有上述结构域的Ig–融合蛋白；利用抗体作为载体，携带前药的抗体导向酶等其他抗体衍生形式。基因工程抗体日趋显示广阔的应用前景。

（一）嵌合抗体

嵌合抗体（chimeric antibody）指在同一抗体分子中含有不同种属来源抗体片段的抗体，又称为杂种抗体。如将小鼠单克隆抗体C区用人抗体C区代替拼接而成，使Fc段人源化，但V区保留的鼠源性骨架区序列及其立体结构。

（二）改型抗体

抗体互补决定区决定抗体的特异性。将鼠单克隆抗体互补决定区移植到人单克隆抗体的V区框架上，替代人源抗体互补决定区，再将此DNA片段与人免疫球蛋白恒定区基因相连，然后转染杂交瘤细胞，表达具有人－鼠嵌合可变区（V区）的抗体，使人单克隆抗体获得鼠单克隆抗体抗原结合特异性，可进一步减少异源性，即为改型抗体（reshaping antibody）。

（三）单链抗体

单链抗体（single chain antibody fragment, scFv）是指用基因工程手段构建由VL区氨基酸序列与VH区氨基酸序列经肽连接物（linker）连接而成的、更小的具有结合抗原能力的抗体片段。这类抗体的优点是分子质量小，穿透力强，作为外源性蛋白的免疫原性较低；在血清中比完整的单克隆抗体或F（ab）片段能更快地被清除；无Fc片段，体内应用时可避免非特异性杀伤；能进入实体瘤周围的微循环。易于与药物、同位素、毒素或酶基因连接，便于直接获得免疫毒素或酶标抗体等。缺点是功能单一、稳定性和亲和力低。

（四）融合抗体

融合抗体（又称抗体融合蛋白）是指通过基因工程技术将抗体分子片段连接到其他生物活性分子上，从而成为融合抗体。例如可将有治疗作用的毒素或化疗药物取代抗体的Fc片段，通过高变区结合特异性抗原，连接上的毒素可直接运送到靶细胞表面，起“生物导弹”的作用。由于融合蛋白的不同，这种抗体融合蛋白大多具有多种生物学功能，并且表达的重组蛋白既不影响单链抗体的抗原结合能力，也不影响与之融合的蛋白质的生物学特性。

（五）噬菌体抗体（phage antibody）

噬菌体抗体（phage antibody）是将已知特异性的抗体分子的V区基因在噬菌体中构建成基因库，用噬菌体感染细菌，具有相应特异性的重链和轻链可变区即可在噬菌体表面呈现出来，然后用抗原筛选即可获得特异的单克隆噬菌体抗体。这种技术称为噬菌体表面展示技术（phage display technology），是近年发展起来的常用的抗体库（repertoire）技术之一。

（六）双特异性抗体

双特异性抗体（bispecific antibody，BsAb）是指能同时特异性结合两个抗原或抗原表位的人工抗体。将两套轻链、重链基因导入骨髓瘤细胞中，选择合适的抗体恒定区及免疫球蛋白类型，可获得产量大、均一性和高纯度的双特异性抗体。双特异性抗体是通过细胞融合或重组 DNA 技术制备实现的，自然条件不能存在。由于双特异性抗体特异性和双功能性，现已成为抗体工程领域的研究热点，在肿瘤治疗及自身免疫病等领域中具有广阔的应用前景。

（七）催化抗体

催化抗体（catalytic antibody）也叫抗体酶（abzyme），是具有催化活性的免疫球蛋白，它兼具抗体的高度选择性和酶的高效催化性。催化抗体是将抗体多样性和酶分子催化能力结合在一起的蛋白质分子设计的新方法。抗体可与处于稳定、低能构型的抗原作用，而酶与处于不稳定、高能的过渡态底物结合。催化抗体具有典型的酶反应专一性，可以达到甚至超过天然酶的专一性，还具有高效催化性。因此，催化抗体在酶作用机制研究、代谢催化病和肿瘤疾病的治疗、制药、化工合成过程及分析测试等方面是有力的研究工具。

临床案例

临床使用的静脉用丙种球蛋白（IVIG）即人免疫球蛋白，是从大量健康人混合血浆分离提出的免疫球蛋白 G。目前临床已应用人免疫球蛋白治疗 50 多种疾病，例如治疗丙种球蛋缺乏症、严重联合免疫缺陷等。不少人视其为高级补品、灵丹妙药，在临床治疗使用人免疫球蛋白属于被动免疫还是主动免疫？正常人为了提高免疫力而进行人免疫球蛋白注射是否可取？

分析：人免疫球蛋白作为被动免疫制剂，主要用于治疗。注射丙种球蛋白是把免疫球蛋白内含有的适量抗体输给受者，使之从低或无免疫状态很快达到暂时免疫保护状态。通过抗体与抗原相互作用起到直接中和毒素与杀死细菌和病毒的目的。因此免疫球蛋白制品对预防细菌、病毒性感染有一定的作用。正常人体内会分泌合成抗体，不需要使用人免疫球蛋白作为营养补剂，而注射后会抑制自身球蛋白的合成。

本章小结

抗体以 Y 字形单体存在，每个 Y 字形单体由 4 条多肽链组成，包含两条相同的重链和两条相同的轻链。木瓜蛋白酶和胃蛋白酶分别将抗体水解成 Fab、Fc 和 F（ab′）2、pFc′片段。抗体的特异性可称为免疫球蛋白的免疫原性，不同类别免疫球蛋白都可用血清学方法检出抗原特异性，包括同种型、同种异型和独特型 3 种。人类抗体分为五类，其中 V 区主要的生物学作用是特异性地识别并结合抗原。C 区可以激活补体系统，介导免疫细胞活性并参与免疫调节。人工制备的单克隆抗体和基因工程抗体现已经广泛用于临床和科研。

思考题

1. 抗体与免疫球蛋白及 γ 球蛋白有何不同？
2. 从免疫球蛋白的基本结构、酶解片段及功能区说说抗体的基本结构。
3. 免疫球蛋白有哪几大类别，各自的主要特性及功能有哪些？
4. 什么是免疫球蛋白的类别转换？

5. 抗体多样性的原理是什么？
6. 抗体有哪些功能？

习　题

一、名词解释

1. 单克隆抗体
2. 多克隆抗体
3. Ig 的类别转换

二、单项选择题

1. 合成分泌抗体的细胞是（　　）。
A. 浆细胞　B. 嗜酸性粒细胞　C. B 细胞　D. T 细胞
2. 具有补体 C1q 结合位点的是（　　）。
A. IgE 和 IgD　B. IgA 和 IgG　C. IgM 和 IgA　D. IgG 和 IgM
3. 含有 CH4 功能区的抗体是（　　）。
A. IgE 和 IgA　B. IgM 和 IgG　C. IgM 和 IgE　D. IgA 和 IgG
4. 免疫球蛋白发生类别转换后，下列哪项发生了变化（　　）。
A. 重链 V 区　B. 重链 C 区　C. 轻链 V 区　D. 结合抗原的特异性
5. 胃蛋白酶水解 IgG 的产物是（　　）。
A. 2Fab 段 +Fc 段　B. 2F（ab）′段 +Fc 段
C. 2Fab 段 +pFc′段　D. F（ab）′2 段 +pFc′段
6. Ig 分为五个类，分类依据是（　　）。
A. 重链 C 区的不同　B. 重链 V 区的不同
C. 轻链 C 区的不同　D. 轻链 V 区的不同
7. 能与肥大细胞结合的 Ig 是（　　）。
A. IgM　B. IgE　C. IgA　D. IgG
8. B 细胞成熟的标志是膜上同时表达 IgM 和（　　）。
A. IgA　B. IgE　C. IgG　D. IgD

三、判断题（正确的划“√”，错误的划“×”）

1. 免疫球蛋白都是抗体。（　　）
2. 多克隆抗体可以看作多种针对不同抗原决定簇所产生的抗体的混合物。（　　）
3. IgM 是唯一可以穿过胎盘进入胎儿体内的抗体。（　　）
4. 一个抗体分子有两种不同的轻链，一条为 κ 链，一条为 λ 链。（　　）
5. 抗体是体液免疫的主要效应物质，具有中和作用。（　　）

四、填空题

1. ________是唯一能通过胎盘传给胎儿的抗体，而________抗体可以通过母乳传给新生儿。
2. 免疫球蛋白的类别转化是指 B 细胞接受抗原刺激后首先合成________，在多种因素影响下可转变为合成 IgG、IgA 或 IgE。

3. 制备单克隆抗体时，要将 B 细胞与骨髓瘤细胞融合，成为即能分泌抗体又可在体外长期存活的__________细胞。

4. Ig 的类别转化可由细胞因子引起。如：__________使 B 细胞从合成 IgM 到合成 IgE。

5. 主要在黏膜局部起免疫作用的抗体是__________。

6. 具有调理作用的抗体是__________，能够增强__________细胞的__________功能。

7. 标准 IgG 由__________条多肽链构成，分子呈__________字形对称分布。

五、简答题

1. 以 IgG 为例，阐述抗体的基本结构及水解片段。
2. 简述 IgG 类抗体的主要特点和生物学功能。
3. 简述抗体的调理作用和 ADCC 作用，并做适当比较。

参考答案

第六章　补体系统

思维导图

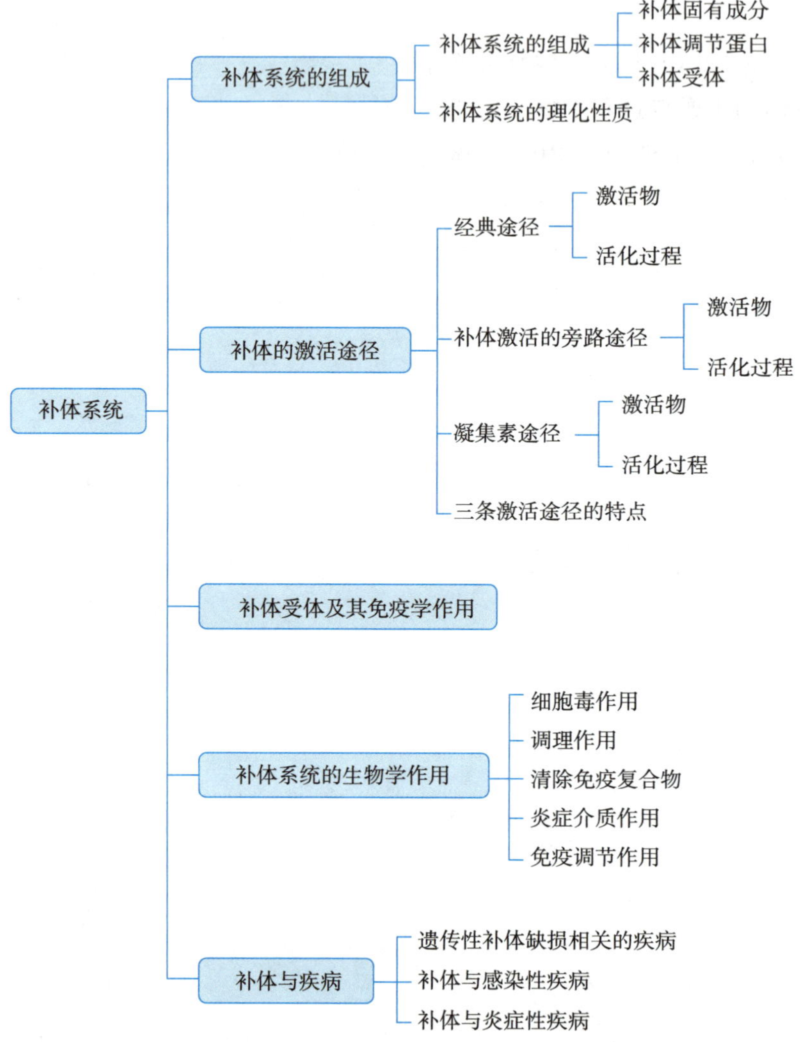

学习目标

知识目标　掌握补体的概念、补体活化的三条途径以及补体的生物学意义，理解补体激活的调节，了解补体与疾病的关系。

能力目标　通过学习补体系统基础知识，结合临床案例分析讨论，培养学生独立分析能力和团队协作探索能力，促进知识的内化与吸收。

思政目标　通过比较补体活化三条途径的异同点，培养学生总结归纳能力，促进学生深度思考，迈向深阶目标。

思政入课堂

补体是免疫学研究中最古老的领域之一，至今对补体的研究已有100多年的历史。比利时科学家Jules-Bordet发现当把血清加热到56℃时，尽管血清中的抗体没有被破坏，但却丧失了溶菌的能力。由此推断血清中一定含有某种对热敏感的成分作为抗体的补充，辅助抗体介导溶菌作用。Bordet将其称为防御素，后来被命名为“补体”。补体的发现过程并非一帆风顺，Bordet从1890年到1898年期间进行大量补体研究实验。实际上，在1895年研究溶菌过程中真正发现了补体。但直至1898年他才找到指示系统——绵羊红细胞，向世人证明了补体的存在，并于1919年获诺贝尔生理学或医学奖。科学研究并非一蹴而就，生活亦是如此，不要被暂时的困境所吓倒，只要有持之以恒的精神和毅力，终会沐浴胜利的光辉，品尝到成功的喜悦。

补体系统（complement system）是广泛存在于人或脊椎动物血清、组织液和细胞膜表面的一组蛋白质，包括30余种可溶性蛋白质和膜结合蛋白，占总血清蛋白近10%，是体内重要的防御系统之一。生理条件下，补体蛋白以非活性的酶前体形式存在，只有激活物出现并激活该系统时，才发挥其生物学功能。体内存在三条补体激活途径：经典途径、旁路途径和凝集素途径。补体系统的蛋白以酶促级联反应发生，小量启动性的刺激能迅速产生很强的效果。激活后形成的补体活化产物具有溶解细胞、调理吞噬、介导炎症、调节免疫应答和清除免疫复合物等生物学功能。补体也是抗体发挥免疫效应的重要机制之一，并在不同环节参与适应性免疫应答。补体成分的缺陷、功能障碍或过度活化参与多种疾病的发生和发展。

第一节 补体系统的组成

一、补体系统的组成

补体系统成分根据其生物学功能不同可以分为三类。

（一）补体固有成分

指存在于血浆及体液中，参与补体酶促级联反应的补体成分，包括经典激活途径的C1q、C1r、C1s、C2、C4；旁路激活途径的B因子、D因子和P因子；凝集素激活途径的MBL、MASP1、MASP2；参与上述三条途径的共有组分C3、C5、C6、C7、C8和C9。

（二）补体调节蛋白（complement regulatory protein）

指以可溶性或膜结合形式存在的、参与调节补体活化或效应发挥的一类蛋白质分子。包括①血浆中补体调节蛋白：C1抑制物（C1INH）、备解素、I因子、C4结合蛋白（C4bp）、H因子和S蛋白等；②细胞膜表面的补体调节蛋白：衰变加速因子（DAF）、膜辅助蛋白（MCP）、同源限制因子（HRF）和膜反应性溶解抑制物（MIRL）等。

（三）补体受体（complement receptor，CR）

指存在于细胞膜表面，能与补体活化裂解片段相结合，调节补体生物效应的受体分子，包括CR1 ~ CR5和过敏毒素受体（C3aR、C5aR）。

补体的命名通常以符号“C”表示，参与经典激活途径的补体固有成分，按其发现的先后顺序分别命名为 C1 ～ C9，其中 C1 由 C1q、C1r 和 C1s 三个亚单位组成；补体系统的其他成分以大写英文字母表示，如 B 因子、D 因子、P 因子、H 因子；补体调节蛋白多以功能命名，如 C1 抑制物、C4 结合蛋白、衰变加速因子等；补体活化后产生的裂解片段以该补体组分符号后加小写英文字母表示，如 C3 裂解产物为 C3a 和 C3b；有酶活性的成分在其字符上划一横线表示，如$\overline{C4b2a}$；灭活的补体片段在其符号前加小写英文字母“i”表示，如 iC3b。

二、补体系统的理化性质

血浆中补体固有成分绝大多数由肝细胞合成，少数（如 C1）由单核巨噬细胞、肠黏膜上皮细胞和内皮细胞等产生。补体成分均为糖蛋白，正常情况下其血浆含量相对稳定，占血清总蛋白的 5% ～ 6%，但在感染和组织损伤状态下，血浆某些补体组分含量升高。补体各组分含量和分子量差异较大，其中 C3 含量最高、D 因子含量最低、C1q 分子量最大、D 因子分子量最小。补体性质不稳定，56℃作用 30 分钟即被灭活，在室温下很快失活；在 0 ～ 10℃条件下，补体活性只能保持 3 ～ 4 天，故补体应保存在 -20℃以下。此外，多种理化因素如紫外线照射、机械震荡、强酸、强碱、乙醇等均可使补体失活。

第二节　补体的激活途径

补体固有成分通常以非活化状态存在于体液中。在相关激活物的作用下，补体固有成分按一定顺序以酶促级联反应方式依次活化，发挥多种生物学效应。已发现三条补体激活途径，即经典途径、凝集素途径和旁路途径，它们启动机制有所不同，但均具有共同的终末通路。

一、经典途径

经典途径（classical pathway）是以抗原 - 抗体复合物为主要激活物质，由 C1 启动激活的途径，顺序活化 C4、C2、C3，形成 C3 转化酶（$\overline{C4b2a}$）与 C5 转化酶（$\overline{C4b2a3b}$）的级联酶促反应过程（图 6-1）。经典途径是抗体介导的体液免疫应答的主要效应方式之一。

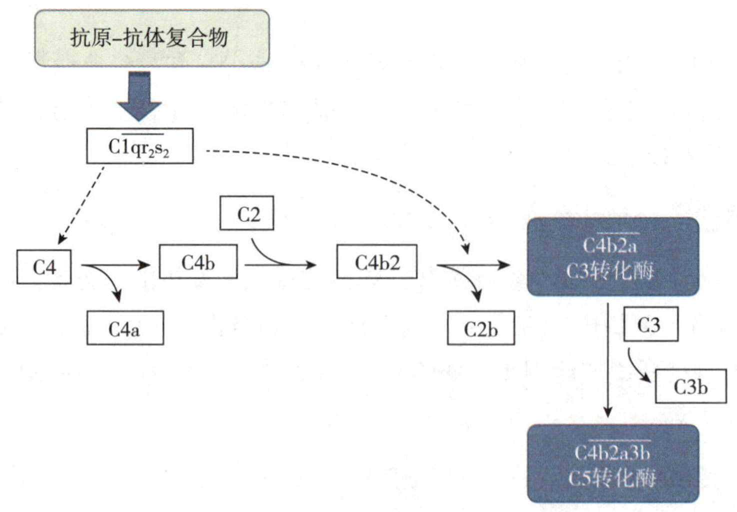

图 6-1　补体激活经典途径的前端反应

（一）激活物

抗原－抗体形成的免疫复合物（immune complex，IC）是经典途径的主要激活物。C1 为 C1q（C1r）$_2$（C1s）$_2$ 复合大分子（图 6–2），C1q 与 IC 中抗体分子的 Fc 段补体结合位点结合是经典途径的始动环节，触发 C1 活化的条件为：① C1q 只能与 IgM 的 C_H3 区或 IgG 亚类（IgG1、IgG2、IgG3）的 C_H2 区结合才能活化；② C1q 至少需要与两个 Fc 段交联才能活化（图 6–3），故一个 IgM 即可激活补体，而 IgG 至少需要两个分子与 C1q 桥联，才能活化 C1，所以 IgM 激活补体的能力远高于 IgG。③游离或可溶性抗体不能激活补体。

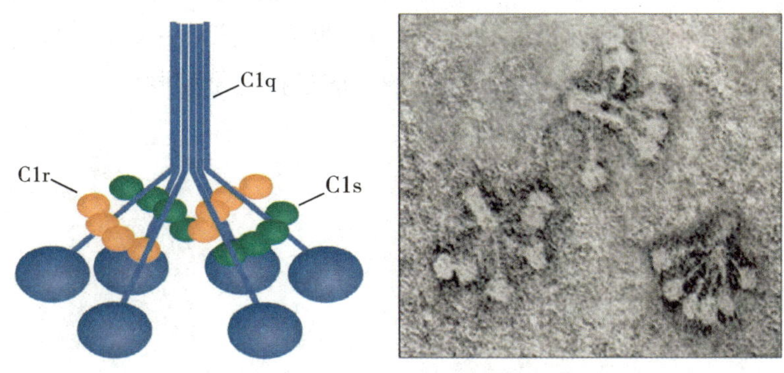

图 6–2　C1（C1qr$_2$s$_2$）模式图及电镜图

（二）活化过程

参与经典途径前端反应的补体固有成分包括 C1 ～ C4。整个激活过程分为三个阶段，即识别启动活化、酶促级联反应和膜攻击复合物形成阶段。

1. 识别启动活化阶段

抗体与抗原结合形成 IC 后，抗体分子变构，暴露其 Fc 段的补体结合位点，为 C1 活化奠定了基础。当 C1 分子中的 C1q 与上述抗体分子中的补体结合位点“桥联”结合后，C1q 构型改变，相继活化 C1r 和 C1s，活化的 C1s 具有丝氨酸蛋白酶活性，可依次裂解 C4 和 C2。

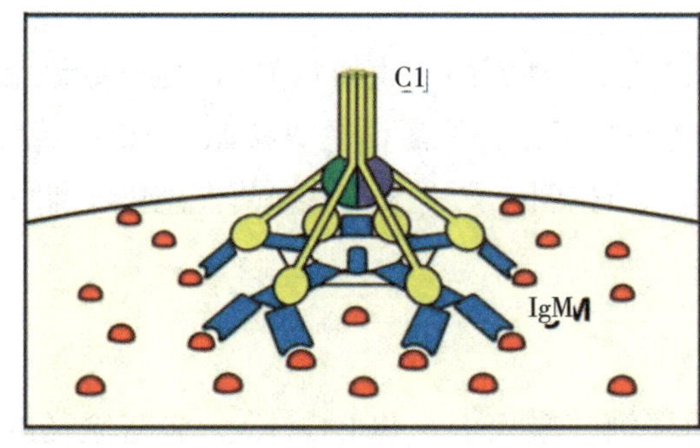

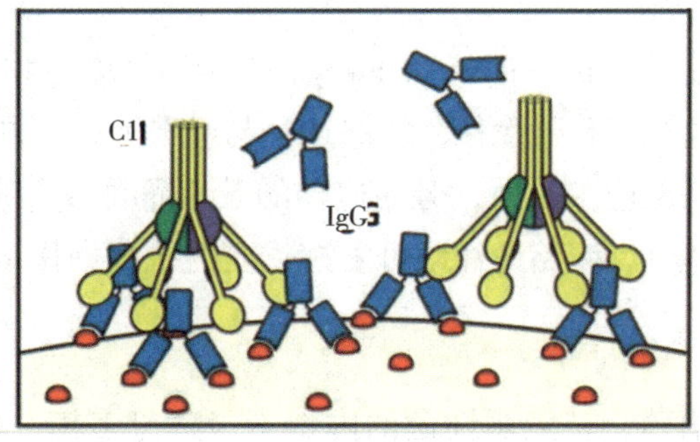

图 6–3　C1 的活化（左侧为 IgM，右侧为 IgG）

2. 酶促级联反应阶段

活化的 C1s 首先裂解 C4 生成 C4a 和 C4b 两个片段，其中小片段 C4a 游离于液相；大片段 C4b 非特异共价结合至抗体结合处的细胞或免疫复合物表面。在 Mg^{2+} 存在的条件下，C2 与 C4b 结合，继而被活化的 C1s 裂解，其小分子裂解片段 C2b 释放至液相；大片段 C2a 与 C4b 结合，形成 $\overline{C4b2a}$ 复合物即 C3 转化酶（C3 convertase）。C3 转化酶裂解 C3 为 C3a 和 C3b，小片段 C3a 游离于液相，具有过敏毒素活性；

大片段 C3b 与$\overline{\text{C4b2a}}$中的 C4b 结合形成$\overline{\text{C4b2a3b}}$复合物即 C5 转化酶（C5 convertase）。此外，C3b 还可逐级降解成 C3c、C3d、C3dg、C3f 等小片段，其中 C3d 参与适应性免疫应答。

3. 膜攻击复合物形成阶段

此阶段导致某些病原体和细胞裂解破坏。C5 转化酶（$\overline{\text{C4b2a3b}}$）裂解 C5 为 C5a 和 C5b：小片段 C5a 游离于液相，发挥炎症介质作用；C5b 松散结合在细胞或免疫复合物表面，并依次结合 C6、C7 形成 C5b67。C5b67 复合物具有高度亲脂性，能与邻近的细胞膜非特异性结合，进而与 C8 高亲和力结合，所形成的 C5b678 进一步与 12 ~ 16 个 C9 分子聚合形成 C5b6789n 复合物，此即膜攻击复合物（membrane attack complex，MAC）（图 6-4）。MAC 在细胞膜上形成一个内径约 10nm 的亲水性穿膜孔道，水、离子及可溶性小分子等可经此孔道通过，而蛋白质类大分子无法逸出，最终导致胞内渗透压降低，细胞逐渐肿胀至破裂。三条补体激活途径在此阶段的反应过程完全相同。

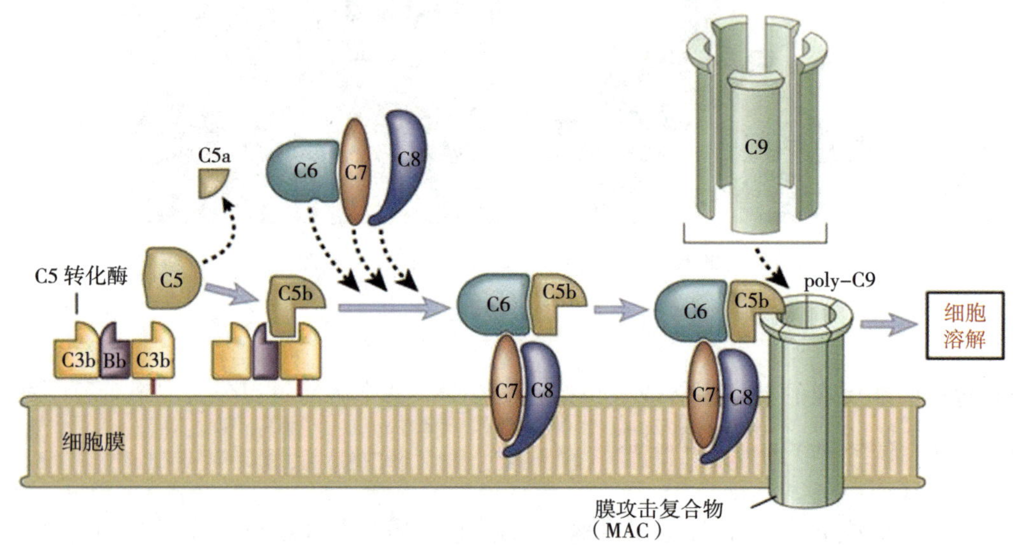

图 6-4　膜攻击复合物的形成 – 共同末端通路

二、补体激活的旁路途径

旁路途径（alternative pathway）是由病原微生物等提供接触表面，直接从 C3 活化开始激活过程，也称备解素途径或替代途径。旁路途径与经典途径不同之处在于，补体激活是直接激活 C3，随后进入终末途径的级联反应。另外，旁路途径的激活需要 B、D、P、H 等因子参与。在细菌性感染早期，尚未产生特异性抗体时，旁路途径即可发挥重要的抗感染作用。

（一）激活物

某些细菌、革兰阴性菌的内毒素、酵母多糖、葡聚糖、凝聚 IgA 和 IgG4 等为旁路途径的主要激活物。这些激活物为旁路途径的激活提供了保护性微环境和接触表面。

（二）活化过程

1. C3 自发水解

生理条件下，血清中的 C3 分子受蛋白酶作用下可发生缓慢而持久的水解，产生低水平液相 C3b。

2. 激活物引发的酶促级联反应

自发水解的 C3b 绝大多数在液相中迅速失活，少数可与附近的膜表面结构共价结合。当液相 C3b 与

自身组织细胞结合后，可被补体调节蛋白（如 DAF、MCP 和 I 因子）灭活。当 C3b 与激活物表面结合后，可抵抗补体调节蛋白的降解作用。此时，C3b 与 B 因子结合，在 Mg^{2+} 存在下，D 因子裂解 B 因子为 Ba 和 Bb，小片段 Ba 游离于液相；大片段 Bb 与 C3b 结合形成C$\overline{3bBb}$，即旁路途径 C3 转化酶。C$\overline{3bBb}$复合物不稳定，易被降解，备解素（P 因子）与C$\overline{3bBb}$结合而形成稳定的 C3 转化酶（C$\overline{3bBbP}$）。结合于激活物表面的C$\overline{3bBb}$可裂解更多的 C3 分子，新生的 C3b 又可与 B 因子结合，在 D 因子作用下产生更多的 C3 转化酶，从而形成旁路途径的 C3b 正反馈放大效应（图 6–5）。C3b 与C$\overline{3bBb}$复合物结合形成C$\overline{3bBb3b}$，即旁路途径 C5 转化酶，其后的末端通路与经典途径相同。

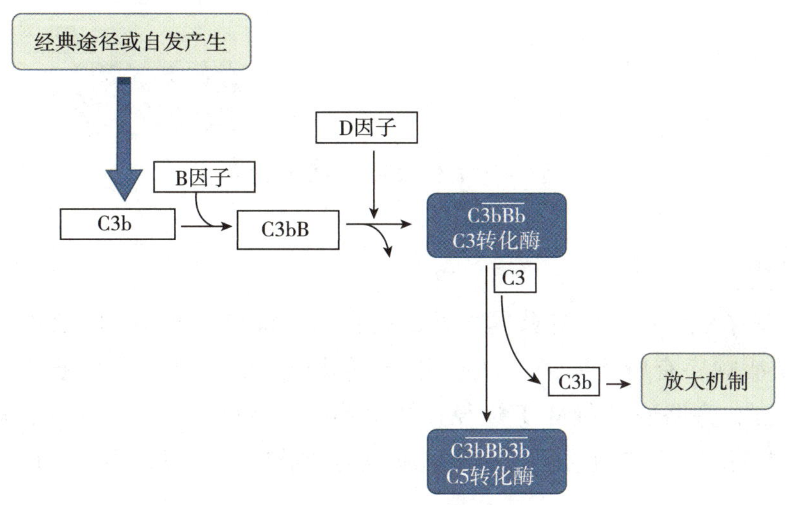

图 6–5 补体激活的旁路途径

三、凝集素途径

凝集素途径（lectin pathway）又称 MBL 途径（MBL pathway），由血浆中甘露糖结合凝集素（MBL）或纤胶凝蛋白（FCN）与细菌表面的糖类结构结合，依次活化 MBL 相关丝氨酸蛋白酶（MASP）、C4、C2、C3，形成与经典途径中相同的 C3 转化酶与 C5 转化酶，从而进入共同的末端通路。

（一）激活物

凝集素途径的激活物是病原体表面的糖结构。MBL 和 FCN 可直接识别和结合多种病原体表面的糖结构，如甘露糖、岩藻糖及 N– 乙酰葡糖胺等，从而启动 MBL 途径。脊椎动物细胞表面的此类糖结构被唾液酸等成分所覆盖，故不能启动 MBL 途径。借此，MBL 途径得以识别“自身细胞”和“非己病原微生物”。

（二）活化过程

MBL 或 FCN 与细菌的甘露糖等残基结合，构象发生改变，使与之结合的 MASP1 和 MASP2 被分别激活。MASP1 和 MASP2 具蛋白酶活性。活化的 MASP2 以类似 C1s 的方式依次裂解 C4 和 C2，形成与经典途径相同的 C3 转化酶C$\overline{4b2a}$，继之裂解 C3 产生 C5 转化酶C$\overline{4b2a3b}$，最后进入补体激活的末端通路（图 6–6）。

MASP1 则可直接裂解 C3，形成旁路途径 C3 转化酶C$\overline{3bBb}$，参与并加强旁路途径正反馈环。因此，MBL 途径对经典途径和旁路途径有交叉促进作用。

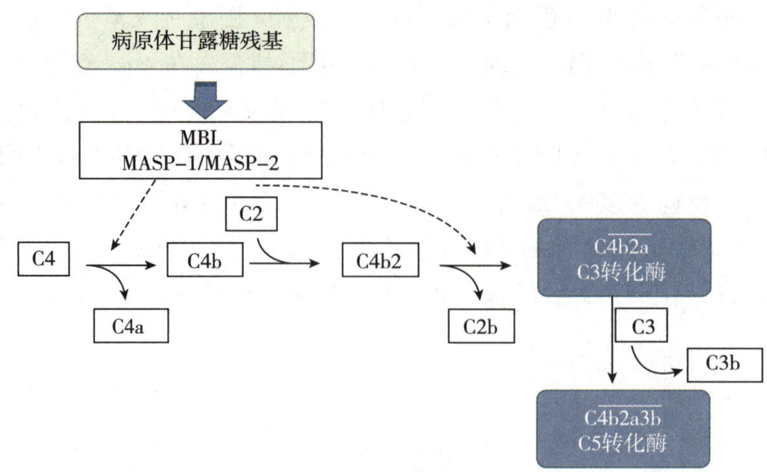

图 6-6　补体激活的凝集素途径

四、三条激活途径的特点

在激活过程中，三条激活途径既有共同之处，又有各自特点（表 6-1）。在补体激活的前端反应三条途径的起始物及激活顺序有所不同，一旦形成 C5 转化酶后，三条途径即步入共同的末端通路（图 6-7）。从抗感染的角度，旁路途径和 MBL 途径在初次感染或感染早期发挥作用，对机体自身稳定和防御原发性感染有着重要意义；经典途径则通常在疾病恢复或感染持续过程中发挥作用。

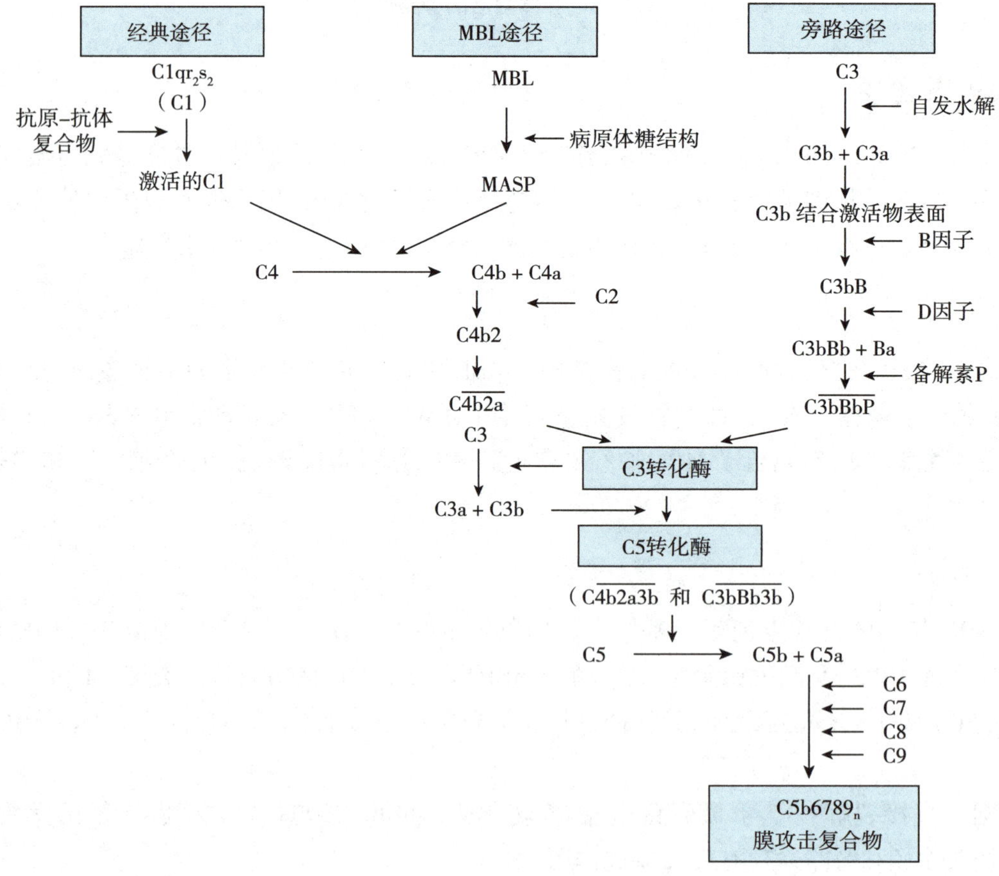

图 6-7　三条补体激活途径间的关系

表 6-1 补体三条激活途径的比较

性质	经典途径	MBL 途径	旁路途径
激活物质	抗原－抗体（IgM、IgG1 ~ IgG3）复合物	甘露糖、N- 乙酰甘露糖胺、岩藻糖残基	细菌、内毒素、酵母多糖、葡聚糖等
起始分子	C1q	C4	C3
参与的补体成分	C1 ~ C9	MBL，MASP，C2 ~ C9	B，D，P 因子；C3，C5 ~ C9
所需离子	Ca^{2+}，Mg^{2+}	Ca^{2+}，Mg^{2+}	Mg^{2+}
C3 转化酶	$C\overline{4b2a}$	$C\overline{4b2a}$	$C\overline{3bBb}$
C5 转化酶	$C\overline{4b2a3b}$	$C\overline{4b2a3b}$	$C\overline{3bBb3b}$或$C\overline{3bnBb}$
生物学作用	参与特异性免疫的效应阶段，感染后期发挥作用	参与非特异性免疫的效应阶段，感染早期发挥作用	参与非特异性免疫的效应阶段，感染早期发挥作用

第三节 补体受体及其免疫学作用

补体成分激活后产生的裂解片段，能与免疫细胞表面的特异性受体结合。这对于补体发挥其生物学活性具有重要意义。补体受体按其功能分为三类：①补体大活性裂解片段 C3b、C4b 及 C3b 裂解片段 iC3b、C3d、C3dg 的受体，主要参与补体的调理作用、免疫黏附作用和适应性免疫应答的调节。②补体小活性裂解片段的受体，与相应配体 C3a、C4a、C5a 结合介导炎症反应。③ C1qR 具有多种配体，作用更为广泛（表 6-2）。补体受体的功能在本章第四节中介绍。

表 6-2 补体受体及其主要功能

受体	配体	分布	主要功能
CR1	C3b、C4b	红细胞、吞噬细胞	清除循环 IC
	iC3b、MBL	T 细胞、B 细胞等	调理作用等
CR2	iC3b、iC3dg	B 细胞	B 细胞激活
	C3d、EBV	肾小球上皮细胞等	捕获 IC、介导 EBV 感染
CR3	iC3b	吞噬细胞	趋化及调理作用
CR4	iC3b	嗜酸性粒细胞	增强调理作用
CR5	C3dg、C3d	中性粒细胞、血小板	清除带有 iC3b 的 IC
C3aR	C3a、C4a	肥大细胞、嗜碱性粒细胞、平滑肌细胞	脱颗粒释放炎症介质收缩平滑肌
C5aR	C5a	肥大细胞、嗜碱性粒细胞、内皮细胞、吞噬细胞	增强血管通透性、增强趋化作用
C1qR	C1q、MBL	B 细胞、吞噬细胞	促进 Ig 产生，促进吞噬

第四节 补体系统的生物学作用

补体系统作为机体重要的免疫效应系统，具有多种生物学作用，不仅参与天然免疫防御同时也参与适应性免疫应答。补体激活形成的 MAC 可介导细胞溶解效应；在其活化过程中产生的裂解片段，可通过与细胞膜表面相应受体结合介导多种生物学效应。

一、细胞毒作用

补体活化的共同终末效应是在细胞膜上形成MAC，从而使细胞内外渗透压失衡，导致细胞溶解破坏。该效应的意义：参与宿主抗细菌（主要是G^-细菌）、抗病毒（有包膜病毒如流感病毒、HIV等）及抗寄生虫等防御机制；参与机体抗肿瘤效应；在某些病理情况下可引起机体自身细胞破坏，导致组织损伤与疾病（如血型不符输血后出现的溶血反应以及自身免疫病等）。

二、调理作用（opsonization）

补体激活过程中产生的C3b、C4b及iC3b均是重要的调理素，它们与细菌或其他颗粒性物质结合后，可被具有相应受体的吞噬细胞识别结合，从而促进吞噬细胞对其吞噬，此即补体介导的调理作用（图6-8）。这种调理作用是机体抵御全身性细菌感染和真菌感染的重要机制之一。

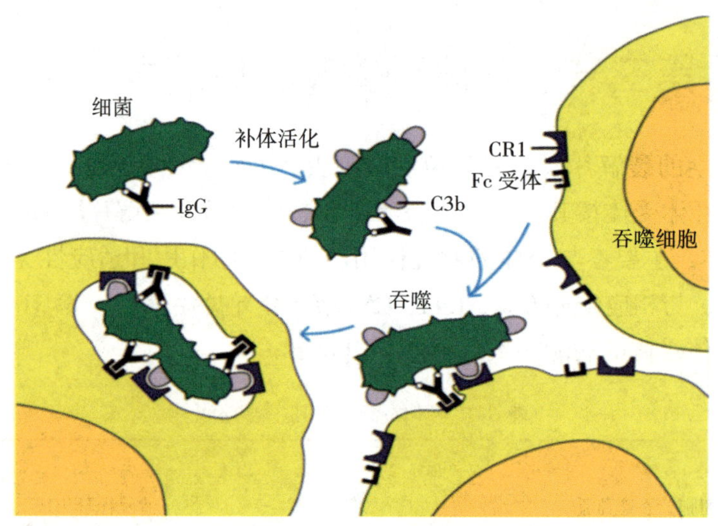

图6-8　C3b-CR1的调理作用

三、清除免疫复合物

补体成分可参与清除循环免疫复合物（IC），其机制为：C3b与IC结合，同时黏附于表达C3b受体（CR1）的红细胞、血小板而形成大分子复合物。此复合物通过血流循环至肝脏和脾脏，被肝、脾局部巨噬细胞吞噬、清除，此作用称为免疫黏附（immune adherence）（图6-9）。

C3b介导的免疫黏附作用是体内清除循环免疫复合物的主要途径之一。

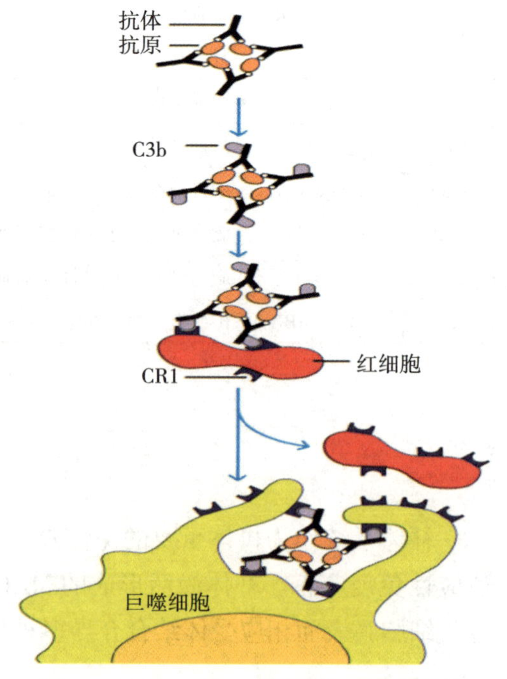

图6-9　C3b-CR1介导的免疫黏附作用

四、炎症介质作用

补体裂解片段C3a和C5a又称过敏毒素，它们能与肥大细胞或嗜碱性粒细胞表面相应受体（C3aR/C5aR）结合，触发靶细胞脱颗粒，释放组胺等一系列血管活性介质，引发过敏性炎症反应。C5a对表达相应受体的中性粒细胞具有趋化作用，可诱导中性粒细胞表达黏附分子并使之活化，显著增强其吞噬杀伤能力。

C2a、C4a 等具有激肽样活性，增强血管通透性，引起炎性充血和水肿。

五、免疫调节作用

补体活化产物可对免疫应答多环节进行调节：① C3b、C4b 可网罗固定抗原，促进抗原提呈细胞对抗原的摄取和提呈，参与免疫应答的启动；②抗原结合 C3dg、C3d、iC3b 后，与 B 细胞表面的 BCR 和共受体 CD21/CD19/CD81 交联，从而诱导 B 细胞产生活化第一信号；③滤泡树突状细胞（FDC）表面的 CR1 和 CR2 可将免疫复合物长期固定于生发中心，诱导和维持记忆 B 细胞。

第五节　补体与疾病

正常情况下，补体系统各成分含量相对稳定，可适时、适度被激活而发挥生物学功能。但在某些情况下，如补体遗传缺陷、功能障碍或过度活化，均可参与某些疾病的病理过程。

一、遗传性补体缺损相关的疾病

遗传性补体缺陷所致疾病约占原发性免疫缺陷病的 2%。由于补体成分缺损，致使补体系统不能被激活，导致患者对病原体易感，同时由于体内免疫复合物清除障碍而易患相关的自身免疫病。此外，还有些特殊的补体缺陷病，如 C1 抑制物（C1INH）缺陷可引起遗传性血管神经性水肿（HAE），衰变加速因子（DAF）缺陷可引起夜间阵发性血红蛋白尿症（PNH）。

二、补体与感染性疾病

某些情况下，病原微生物可借助补体受体入侵机体细胞，例如 EB 病毒以 CR2 为受体、麻疹病毒以膜辅助蛋白（MCP）为受体、柯萨奇病毒和大肠埃希菌以 DAF 为受体。此外，微生物感染细胞后，可产生类似 MCP、CD59、DAF 样的补体调节蛋白，有效抑制补体的活化及溶解效应。

三、补体与炎症性疾病

补体激活是炎症反应中重要的早期事件，在Ⅱ、Ⅲ型超敏反应、自身免疫病、烧伤、创伤、感染、移植排斥等疾病过程中均发挥重要作用。此外，补体系统通过与凝血系统、纤溶系统和激肽系统间的相互作用，在体内形成复杂的炎性介质网络，扩大并加剧炎症反应，从而参与多种感染和非感染性炎症疾病的病理生理过程。

临床案例

患者，男，26 岁，4 天前无明显诱因出现手、脚和脸部水肿，并伴有声音嘶哑、吸气性呼吸困难而来到医院就诊。无发热，皮肤无瘙痒。既往无过敏史，最近无传染病感染情况。患者近 15 年来反复出现类似病情，有时伴发腹痛、恶心、呕吐，每次持续 36 小时左右，每年发作 6 ～ 7 次。患者自述其父亲和姐姐有类似反复发作病史。实验室检查：血细胞计数正常，血浆 C4 为 0.065g/L（参考值为 0.2 ～ 0.5g/L），C1 INH 为 29%（参考值为 70% ～ 130%）。尿液分析及肝肾功能均正常。临床诊断：遗传性血管神经性水肿。请分析该疾病发生的免疫学机制？为何患者血浆 C4 减少？补体系统有哪些成分可引起血管扩张而导致局部非凹陷水肿？补体调节蛋白C1 INH减少影响哪个补体激活途径？

分析：该疾病是由于C1 INH缺陷所导致的。由于C1活化不受抑制，与C4、C2作用后产生的C2b具有激肽样作用，增强了血管通透性继而发生血管性炎性水肿。主要表现为皮肤和黏膜出现反复水肿，并常以消化道或呼吸道黏膜的血管性水肿为特征，严重者可因喉头水肿窒息而危及生命。C1 INH缺陷导致C1过度活化，C4持续被裂解，所以往往患者血浆中C4的水平降低。补体激活产物C2b、C3a具有激肽样作用，可增强血管壁通透性，造成炎性渗出和水肿。C1 INH减少主要影响补体激活的经典途径。

本章小结

补体系统是体内重要的免疫效应和免疫效应放大系统，在机体发挥天然免疫防御和体液免疫效应中发挥重要作用。补体系统包括30余种可溶性蛋白和膜蛋白，可分为固有成分、调节蛋白和补体受体三类。补体固有成分在不同激活物的作用下，分别通过经典途径、凝集素途径和旁路途径而被激活，其过程呈酶促级联反应。三条通路的共同末端是形成膜攻击复合物，通过溶细胞效应而发挥重要生理和病理作用。补体活化过程中产生的小分子裂解片段具有广泛的生物学效应，参与机体免疫调节与炎症反应。补体成分的缺陷可导致补体功能紊乱，引起严重病理损伤。

思考题

1. 补体激活有哪三条途径？比较三条补体激活途径的主要异同点。
2. 为何补体可以较精准地攻击微生物？
3. 补体系统激活后发挥哪些生物学作用？
4. 补体系统相关的疾病有哪些？简述其机制。

习　题

一、名词解释

1. 补体系统（complement system）
2. 免疫黏附
3. 膜攻击复合物（membrane attack complex，MAC）

二、单项选择题

1. 关于补体系统描述正确的是（　　）。
   A. 属于固有免疫系统成分，不参与特异性免疫应答的一组蛋白质
   B. 本身具有酶活性，不需要活化
   C. 是一组耐热蛋白质
   D. 包含30余种可溶性蛋白和膜结合蛋白
   E. 与炎症反应无关
2. 参与补体三条激活途径的共同成分是（　　）。
   A. C1　　B. C3　　C. C4　　D. B因子

E. MBL

3. 能与免疫复合物结合的补体成分是（　　）。

A. C1q　B. C1r　C. C1s　D. C2

E. P 因子

4. 可激活补体经典途径的抗原抗体复合物是（　　）。

A. SIgA 分子与抗原组成的复合物

B. 两个密切相连的 IgD 分子与抗原组成的复合物

C. 一个 IgG 分子与抗原组成的复合物

D. 一个 IgM 分子与抗原组成的复合物

E. 一个 IgE 分子与抗原组成的复合物

5. 补体不具备的作用是（　　）。

A. 溶菌和细胞毒作用　B. 中和毒素作用

C. 调理作用　D. 炎症介质作用

E. 免疫调节作用

6. D 因子的功能是（　　）。

A. 使 C3b 灭活　B. 作为 C5 转化酶的基质

C. 过敏毒素　D. 趋化因子

E. 将 C3bB 裂解为 C3bBb 和 Ba

7. 患者，男，23 岁，右足踇趾跌伤化脓数天，畏寒发烧两天，局部疼痛加剧到医院就诊。实验室检查发现感染部位大量中性粒细胞渗入。试问下列哪个补体成分能趋化中性粒细胞至感染部位（　　）。

A. C1q　B. C2a　C. C3b　D. C4b

E. C5a

8. 患者，女，10 岁，不明原因出现流涕、咳嗽、咽痛、发烧，全身不适，查体发现典型的疱疹性咽峡炎，初步诊断为柯萨奇病毒感染。病原体感染后期会产生特异性抗体，触发补体经典激活途径，与旁路激活途径协同作用，形成更为有效的抗感染防御机制。在补体的经典激活途径中，没有被裂解的组分是（　　）。

A. C2　B. C3　C. C4　D. C5

E. C6

9. 患者，男，8 岁，玩耍时不慎被尖锐物刺伤手臂，未行处理，2 天后伤口周围肿胀发红，有触痛，中心开始化脓，在炎症灶中产生补体的主要细胞是（　　）。

A. 中性粒细胞　B. 巨噬细胞　C. 肥大细胞　D. 树突状细胞

E. T 细胞

10. 患者，男，25 岁，1 周前因淋雨出现畏寒、发热、咳嗽、咳痰等症状。入院 X 线检查右肺上叶大片均匀致密影，伴有少量胸腔积液，诊断为大叶性肺炎。该患者机体在抗感染过程中，补体被激活发挥作用依次出现的激活途径是（　　）。

A. 经典途径→ MBL 途径→旁路途径　B. 旁路途径→经典途径→ MBL 途径

C. 旁路途径→ MBL 途径→经典途径　D. 经典途径→旁路途径→ MBL 途径

E. MBL 途径→经典途径→旁路途径

三、判断题（正确的划“√”，错误的划“×”）

1. 补体经典途径由Ag-Ab复合物结合至C1q启动激活。（ ）

2. 补体MBL途径可以识别自己与非己，具有重要的正反馈机制，在固有免疫中发挥作用。（ ）

3. 膜攻击复合物是三种补体激活途径共同的末端效应，HRF和CD59能保护正常组织细胞不受MAC攻击。（ ）

4. C3a具有细胞毒作用、激肽样作用、趋化作用及过敏毒素样作用。（ ）

四、简答题

1. 简述补体系统激活后发挥的生物学作用。

2. 比较三条补体激活途径的主要差异。

参考答案

第七章　细胞因子

思维导图

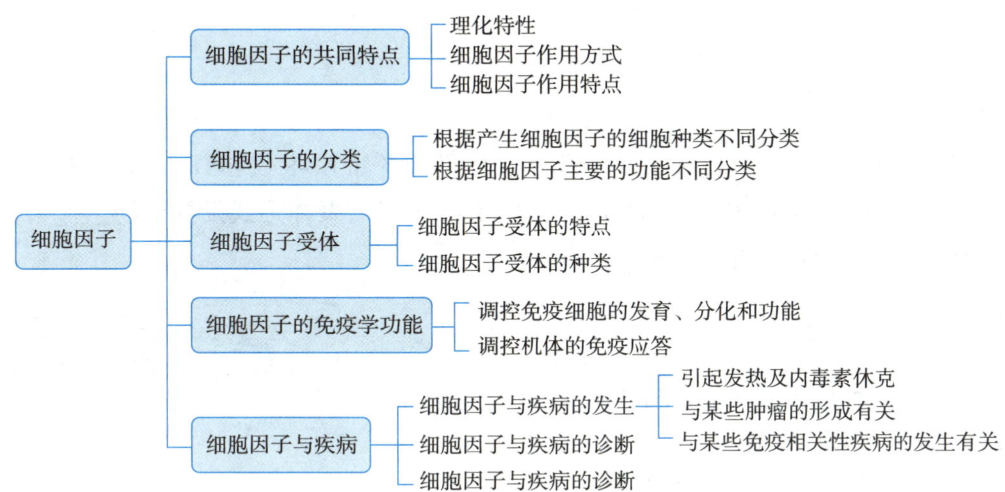

学习目标

知识目标　细胞因子的概念、共同特点及分类。

能力目标　能辨别细胞因子的作用方式。

思政目标　培养学生对商业化细胞因子的使用信守道德规范，对科研伦理保持尊崇和遵守。

思政入课堂

患者情况非常凶险，反复高热、呼吸困难、意识模糊，多次往返入院治疗，但却一直没有人认为是细胞因子风暴所致，一直以细菌或真菌感染来治疗。这也就导致这名患者被反复插管和折腾，72 岁的年龄可谓九死一生。其实如果早一点察觉患者的病情与细胞因子风暴有关，只需要逐步降低使用口服激素即可。

细胞因子风暴，又称细胞因子释放综合征（CRS），是一种不常见的免疫治疗不良反应，是全身免疫失调、免疫效应细胞过度激活、细胞因子释放引起的。

免疫治疗诱导的细胞因子风暴通常在最后一个治疗周期的两周内出现，发热、血流动力学不稳、器官功能障碍是主要的症状，治疗方法包含静脉滴注皮质类固醇，如果肝功能严重损伤则使用霉酚酸酯。免疫治疗导致的细胞因子风暴与术后常见的败血症、炎症性感染相似，因此需要明确诊断以进行适当的治疗。手术可能会诱导相关炎症状态，目前在手术之前使用免疫治疗的情况越来越多，因此临床医生需要考虑免疫治疗后进行手术，会诱发细胞因子风暴的可能性。

针对癌症的治疗是一把双刃剑，在消灭癌细胞的同时，也会给患者带来诸多的不良反应。我们希望，类似于细胞因子风暴这样的小概率不良事件，每一位患者都可以远离。

细胞因子（cytokine）是由多种免疫细胞及组织细胞经刺激分泌的一类小分子可溶性蛋白质，通过结合相应受体调节细胞生长分化和效应，调控免疫应答，在一定条件下也参与炎症等多种疾病的发生。目前对其研究前景广阔。

第一节　细胞因子的共同特点

虽然说细胞因子种类多，又加上各类细胞因子都有自己独特的生物学结构、理化特性，但是也具有一些同特点。

一、理化特性

绝大多数细胞因子为质量小于25kDa的糖蛋白，质量低者如IL-8仅8kDa。多数细胞因子以单体形式存在，少数细胞因子如IL-5、IL-12、M-CSF和TGF-β等以二聚体形式发挥生物学作用。半衰期短，作用范围小，绝大多数为近距离发挥作用。

二、细胞因子作用方式

细胞因子有以下3种作用方式，如图7-1。

1. 自分泌（autocrine）方式

作用于分泌细胞自身，表现为自分泌作用。

2. 旁分泌（paracrine）方式

对邻近细胞发挥作用，表现为旁分泌作用。

3. 内分泌（endocrine）方式

少数细胞因子通过循环系统对远距离的靶细胞发挥作用，表现为内分泌作用。

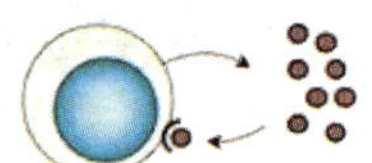

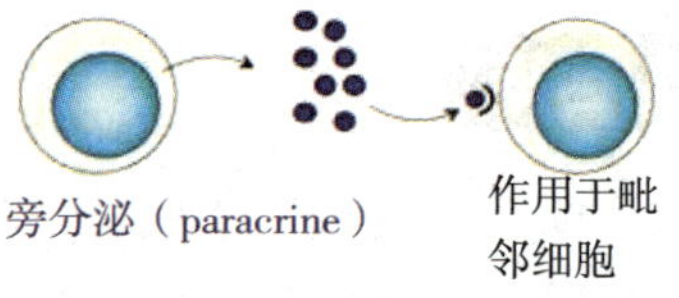

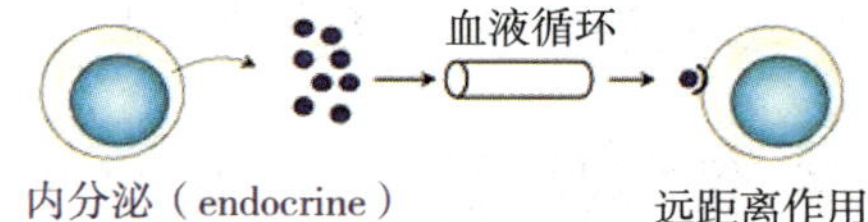

图7-1　细胞因子的作用方式

三、细胞因子作用特点

细胞因子发挥作用无特异性，也不受MHC限制，但其作用具有高效作用、多重的调节作用、重叠作用、协同作用和拮抗作用等特点。

1. 多效能作用

细胞因子通过与靶细胞表面相应受体结合而发挥生物学效应（图7-2）。由于细胞因子与其受体间具有很高的亲和力，因此极微量的细胞因子（pM）就能产生明显的生物学效应。

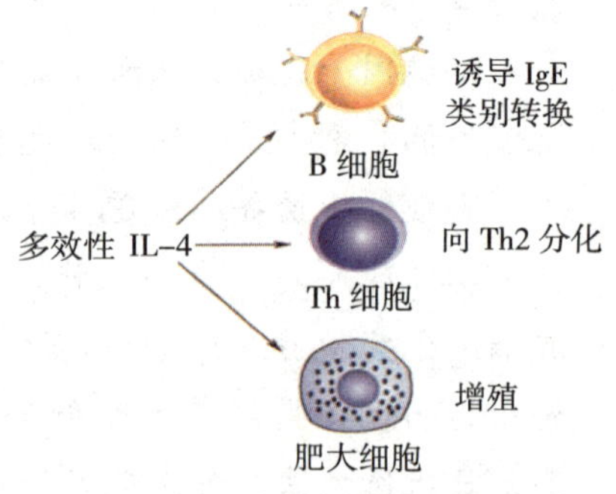

图7-2　细胞因子多效性

2. 多重的调节作用

细胞因子不同的调节作用与其本身浓度、作用靶细胞的类型以及同时存在的其他细胞因子种类有关。有时动物种属不一，相同的细胞因子的生物学作用可有较大的差异，如人IL-5主要作用于嗜酸性粒细胞，而鼠IL-5还可作用于B细胞。

3. 协同作用

一种细胞因子可增强另一种细胞因子的生物学作用。

4. 拮抗作用

不同细胞因子对同一种靶细胞功能的影响可相互抑制。

第二节 细胞因子的分类

细胞因子种类很多，可按其来源分类，如由单核巨噬细胞产生的可称为单核因子（monokine）；由淋巴细胞产生的称为淋巴因子（lymphokine）等。现普遍根据细胞因子的功能进行分类，主要有白细胞介素、干扰素、肿瘤坏死因子、集落刺激因子、生长日子、趋化因子等。

一、根据产生细胞因子的细胞种类不同分类

1. 淋巴因子

主要由淋巴细胞产生，包括T淋巴细胞、B淋巴细胞和NK细胞等。重要的淋巴因子有IL-2、IL-3、IL-4、IL-5、IL-6、IL-9、IL-10、IL-12、IL-13、IL-14、IFN-γ、TNF-β、GM-CSF和神经白细胞素等。

2. 单核因子

主要由单核细胞或巨噬细胞产生，如IL-1、IL-6、IL-8、TNF-α、G-CSF和M-CSF等。

3. 非淋巴细胞、非单核巨噬细胞产生的细胞因子

主要由骨髓和胸腺中的基质细胞、血管内皮细胞、成纤维细胞等细胞产生，如EPO、IL-7、IL-11、SCF、内皮细胞源性IL-8和IFN-β等。

二、根据细胞因子主要的功能不同分类

1. 白细胞介素（interleukin，IL）

1979年开始命名。由淋巴细胞、单核细胞或其他非单个核细胞产生的细胞因子，在细胞间相互作用、免疫调节、造血以及炎症过程中起重要调节作用，凡命名的白细胞介素的cDNA基因克隆和表达均已成功，已报道有三十余种（IL-1 ~ IL-38）。

2. 集落刺激因子（colony stimulating factor，CSF）

根据不同细胞因子刺激造血干细胞或分化不同阶段的造血细胞在半固体培养基中形成不同的细胞集落，分别命名为G（粒细胞）-CSF、M（巨噬细胞）-CSF、GM（粒细胞、巨噬细胞）-CSF、Multi（多重）-CSF（IL-3）、SCF、EPO等。不同CSF不仅可刺激不同发育阶段的造血干细胞和祖细胞增殖的分化，还可促进成熟细胞的功能。

3. 干扰素（interferon，IFN）

1957年发现的细胞因子，最初发现某一种病毒感染的细胞能产生一种物质可干扰另一种病毒的感染和复制，因此而得名。根据干扰素产生的来源和结构不同，可分为IFN-α、IFN-β和IFN-γ，他们分别由白细胞、成纤维细胞和活化T细胞所产生。各种不同的IFN生物学活性基本相同，具有抗病毒、抗肿瘤和免疫调节等作用。

4. 肿瘤坏死因子（tumor necrosis factor，TNF）

最初发现这种物质能造成肿瘤组织坏死而得名。根据其产生来源和结构不同，可分为TNF-α和TNF-β两类，前者由单核巨噬细胞产生，后者由活化T细胞产生，又名淋巴毒素（lymphotoxin，LT）。

两类 TNF 基本的生物学活性相似，除具有杀伤肿瘤细胞外，还有免疫调节的功能，参与发热和炎症的发生。大剂量 TNF-α 可引起恶病质，因而 TNF-α 又称恶病质素（cachectin）。

5. 转化生长因子 -β 家族（transforming growth factor-β family，TGF-β family）

由多种细胞产生，主要包括 TGF-β1、TGF-β2、TGF-β3 以及骨形成蛋白（BMP）等。

6. 生长因子（growth factor，GF）

如表皮生长因子（EGF）、血小板衍生的生长因子（PDGF）、成纤维细胞生长因子（FGF）、肝细胞生长因子（HGF）、胰岛素样生长因子 - Ⅰ（IGF- Ⅰ）、IGF- Ⅱ、白血病抑制因子（LIF）、神经生长因子（NGF）、抑瘤素 M（OSM）、血小板衍生的内皮细胞生长因子（PDECGF）、转化生长因子 -α（TGF-α）、血管内皮细胞生长因子（VEGF）等。

7. 趋化因子家族（chemokine family）

包括四个亚族：① C-X-C/α 亚族，主要趋化中性粒细胞，主要的成员有 IL-8、黑素瘤细胞生长刺激活性（GRO/MGSA）、血小板因子 -4（PF-4）、血小板碱性蛋白、蛋白水解来源的产物 CTAP- Ⅲ和 β-thromboglobulin、炎症蛋白 10（IP-10）、ENA-78；② C-C/β 亚族，主要趋化单核细胞，这个亚族的成员包括巨噬细胞炎症蛋白 1α（MIP-1α）、MIP-1β、RANTES、单核细胞趋化蛋白 -1（MCP-1/MCAF）、MCP-2、MCP-3 和 I-309。③ C 型亚家族的代表有淋巴细胞趋化蛋白。④ CX3C 亚家族，Fractalkine 是 CX3C 型趋化因子，对单核巨噬细胞、T 细胞及 NK 细胞有趋化作用。

第三节　细胞因子受体

细胞因子必须与相应受体结合，才能发挥其生物学效应。细胞因子受体均为跨膜蛋白，由胞膜外区、跨膜区和胞质区组成，具有一般膜受体的特性。细胞因子与相应受体结合后启动细胞内的信号转导途径，从而发挥效应。细胞因子可通过自分泌或旁分泌的方式调节自身受体的表达，亦可诱导或抑制其他细胞因子受体的表达。

一、细胞因子受体的特点

（1）细胞因子必须与相应受体结合而发挥作用。

（2）细胞因子受体的结合亚单位和转导亚单位共同构成高亲和力的受体，与微量的细胞因子结合可引起强烈的反应。

（3）具有相应受体共有链的细胞因子具有相似的生物学作用。

（4）一些细胞因子受体可从细胞膜上脱落，成为可溶性受体，有拮抗细胞因子的作用。

二、细胞因子受体的种类

细胞因子受体主要根据其胞外结构及氨基酸序列的相似性分为五个家族。

1. Ⅰ型细胞因子受体家族

有 IL-2R-7R、IL-9R、IL-11R、IL-13R、IL-15R、G-CSFR、GM-CSFR 等。其中 IL-2R 和 IL-15R 由 α、β 和 γ 三条链组成，IL-4R、IL-7R、IL-9R 和 IL-21R 由 α 和 γ 两条链组成。

2. Ⅱ型细胞因子受体家族

此类受体的胞膜外区有保守的半胱氨酸，但无 WSXWS 基序，胞外区含有 2-4 个 FN Ⅲ（Ⅲ型纤连蛋白）结构域。包括 IFN-α、IFN-β、IFN-γ 以及 IL-10 家族细胞因子的受体，通过 JAK-STAT 通路转导信号。

3. 肿瘤坏死因子受体家族（tumor necrosis factor receptor family）

此类受体胞膜外区含有数个富含半胱氨酸的结构域，多以同源三聚体发挥作用。包括 TNF-α、LT、FasL、CD40L、神经生长因子（NGF）等细胞因子的受体，主要通过 TRAF-NF-κB、TRAF-AP-1 通路转导信号。

4. 免疫球蛋白超家族受体（Ig superfamily receptor，IgSFR）

此类受体在结构上与免疫球蛋白的 V 区或 C 区相似，即具有数个 IgSFR 结构域。IL-1、IL-18、IL-33、M-CSF、SCF 等细胞因子受体属于此类受体，主要通过 IRAK-NF-κB 通路转导信号，其中 M-CSF、SCF 等集落刺激因子受体胞内区具有酪氨酸激酶（PTK）活性的结构域，可直接激活 Ras、PI3K 等多条信号通路。

5. IL-17 受体家族（IL-17 receptor family）

此类受体以同源或异源二聚体形式存在，由 IL-17RA、B、C、D 和 E 链以不同形式组合而成，受体二聚体中至少包含一条 IL-17RA 链。受体分子均为Ⅰ型整合膜蛋白，胞外区含有两个 FN Ⅲ结构域，胞质区含有一个 SEFIR 基序。已知 IL-17RA/RC 结合 IL-17A、IL-17F，主要通过 TRAF-NF-κB 通路转导信号。

6. 趋化因子受体家族（chemokine receptor family）

也称 7 次跨膜受体家族，属于 G 蛋白偶联受体超家族。趋化因子受体命名的规则是在趋化因子亚家族名称后缀以 R（receptor），再按受体被发现的顺序缀以阿拉伯数字进一步区分。例如与 CXCL 趋化因子结合的受体共有 6 种，分别命名为 CXCR1 ~ CXCR6；CCL 趋化因子受体共有 11 种，分别命名为 CCR1 ~ CCR11。少数趋化因子受体仅与一种配体结合，为特异性趋化因子受体，如 CXCR4 仅能结合 CXCL12。多数情况下，一种趋化因子受体可结合多个配体，一种配体也可与多个受体结合，为共享性趋化因子受体。

第四节　细胞因子的免疫学功能

细胞因子在免疫细胞的发育分化、免疫应答及其免疫调节中扮演重要的地位。

一、调控免疫细胞的发育、分化和功能

1. 调控免疫细胞在中枢免疫器官的发育、分化

骨髓多能造血干细胞（HSC）发育分化为不同谱系的免疫细胞的过程受到骨髓基质细胞分泌的多种细胞因子调控（IL-7、SCF、CXCL12 等）。胸腺微环境中产生的细胞因子对调控造血细胞和免疫细胞的增殖和分化亦起着关键作用。

2. 调控免疫细胞在外周免疫器官的发育、分化、活化和功能（图 7-3）

IL-4、IL-5、IL-6 和 IL-13 等可促进 B 细胞的活化、增殖和分化为抗体产生细胞。多种细胞因子调控 B 细胞分泌 Ig 的类别转换，如 IL-4 可诱导 IgG1 和 IgE 的产生；TGF-β 和 IL-5 可诱导 IgA 的产生。IL-2、IL-7、IL-18 等活化 T 细胞并促其增殖，IL-12 和 IFN-γ 诱导 T 细胞向 Th1 亚群分化，而 IL-4 诱导 T 细胞向 Th2 亚群分化。TGF-B 诱导 T 细胞向调节性 T 细胞（Treg）分化，而 TGF-B 与 IL-6 共同诱导 T 细胞向 Th17 亚群分化，IL-23 促进 Th17 细胞的增殖和功能的维持。IL-2、IL-6 和 IFN-γ 明显促进 CTL 的分化并

增强其杀伤功能。IL–15 刺激 NK 细胞增殖。IL–5 刺激嗜酸性粒细胞分化为具有杀伤功能的效应细胞等。

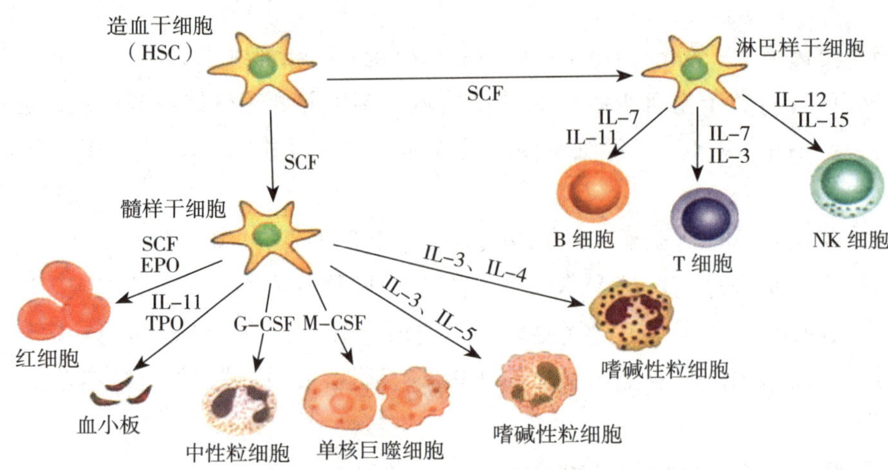

图 7–3　细胞因子调控免疫细胞的发育分化

二、调控机体的免疫应答

多种细胞因子通过激活相应的免疫细胞直接或间接调控固有免疫应答和适应性免疫应答，发挥抗感染、抗肿瘤、诱导凋亡等功能。

1. 抗感染作用

细胞因子参与抗感染免疫应答的全过程。当病原体感染时，机体的固有免疫和适应性免疫在细胞因子网络的调控下构成机体重要的抗感染防御体系，从而有效地清除病原体，保持机体的稳态和平衡。

（1）抗菌免疫：细菌感染时可刺激感染部位的巨噬细胞释放 IL–1、TNF–α、IL–6、IL–8 和 IL–12 引起局部和全身炎症反应，促进对病原体的清除。IL–8 趋化中性粒细胞进入感染部位，以清除细菌，真菌感染。细胞因子参与特异性抗菌免疫全过程：DC 摄取抗原后在 IL–Iβ 和 TNF–α 等作用下逐渐成熟，在趋化因子的作用下到达外周淋巴组织。在抗原提呈过程中，IFN–γ 上调 DC MHC Ⅰ类和Ⅱ类分子表达，促进 DC 将抗原肽提呈给初始 T 细胞，启动适应性免疫应答；IL–1、IL–2、IL–4、IL–5、IL–6 可分别促进 T、B 细胞活化、增殖，分化为效应细胞和抗体产生细胞，进而清除细菌感染。

（2）抗病毒免疫：病毒感染时机体产生 IFN–α 和 IFN–β。IFN–α/β 通过作用于病毒感染细胞和其邻近的未感染细胞，诱导抗病毒蛋白酶的产生而发挥抗病毒作用。IFN–α/β 和 IFN–γ 激活 NK 细胞，促进其杀伤病毒感染细胞，在病毒感染早期发挥重要的抗病毒效应；IL–2、IL–12、IL–15 和 IL–18 亦可明显促进 NK 细胞对病毒感染细胞的杀伤效应。IFN–α/β 和 IFN–γ 还可刺激病毒感染细胞表达 MHC Ⅰ类分子，提高其抗原提呈能力，使其更容易被特异性细胞毒性 T 细胞（CTL）识别与杀伤。IL–1、TNF–α、IFN–γ 等可激活单核巨噬细胞，增强其吞噬和杀伤功能。

2. 抗肿瘤作用

多种细胞因子可直接或间接抗肿瘤。例如 TNF–α 和 LT 可直接杀伤肿瘤细胞：IFN–γ 可抑制多种肿瘤细胞生长；IL–2、IL–15、IL–1、IFN–γ 等可诱导 CTL 和 NK 细胞杀伤活性；IFN–γ 可诱导肿瘤细胞表达 MHC I 类分子，增强机体对肿瘤细胞的杀伤。

3. 诱导细胞凋亡

在 TNF 家族中，有几种细胞因子可诱导细胞凋亡，如 TNF–α 可诱导肿瘤细胞或病毒感染细胞发生凋亡；活化 T 细胞表达的 Fas 配体（FasL）可通过膜型或可溶性形式结合靶细胞细胞因子除了对免疫应答具有正向调节外，亦可发挥重要的负向调节，例如IL-10、TGF-β等通过上的受体Fas，诱导其凋亡。此外，其还具有直接抑制免疫细胞的功能或诱导调节性T细胞（Treg细胞）间接发挥免疫抑制作用。

第五节 细胞因子与疾病

一、细胞因子与疾病的发生

（一）引起发热及内毒素休克

革兰阴性菌释放的内毒素可激活单核巨噬细胞、中性粒细胞，使其过度释放IL-1、IL-6、TNF-α等促炎细胞因子，可导致发热及内毒素休克，严重者可产生弥散性血管内凝血（DIC）而导致死亡。

（二）与某些肿瘤的形成有关

细胞因子及其受体异常表达与某些肿瘤的形成密切相关：①某些肿瘤细胞如骨髓瘤、子宫颈癌和膀胱癌可产生大量的IL-6，并通过自分泌作用促其自身生长，形成肿瘤；②某些肿瘤细胞可通过分泌大量的TGF-β和IL-10等细胞因子抑制巨噬细胞，NK细胞和CTL细胞的杀肿瘤细胞活性，从而有助于肿瘤的形成。

（三）与某些免疫相关性疾病的发生有关

1. 免疫缺陷病

某些细胞因子或其受体缺陷可引发免疫缺陷病，包括先天性缺陷和继发性缺陷两种病理情况。细胞因子继发缺陷易发生在感染或肿瘤等疾病后，如人类免疫缺陷病毒（HIV）感染，可导致Th产生的各种细胞因子缺陷，引起免疫功能下降，表现出获得性免疫缺陷综合征（AIDS）的一系列症状。

2. 细胞因子表达过高

在炎症反应、自身免疫性疾病、超敏反应等病理状态下，某些细胞因子的表达量可成百上千倍地增加，加重炎症反应。例如类风湿性关节炎患者的滑膜液中可发现IL-1、IL-6、IL-8水平明显高于正常人，而这些细胞因子均可促进炎症过程，使病情加重。

3. 可溶性细胞因子受体水平升高

可溶性细胞因子受体存在于血清和体液中，是由细胞表面的细胞因子受体脱落而产生。在某些病理条件下，可溶性细胞因子受体增多，造成细胞因子与可溶性细胞因子受体结合，使细胞因子不再与表面的细胞因子受体结合，从而封闭细胞因子使其不能发挥作用。

二、细胞因子与疾病的诊断

许多疾病都可造成细胞因子的改变，但一般缺少特异性。如类风湿性关节炎、感染性休克、免疫复合物肾病等疾病中IL-1均可出现增多。

三、细胞因子与疾病的诊断

采用现代生物技术研发的重组细胞因子、细胞因子抗体和细胞因子受体拮抗蛋白已获得了广泛的临床应用，成为治疗感染（如肝炎）、肿瘤、造血障碍、自身免疫病等疾病的新一代药物，并且疗效良好。例如IL-10用于自身免疫性疾病的治疗，促红细胞生成素（erythropoietin，EPO）用于血细胞减少症的治疗，IFN、重组IL-1受体拮抗剂等用于感染性疾病的治疗，IL-2、IFN可用于肿瘤疾病的治疗。

临床案例

患者女，42 岁，1 个月前无明显诱因出现晨僵，每次持续时间约 1 小时，能自行缓解。同时伴双侧手指关节痛。体格检查：双手指关节压痛，无肿大及结节。

解析：类风湿关节炎（RA）的实验室检查首选实验类风湿因子（RF）、抗 CCP 抗体和抗角蛋白抗体（AKA），次选实验抗核周因子（APF）和抗角蛋白丝聚集素（AFA）。RF 和抗 CCP 抗体、AKA、APF 和 AFA 联合检测，可提高 RA 早期诊断的特异性和敏感性。

本章小结

细胞因子是由免疫细胞及组织细胞分泌的、在细胞间发挥相互调控作用的一类小分子可溶性蛋白质，通过旁分泌、自分泌或内分泌等方式结合相应受体影响自身及其他细胞的行为，在免疫细胞的发育分化、免疫应答以及免疫调节中扮演重要的角色。细胞因子根据其结构和功能被分为白细胞介素、集落刺激因子、干扰素、肿瘤坏死因子、生长因子和趋化因子六大类。细胞因子受体根据其结构特点被分为Ⅰ型细胞因子受体家族（血细胞生成素受体家族）、Ⅱ型细胞因子受体家族（干扰素受体家族）以及肿瘤坏死因子受体家族、免疫球蛋白受体家族（如 IL–1 受体家族、IL–17 受体家族）和趋化因子受体家族等。细胞因子可通过影响细胞因子受体表达、可溶性细胞因子受体、细胞因子诱饵受体及细胞因子受体拮抗剂等机制调控其生物学活性。众多细胞因子在机体内相互促进或相互制约，形成十分复杂的细胞因子调节网络，既可调节多种重要生理功能，又可参与许多病理损伤。以细胞因子为靶点的生物制剂在肿瘤、自身免疫病、免疫缺陷、感染等治疗方面获得广泛的临床应用。

思考题

1. 简述细胞因子的共同特点及生物学功能。
2. 试述细胞因子及受体的分类。
3. 细胞因子是怎样调控免疫细胞在中枢和外周免疫器官的发育、分化的？
4. 细胞因子是怎样构成机体的抗菌防卫体系的？
5. 试述细胞因子在疾病发生发展中的作用。

习　题

一、名词解释

1. 细胞因子
2. 干扰素

二、单项选择题

1. 巨噬细胞产生的主要细胞因子是（　　）。

A. IL/1　　B. IL–2　　C. IL4　　D. IL–5
E. I–10

2. 能杀伤肿瘤细胞的细胞因子是（　　）。

A. IL–2　　B. TNF　　C. 干扰素　　D. IL–4

E. IL–1

3. 产生 IL–1 的主要细胞是（　　）。

A. 活化的 T 细胞　　B. 单核巨噬细胞

C. 血管内皮细胞　　D. 成纤维细胞

E. B 淋巴细胞

4. 不属于干扰素的生物学作用的是（　　）。

A. 抗肿瘤　　B. 抗病毒　　C. 免疫调节　　D. 抗原呈递

E. 有严格的种属特异性

5. 下列有关肿瘤坏死因子生物学活性的叙述中，错误的是（　　）。

A. 抗肿瘤及抑瘤作用　　B. 抗病毒作用

C. 免疫调节作用　　D. 诱发炎症反应

E 促进软骨形成

6. 下列有关 IL–2 生物活性的叙述中，错误的是（　　）。

A. 刺激 T 细胞生长　　B. 诱导细胞毒作用

C. 促进 B 细胞生长分化　　D. 抑制 B 细胞的生长及分化

E 增强巨噬细胞的杀伤力

7. 产生 IL–2 的细胞主要为（　　）。

A. B 细胞　　B. $CD4^+$T 细胞　　C. $CD8^+$T 细胞　　D. NK 细胞

E. 吞噬细胞

三、判断题（正确的划“√”，错误的划“×”）

1. 细胞因子的半衰期都很长。（　　）

2. 细胞因子的作用方式有自分泌和旁分泌、内分泌。（　　）

3. Ⅰ型细胞因子受体家族也称为干扰素家族。（　　）

四、简答题

1. 细胞因子共同特点及生物学特性是什么？

2. 细胞因子受体的特点是什么？

参考答案

第八章 白细胞分化抗原与黏附因子

思维导图

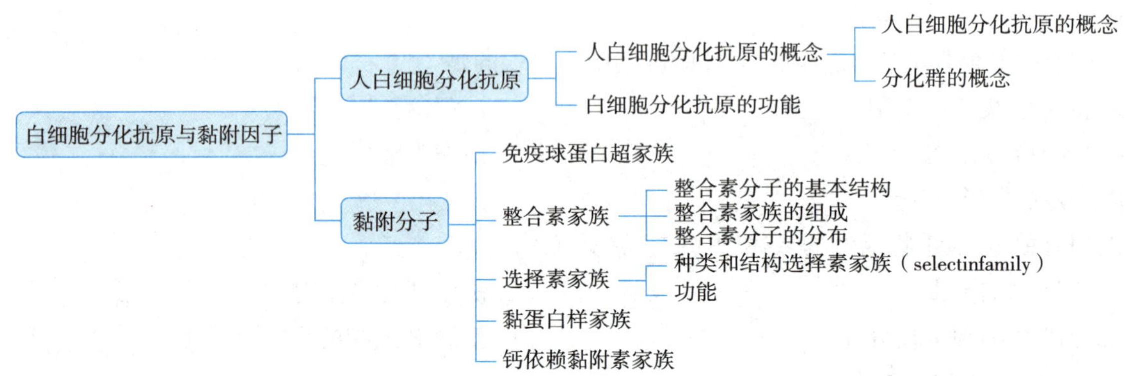

学习目标

知识目标 白细胞分化抗原、黏附素概念；分布及主要功能。

能力目标 能认识人 CD 的分组及功能。

思政目标 免疫应答过程有赖于免疫系统中细胞间的相互作用，包括细胞间直接接触以及间接通过分泌细胞因子或其他生物活性分子介导的作用。表达于细胞表面的功能分子是免疫细胞相互识别和作用的重要分子基础，包括细胞表面的多种抗原、受体和黏附分子等。

思政入课堂

越来越多的抗人白细胞分化抗原的单克隆抗体用于治疗各种疾病。尽管有些抗体的疗效还有待进一步观察，但通过这些抗体的应用，对有关疾病的发病机制将有进一步了解。

第一节 人白细胞分化抗原

一、人白细胞分化抗原的概念

（一）人白细胞分化抗原的概念

人白细胞分化抗原（human leukocyte differentiation antigen，HLDA）主要是指造血干细胞在分化为不同谱系（lineage）、各个细胞谱系分化不同阶段以及成熟细胞活化过程中，细胞表面表达的标记分子。由于20世纪80年代初白细胞分化抗原研究兴起时，主要是研究淋巴细胞和髓样细胞等白细胞的表面分子，“白细胞分化抗原”因此而得名。实际上白细胞分化抗原除表达在白细胞外，还广泛分布于多种细

胞如红细胞、血小板、血管内皮细胞、成纤维细胞、上皮细胞、神经内分泌细胞等细胞表面。

人白细胞分化抗原根据其胞膜外区结构特点，可分为不同的家族（family）或超家族（superfamily）。常见的有免疫球蛋白超家族、细胞因子受体家族、C 型凝集素超家族、整合素家族选择素家族、肿瘤坏死因子超家族和肿瘤坏死因子受体超家族等。

（二）分化群的概念

1975 年创立的 B 淋巴细胞杂交瘤和单克隆抗体技术，极大地推动了白细胞分化抗原的研究。国际专门命名机构以单克隆抗体鉴定为主要方法，将来自不同实验室的单克隆抗体所识别的同一种分化抗原归为同一个分化群（cluster of differentiation，CD）。在许多情况下，单克隆抗体及其识别的相应抗原都用同一个 CD 编号。经第九届国际人类白细胞分化抗原专题讨论会命名，目前人 CD 的编号已命名至 CD363，可大致划分为 14 个组（表 8–1）。

最常使用的 CD 分子是 CD4 与 CD8，通常分别用作辅助 T 细胞和细胞毒 T 细胞的标记。这些分子会与 $CD3^+$ 一同作为区分的条件，而某些白细胞也会表现这些 CD 分子，一些巨噬细胞会表现区低程度的 CD4，树状细胞会表现高程度的 CD8。艾滋病毒会与 CD4 及一种位于辅助 T 细胞表面的趋化因子受体结合并借此进入细胞内。而 CD4 与 CD8 的血液浓度也经常用作艾滋感染的检验标准。

表 8–1　人 CD 分组

分组	CD 分子
T 细胞	CD2、CD3、CD4、CD5、CD8、CD28、CD152（CTLA–4）、CD154（CD40L）、CD278（ICOS）
B 细胞 髓样细胞	CD19、CD20、CD21、CD40、CD79a（Igα）、CD79b（Igβ）、CD80（B7–1）、CD86（B7–2）CD14、CD35（CR1）、CD64（FcγRI）、CD284（TLR4）
NK 细胞	CD16（FcγR　Ⅲ　）、CD56（NCAM–1）、CD94、CD158（KIR）、CD161（NKR–P1A）、CD314（NKG2D）、CD335（NKp46）、CD336（NKp44）、CD337（NKp30）
血小板 非谱系	CD36、CD41（整合素 α Ⅱ b）、CD51（整合素 av）、CD61（整合素 β3）、CD62P（P 选择素）、CD30、CD32（FcγRI）、CD45RA、CD45RO、CD46（MCP）、CD55（DAF）、CD59、CD279（PD1）、CD281–CD284（TLR1–TLR4）
黏附分子	CD11a–CD11c、CD15s（sLe^X）、CD18（整合素 β2）、CD29（整合素 β1）、CD49a–CD49fCD54（ICAM–1）、CD62E（E 选择素）、CD62L（L 选择素）
红细胞	CD233–CD242（多种血型抗原和血型糖蛋白）
基质细胞	CD331–CD334（FGFR1–FGFR4）
内皮细胞	CD106（VCAM–1）、CD140（PDGFR）、CD144（VE 钙黏蛋白）、CD309（VEGFR2）
细胞因子 / 趋化因子受体	CD25（IL–2Ra）、CD95（Fas）、CD178（FasL）、CD183（CXCR3）、CD184（CXCR4）、CD195（CCR5）
内皮细胞	CD106（VCAM–1）、CD140（PDGFR）、CD144（VE 钙黏蛋白）、CD309（VEGFR2）
碳水化合物结构	CD15u、CD60a–CD60c、CD75

二、白细胞分化抗原的功能

白细胞分化抗原不仅参与识别抗原、捕捉抗原、促进免疫细胞与抗原或免疫分子间的相互作用，还可介导免疫细胞间、免疫细胞与基质间的黏附作用，在免疫应答、活化及效应阶段均可发挥重要作用（图 8–1）。

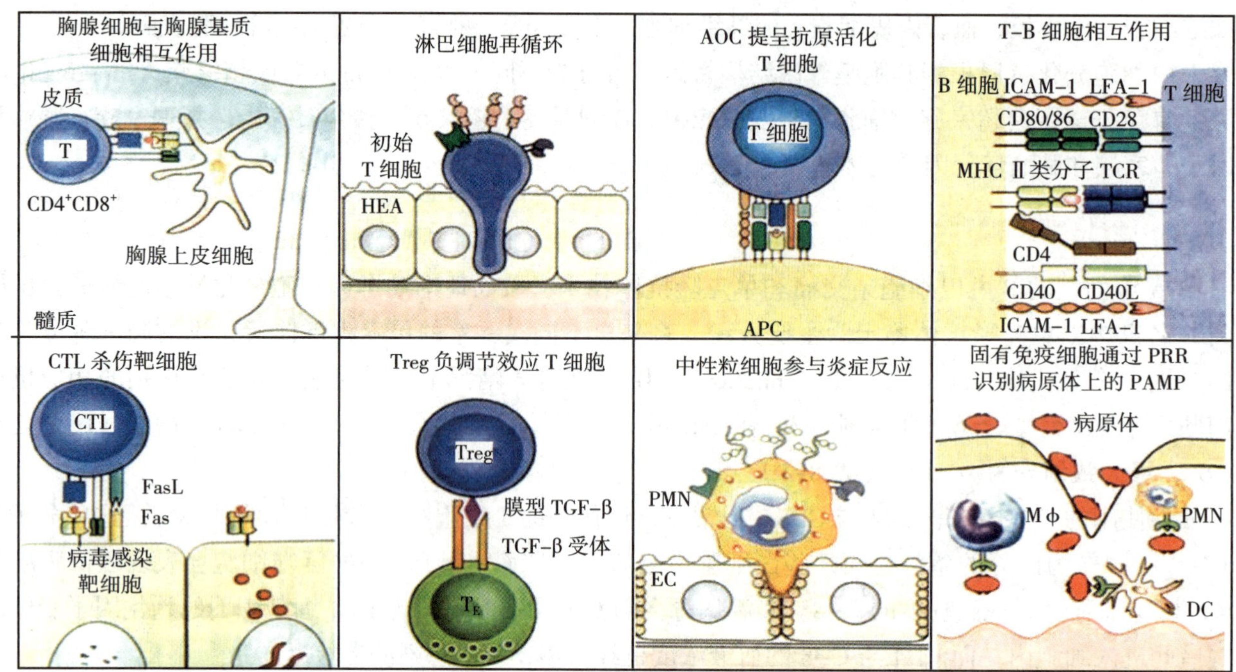

图 8-1　免疫细胞膜分子参与免疫系统中常见的细胞间相互作用

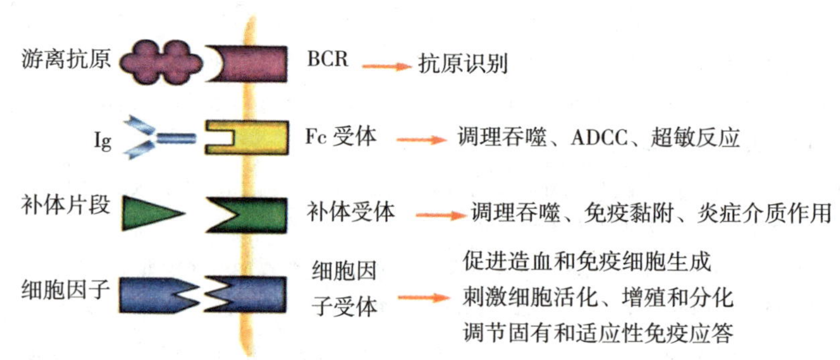

图 8-2　免疫系统中常见可溶性生物活性介质与相应受体的结合

第二节　黏附分子

细胞黏附分子（cell adhesion molecule，CAM）是介导细胞间或细胞与细胞外基质（extracellular matrix，ECM）间相互结合和作用的分子。黏附分子以受体 - 配体结合的形式发挥作用，使细胞与细胞间或细胞与基质间发生黏附，参与细胞的附着和移动，细胞的发育和分化，细胞的识别、活化和信号转导，是免疫应答、炎症发生、凝血、肿瘤转移以及创伤愈合等一系列重要生理和病理过程的分子基础。

黏附分子属于白细胞分化抗原，大部分黏附分子已有 CD 编号，但也有部分黏附分子尚无编号。黏附分子根据其结构特点可分为免疫球蛋白超家族、整合素家族、选择素家族、钙黏蛋白家族此外还有一些尚未归类的黏附分子。

一、免疫球蛋白超家族

参与细胞间相互识别、相互作用的黏附分子中，有许多分子具有与免疫球蛋白相似的 V 区样或 C 区

样结构域，其氨基酸组成也有一定的同源性，属于免疫球蛋白超家族（immunoglobulin superfamily，IgSF）的成员。IgSF 黏附分子在免疫细胞膜分子中最为庞大，不仅种类繁多、分布广泛，功能也十分多样和重要，其配体多为 IgSF 黏附分子以及整合素，主要参与淋巴细胞的抗原识别、免疫细胞间相互作用，并参与细胞的信号转导。

二、整合素家族

整合素家族（integrin family）是因该类黏附分子主要介导细胞与细胞外基质的黏附，使细胞得以附着形成整体（integration）而得名。

（一）整合素分子的基本结构

整合素家族的成员都是由 a、β 两条链（或称亚单位）经非共价键连接组成的异源二聚体。a、β 链共同组成识别配体的结合点。

（二）整合素家族的组成

整合素家族中至少有 18 种 α 亚单位和 8 种 β 亚单位，以 β 单位的不同将整合素家族分为 8 个组（β1 ~ β8 组）。同一个组中 β 链均相同，α 链不同。大部分 α 链结合一种 β 链，有的 α 链可分别结合两种或两种以上的 β 链。已知 α 链和 β 链之间有 24 种组合形式。

（三）整合素分子的分布

整合素分子在体内分布十分广泛，一种整合素可分布于多种细胞，同一种细胞也往往有多种整合素的表达。某些整合素的表达不显著的细胞类型具有特异性，如白细胞黏附受体组（B2 组）主要分布于白细胞，gp Ⅱ b、Ⅲ a 分布于巨核细胞、血小板和内皮细胞。整合素的表达水平可随细胞活化和分化状态不同而发生改变。

三、选择素家族

（一）种类和结构选择素家族（selectinfamily）

包括白细胞选择素（L- 选择素）（CD62L）、血小板选择素（P- 选择素）（CD62P）和内皮细胞选择素（E- 选择素）（CD62E），分别表达于白细胞、血小板和血管内皮细胞表面。其家族各成员均为跨膜的糖蛋白分子，其膜外区结构相似，均由 C 型凝集素（CL）结构域、表皮生长因子（EGF）样结构域和补体调节蛋白结构域组成，其中 CL 结构域可结合某些碳水化合物，是选择素分子结合配体。

（二）功能

介导血流状态下白细胞与血管内皮细胞的局部黏附，并参与炎症发生、淋巴细胞归巢、凝血以及肿瘤转移等过程。

四、黏蛋白样家族

黏蛋白样家族（mucin-like family）是一组富含丝氨酸和苏氨酸的糖蛋白，此类黏附分子均可与选择素结合。该家族成员主要包括 3 类：① CD34 分子，主要分布于造血祖细胞和某些淋巴结的血管内皮细胞表面，是 L 选择素的配体，可参与早期造血的调控，同时也是外周淋巴结的抑制素，介导淋巴细胞归巢；②糖酰化依赖的细胞黏附分子 -1 主要分布于某些淋巴结的内皮细胞表面，是 L- 选择素的配体；③ P- 选择素糖蛋白配体 -1（P-selectin glycoprotein ligand-1，PSGL-1），是 E- 选择素和 P- 选择素的配体，多分布于多形核中性粒细胞表面，介导其向炎症部位迁移。

五、钙依赖黏附素家族

钙依赖黏附素家族是一类介导细胞间相互聚集的黏附分子，在 Ca^{2+} 存在时可抵抗蛋白酶的水解作用。该家族中主要有 E-Cadherin（见于成人的上皮细胞），N-Cadherin（见于成人的神经、肌肉组织）和 P-Cadherin（主要见于胎盘和上皮组织），三者均为单链跨膜糖蛋白，主要参与同型细胞间的黏附，在调节胚胎形态发育和实体组织的形成与维持中具有重要的作用。此外，肿瘤细胞钙黏蛋白表达改变与肿瘤细胞浸润和转移有关。

除上述 5 类黏附分子家族外，还有一些尚未归类的黏附分子，如外周淋巴结地址素（PNAd）、皮肤淋巴细胞相关抗原（CLA）、CD36 和 CD44 等，这些黏附分子与参与淋巴细胞转移有关。

临床案例

患者，男，74 岁。转移性右下腹痛 2 天，高热 1 天。查体：体温 39℃，腹部肌紧张呈板状，有压痛及反跳痛。血培养阳性。诊断：急性弥漫性腹膜炎并发败血症。此时患者血清中选择素的变化是什么呢？

解析：败血症患者的 E 和 L 选择素增高。血液中存在可溶性 E 选择素是内皮细胞激活的证据，一般与疾病的活动期无关，但和器官受损程度有关。败血症患者的 E 选择素可增高 20 倍以上。

本章小结

白细胞分化抗原和黏附分子是重要的免疫细胞表面功能分子。许多白细胞分化抗原以分化群加以命名。黏附分子根据其结构特征可分为免疫球蛋白超家族、整合素家族、选择素家族、钙黏蛋白家族等，广泛参与免疫应答、炎症发生、淋巴细胞归巢、细胞发育分化等生理和病理过程。白细胞分化抗原及其单克隆抗体在基础医学和临床医学中的应用十分广泛。

思考题

1. 简述白细胞分化抗原、CD 分子和黏附分子的基本概念。
2. 黏附分子可分为哪几类？主要有哪些功能？
3. 简述白细胞分化抗原及其单克隆抗体在临床上的应用。

习　题

一、名词解释

1. 人白细胞分化抗原
2. 细胞黏附分子

二、单项选择题

1. 细胞因子生物活性测定法的主要特点是（　　）。

A. 敏感性较高　B. 特异性不高　C. 操作繁琐　D. 易受干扰

E. 以上均是

2. 细胞因子测定的首选方法是（　　）。

A. 放射性核素掺入法　B. NBT 法

C. ELISA　D. MTT 比色法

E. RIA

3. 细胞黏附因子的化学本质是（　　）。

A. 脂多糖　B. 蛋白质或多肽　C. 溶酶体酶　D. 黏蛋白

E. 糖蛋白

4. 在检测细胞因子和可溶性黏附分子中，ELISA 常用（　　）。

A. 直接法　B. 间接法　C. 捕获法　D. 夹心法

E. 竞争法

5. 细胞因子测定的临床应用是（　　）。

A. 特定疾病的辅助诊断　B. 机体免疫状态的评估

C. 临床疾病治疗效果的监测和指导用药　D. 疾病预防的应用

E. 以上均是

6. 关于免疫学测定细胞因子，以下哪项正确（　　）。

A. 特异性高　B. 操作简便

C. 不能确定其生物学活性　D. 不能确定其分泌情况

E. 以上都是

7. 细胞外可溶性黏附分子主要测定法是（　　）。

A. ELISA　B. 酶免疫组化法

C. 荧光免疫法　D. 流式细胞仪测定法

E. 时间分辨荧光免疫法

三、判断题（正确的划“√”，错误的划“×”）

1. 抗病毒活性测定主要用于 IL 因子的测定。

2. 细胞因子诱导产物测定法目前常用于测定 IL-1。

四、简答题

1. 黏附分子的生物学作用

参考答案

第九章　主要组织相容性复合体

思维导图

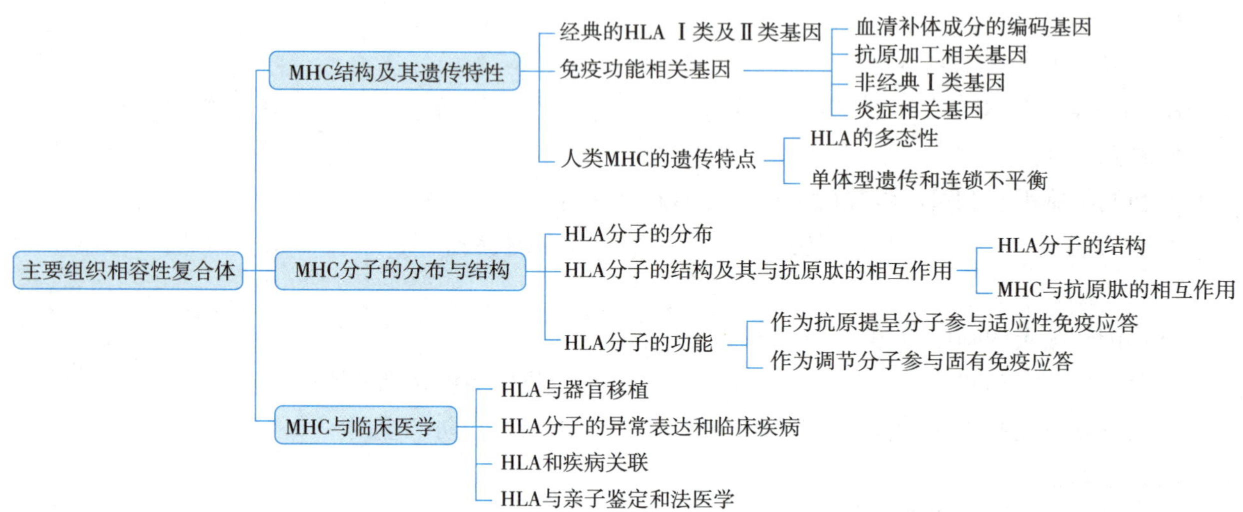

学习目标

知识目标　MHC、HLA、HLA复合体的概念；HLA的分布及主要功能。

能力目标　能认识器官移植与HLA的关系。

思政目标　培养学生信守道德规范，对科研伦理保持尊崇和遵守。

主要组织相容性复合体（MHC）是一组与免疫反应密切相关、决定移植组织是否相容、紧密连锁的基因群，哺乳动物都有MHC。小鼠的MHC称为H-2基因复合体；人的MHC称为人类白细胞抗原（HLA）基因复合体，其编码产物称为HLA分子、HLA抗原。

第一节　MHC结构及其遗传特性

MHC基因分为两种类型：一是经典的Ⅰ类基因和经典的Ⅱ类基因，它们的产物具有抗原提呈功能，显示极为丰富的多态性，直接参与细胞的激活和分化，参与调控适应性免疫应答；二是免疫功能相关基因，包括传统的Ⅲ类基因，以及新近确认的多种基因，它们或参与调控固有免疫应答，或参与抗原加工，不显示或仅显示有限的多态性。

一、经典的HLA Ⅰ类及Ⅱ类基因

经典的HLA Ⅰ类基因座集中在远离着丝粒的一端，按序包括B、C、A三个座位（图9-1），产物称为ⅠA类分子。Ⅰ类基因仅编码Ⅰ类分子异二聚体中的重链，轻链又名β2微球蛋白（β，microglobulin，

B，m），由第 15 号染色体上的基因编码。经典的 HLA Ⅱ类基因座在复合体中靠近着丝粒一侧，依次合DP、DQ 和 DR 三个亚区组成，每一亚区又包括 A 和 B 两种功能基因座位（图 9-1），分别编码分子量相近的 HLA Ⅱ类分子的 a 链和 β 链，形成 a/B 异二根体蛋白（DPa/DPB、DQa/DQB 和 DRa/DRB），每个 MHC 基因均含有多个外显子，分别编码 MHC 分子的胞外区、跨膜区和胞质。外显子与 MHC 分子的对应关系如图 9-1 所示。

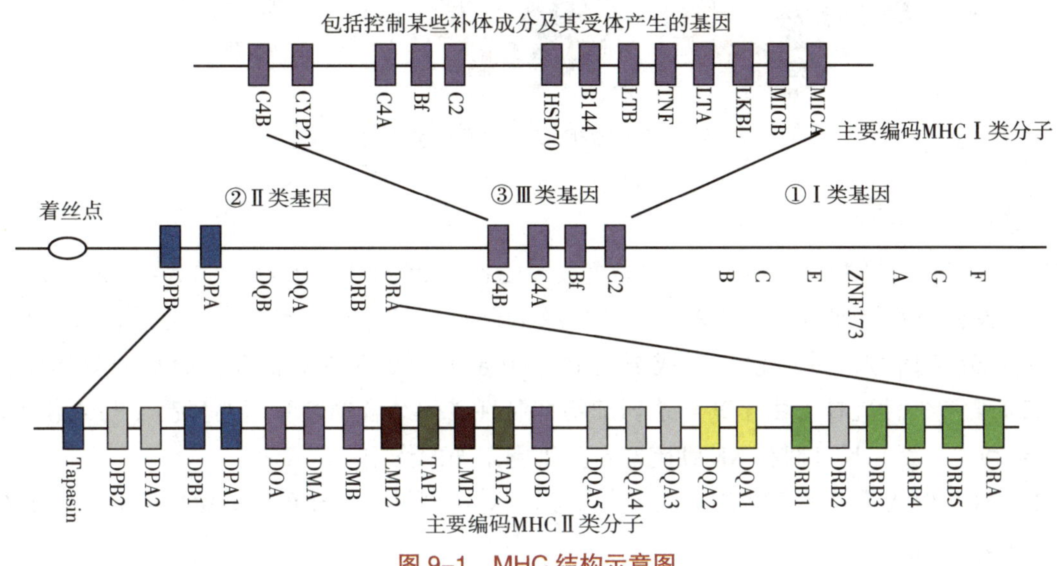

图 9-1 MHC 结构示意图

二、免疫功能相关基因

免疫功能相关基因分布于 HLA 复合体的Ⅰ类和Ⅱ类基囚区以及Ⅲ类基因区（图 9-1），通常不显示或仅显示有限的多态性。除了非经典性Ⅰ类分子和 MHC Ⅰ类链相关分子，基因产物一般不能和抗原肽形成复合物，但它们或参与抗原加工，或在固有免疫和免疫调节中发挥作用。

（一）血清补体成分的编码基因

此类基因属经典 HIA Ⅲ类基因（图 9-1），所表达的产物为 C4、Br 和 C2 等补体组分。

（二）抗原加工相关基因

1. 蛋白酶体 β 亚单位（PSMB）基因

编码胞质中蛋白酶体的 β 亚单位。

2. 抗原加工相关转运物（TAP）基因

TAP 是内质网膜上的异二聚体分子，由 TAP1 和 TAP2 两个基因编码。

3. HLA-DM 基因

包括 DMA 和 DMB，其产物参与 APC 对外源性抗原的加工（图 9-2）。

4. HLA-DO 基因

包括 DOA 和 DOB，分别编码 HLA-DO 分子的 α 链和 β 链。HLA-DO 分子是 HLA-DM 行使功能的调节蛋白。

5. TAP 相关蛋白基因

其产物称 tapasin，即 TAP 相关蛋白（TAP-associated protein）。上述免疫功能相关基因全部位于

HLA 系统的Ⅱ类基因区（图 9-1）。

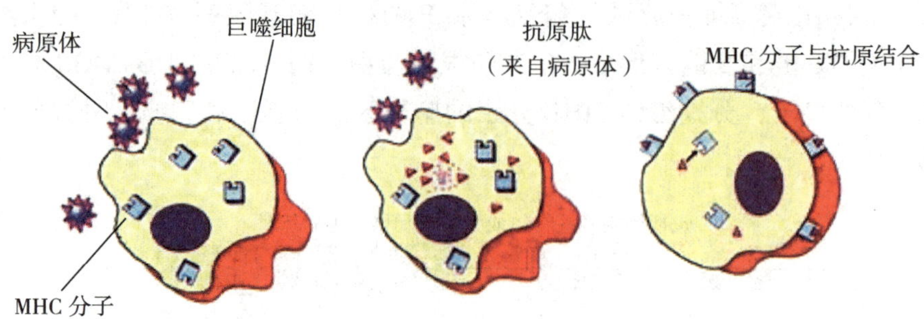

图 9-2　MHC 参与抗原提呈作用

（三）非经典Ⅰ类基因

（1）HLA-E 产物由重链（α 链）和 β2m 组成，已检出 26 种等位基因。HLA-E 分子表达于各种组织细胞，在羊膜和滋养层细胞表面高表达。其抗原结合槽具有高度的疏水性，能结合来自 HLA-Ⅰα 和一些 HLA-C 分子信号肽的肽段，形成复合物。HLA-E 分子是 NK 细胞表面 C 型凝集素受体家族（CD94/NKG2）的专一性配体，由于其与杀伤细胞抑制性受体结合的亲和力明显高于与杀伤细胞活化性受体结合的亲和力，因此具有抑制 NK 细胞对自身细胞杀伤的作用。

（2）HLA-G 编码的重链和 β2m 组成功能分子。HLA-G 分子主要分布于母胎界面绒毛外滋养层细胞，在母胎耐受中发挥功能。

（四）炎症相关基因

在 HLA Ⅲ类基因区靠Ⅰ类基因一侧，新近检出多个免疫功能相关基因（图 9-1），包括肿瘤坏死因子基因家族（TNF、LTA 和 LTB）、MIC 基因家族和热休克蛋白基因家族（HSP70）等。这些基因多和炎症反应有关。

三、人类 MHC 的遗传特点

HLA 基因复合体有多基因性、多态性、连锁不平衡和单元型遗传的特点，其中最为突出的是多态性。

（一）HLA 的多态性

多态性（polymorphism）指在一个随机婚配的群体中单个基因座位上存在两个以上的不同等位基因的现象。HLA Ⅰ类和Ⅱ类等位基因产物的表达具有共显性特点，即同一个体中，一个基因座位上来自同源染色体的两个等位基因皆能得到表达，因而一个个体通常拥有的经典Ⅰ类和Ⅱ类 HLA 等位基因产物有 12 种。

HLA 复合体是人体多态性最丰富的基因系统。截至 2012 年 10 月，已确定的 HLA 等位基因总数达到 8712 个，其中等位基因数量最多的座位是 HLA-B（2798 个）。这表明，非亲缘关系个体进行组织和器官移植，得到两个相同等位基因的机会必然很低，因而，移植物会受到免疫排斥。

（二）单体型遗传和连锁不平衡

MHC 的单体型（haplotype）指同一染色体上紧密连锁的 MHC 等位基因的组合。MHC 等位基因的构成和分布还有两个特点。

1. 等位基因的非随机性表达

群体中各等位基因其实并不以相同的频率出现。如 HLA-DRB1 和 HLA-DQB1 座位的等位基因数分别是 1196 和 179，其中两个等位基因 DRB1*0901 和 DQB1*0701 在群体中的频率，按随机分配的原则，应该是 0.1%（1/1196）和 0.6%（1/158），然而，在我国北方汉族人群中它们的频率分别高达 15.6% 和 21.9%。在斯堪的纳维亚白种人中，DRB1 和 DQB1 基因座位中高频率分布的等位基因是 DRB1*0501 和 DQB1*0201。说明不同人种中优势表达的等位基因及其组成的单体型可以不同。

2. 连锁不平衡

不仅等位基因出现的频率不均一，两个等位基因同时出现在一条染色体上的机会，往往也不是随机的。连锁不平衡（linkage disequilibrium）指分属两个或两个以上基因座位的等位基因同时出现在一条染色体上的概率，高于随机出现的频率。非随机表达的等位基因和构成连锁不平衡的等位基因组成，因人种和地理族群的不同而出现差异，属长期自然选择的结果。其意义在于，第一，可作为人种种群基因结构的一个特征，追溯和分析人种的迁移和进化规律；第二，高频率表达的等位基因如果与种群抵抗特定疾病相关，那可以此开展疾病的诊断和防治；第三，有利于寻找 HLA 相匹配的移植物供应者。

第二节　MHC 分子的分布与结构

经典的 HLA Ⅰ类和Ⅱ类基因分子在组织分布、结构和功能上各有特点。

一、HLA 分子的分布

Ⅰ类分子由重链（α 链）和 β2m 组成，分布于所有有核细胞表面（表 9-1）。

Ⅱ类分子由 α 链和 β 链组成，仅表达于淋巴组织中一些特定的细胞表面，如专职性抗原提呈细胞（包括 B 细胞、巨噬细胞、树突状细胞）、胸腺上皮细胞和活化的 T 细胞等。

表 9-1　HLA Ⅰ类和Ⅱ类分子的结构、组织分布和功能特点

HLA 分子类别	分子结构	肽结合结构域	表达特点	组织分布	功能
Ⅰ类（A、B、C）	α 链 45kD（β2m 12kD）	α1+β2	共显性	所有有核细胞表面	识别和提呈内源性抗原肽，与供受体 CD8 结合，对 CTL 识别抗原肽起 MHC 限制作用
Ⅱ类（DR、DQ、DP）	α 链 35KD β 链 28KD	α1+β1	共显性	APC、活化的 T 细胞	识别和提呈内源性抗原肽，与供受体 CD4 结合，对 Th 识别抗原肽起 MHC 限制作用

二、HLA 分子的结构及其与抗原肽的相互作用

（一）HLA 分子的结构

Ⅰ类分子重链（α 链）胞外段有 3 个结构域（α1、α2、α3），远膜端的 2 个结构域 α1 和 α2 构成抗原结合槽、Ⅰ类分子的抗原结合槽两端封闭，接纳的抗原肽长度有限，为 8 ～ 10 个氨基酸残基。

Ⅱ类分子的 α、β 链各有两个胞外结构域（α1、α2；β1、β2），其中 α1 和 β1 共同形成抗原结合槽。Ⅱ类分子的抗原结合槽两端开放，进入槽内的抗原肽长度变化较大，为 13 ～ 17 个氨基酸残基。

（二）MHC 与抗原肽的相互作用

MHC 分子结合并提呈抗原肽供 TCR 识别。MHC 的抗原结合槽与抗原肽互补结合，其中有两个或两个以上与抗原肽结合的关键部位，称锚定位。抗原肽与该位置结合的氨基酸残基称为锚定残基。锚定位与锚定残基是否吻合决定 MHC 的抗原结合槽与抗原肽结合的牢固程度。

三、HLA 分子的功能

（一）作为抗原提呈分子参与适应性免疫应答

经典的 MHC Ⅰ类和Ⅱ类分子通过提呈抗原肽而激活 T 淋巴细胞，参与适应性免疫应答。这是 MHC 主要的生物学功能。

1. 决定了 T 细胞识别抗原的 MHC 限制性（MHC restriction）

指 T 细胞以其 TCR 对抗原肽和自身 MHC 分子进行双重识别，即 T 细胞只能识别自身 MHC 分子提呈的抗原肽。$CD4^+$Th 细胞识别Ⅱ类分子提呈的外源性抗原肽，$CD8^+$CTL 识别Ⅰ类分子提呈的内源性抗原肽。

2. 参与 T 细胞在胸腺中的选择和分化

胸腺发育中，高亲和力结合自身抗原肽 -MHC 分子复合物的 T 细胞克隆发生凋亡，从而清除自身反应性 T 细胞，建立了 T 细胞的中枢免疫耐受。

3. 决定疾病易感性的个体差异

某些特定的 MHC 等位基因（或与之紧密链锁的疾病易感基因）的高频出现与某些疾病发病密切相关。

4. 参与构成种群免疫反应的异质性

由于组成不同种群的个体 MHC 多态性不同，而不同多态性的 MHC 分子提呈的抗原肽往往不同，这些特点一方面赋予种群不同个体抗病能力出现差异，另一方面，也在群体水平有助于增强物种的适应能力。

5. 参与移植排斥反应

作为主要移植抗原，在同种异体移植中可引起移植排斥反应。

（二）作为调节分子参与固有免疫应答

MHC 中的免疫功能相关基因参与对固有免疫应答的调控，主要表现在以下方面：

（1）经典的Ⅲ类基因编码补体成分，参与炎症反应和对病原体的杀伤，与免疫性疾病的发生有关。

（2）非经典Ⅰ类基因和 MHA 基因产物可作为配体分子，以不同的亲和力结合激活性和抑制性受体、调节 NK 细胞和部分杀伤细胞的活性。

（3）参与启动和调控炎症反应。炎症相关基因编码的多种分子，如 TNF-α 等，参与机体的炎症反应。

第三节　MHC 与临床医学

一、HLA 与器官移植

长期的临床实践证明，器官移植的成败主要取决于供、受者间的组织相容性，其中 HLA 等位基因的匹配程度尤为重要。组织相容性程度的确定，涉及对供者和受者分别做 HLA 分型和进行供受者间交叉配合试验。PCR 基因分型技术的普及、计算机网络的应用、无亲缘关系个体骨髓库和脐血库的建立，皆提高了 HLA 相匹配供受者选择的准确性和配型效率。另外，测定血清中可溶型 HLA 分子的含量，有助于监测移植物的排斥危象。

二、HLA 分子的异常表达和临床疾病

所有有核细胞表面表达 HLA Ⅰ类分子，但肿瘤细胞Ⅰ类分子的表达往往减弱甚至缺如，以致不能有效地激活特异性 $CD8^+$CTL，造成肿瘤免疫逃逸。在这个意义上，Ⅰ类分子的表达状态可以作为一种警示系统，如表达下降或者缺失则提示细胞可能发生恶变。另一方面，发生某些自身免疫病时，原先不表达 HLA Ⅱ类分子的某些细胞，如胰岛素依赖型糖尿病中的胰岛 β 细胞、乳糜泻中的肠道细胞、萎缩性胃炎中的胃壁细胞等，可被诱导表达Ⅱ类分子，促进了免疫细胞的过度活化。

三、HLA 和疾病关联

HLA 等位基因是决定人体对疾病易感程度的重要基因。带有某些特定 HLA 等位基因或单体型的个体易患某一疾病（称为阳性关联）或对该疾病有较强的抵抗力（称为阴性关联），皆称为 HLA 和疾病关联。这一关联，可通过对患病人群和健康人群做 HLA 分型后用统计学方法加以判别。典型例子是强直性脊柱炎（AS），患者人群中 HLA-B27 抗原阳性率高达 58% ~ 97%，而在健康人群中仅为 1% ~ 8%，由此认为带有 B27 等位基因的个体易患 AS。又如类风湿关节炎的发病与 HLA-DR4 多态性密切相关。

与 HLA 关联的疾病多达 500 余种，以自身免疫病为主，也包括一些肿瘤和传染性疾病。对 HLA 关联疾病的认识有助于相关疾病的预测和防治。

四、HLA 与亲子鉴定和法医学

HLA 系统所显示的多基因性和多态性，意味着两个无亲缘关系个体之间，在所有 HLA 基因座位上拥有相同等位基因的机会几乎等于零。而且，每个人所拥有的 HLA 等位基因型别一般终身不变。这意味着特定等位基因及其以共显性形式表达的产物，可以成为不同个体显示其个体性的遗传标志。据此，HLA 基因分型已在法医学上被用于亲子鉴定和对死亡者“验明正身”。

临床案例

患者，女，36 岁，患尿毒症晚期，拟接受肾移植手术，移植器官的最适供者是那些群体，同卵双胞胎之间器官移植属于那种一直类型呢？

分析：供者器官选择应遵循：以 ABO 血型完全相同为好，至少能够相容；选择最佳 HLA 配型的供者器官。同系移植是遗传基因完全相同的异体间移植。

本章小结

人体 HLA 具有多基因性，同时具有极为丰富的多态性。多态性反映群体中不同个体 HLA 等位基因高度多变，是导致个体间免疫应答能力和对疾病易感性出现差异的主要免疫遗传学因素。经典 MHC 的生物学功能是以其等位基因产物（MHC 分子）结合并提呈抗原肽供 T 细胞识别，启动适应性免疫应答。非经典 MHC 基因产物参与、调节固有与适应性免疫应答。HLA 多态性决定了器官移植的成败，并与某些临床疾病的发生密切相关。

思考题

1. 比较 HLAI 类和Ⅱ类分子在结构、组织分布和与抗原肽相互作用等方面的特点。
2. 为什么 MHC 的主要生物学功能体现在结合与提呈抗原肽？HLA 与临床医学有什么关系？

习 题

一、名词解释

1. 主要组织相容性复合体
2. 连锁不平衡

二、单项选择题

1. 与 MHC Ⅰ类分子结合的是（　　）。
   A. CD2　　B. CD4　　C. CD3　　D. CD5
   E. CD8
2. HLA Ⅲ类基因区不包括下列哪些基因（　　）?
   A. B 因子　　B.C4　　C. HSP　　D. TNF
   E. β2m
3. 与 HLA-B27 抗原相关性显著的疾病是（　　）?
   A. 类风湿关节炎　　B. 系统性红斑狼疮
   C. 甲状腺炎　　D. 重症肌无力
   E. 强直性脊柱炎
4. MHC 分子与抗原肽结合的部位在（　　）。
   A. 多态性区　　B. 非多态性区
   C. 跨膜区　　D. 胞浆区
   E. 胞膜外区
5. HLA-I 类抗原能结合 CD8 分子的是（　　）。
   A. a1 和 β1　　B. β2m
   C.al 和 a2　　D.β1 和 β2
   E. a3
6. HLA- Ⅱ类抗原能结合 CD4 分子的是（　　）。
   A. a1 和 β1　　B.β2m
   C. a2　　D.β2
   E. a1 和 a3
7. 对人而言，HLA 分子属于（　　）。
   A. 异种抗原　　B. 同种异型抗原
   C. 异嗜性抗原　　D. 肿瘤相关抗原
   E. 超抗原

8. 为患者做器官移植 HLA 配型时，下列供者中最合适的是（　　）。

A. 患者　　B. 患者妻子

C. 患者同胞兄弟姐妹　　D. 患者子女

E. 患者同卵双生同胞兄弟姐妹

三、判断题（正确的划“√”，错误的划“×”）

1. MHC 分子被 TCR 识别的部位肽结合区。（　　）
2. HLA 的单体型指的是同一条染色体上 HLA 等位基因的组合。（　　）

四、简答题

请简述 MHC 基因分型。

第十章　固有免疫

思维导图

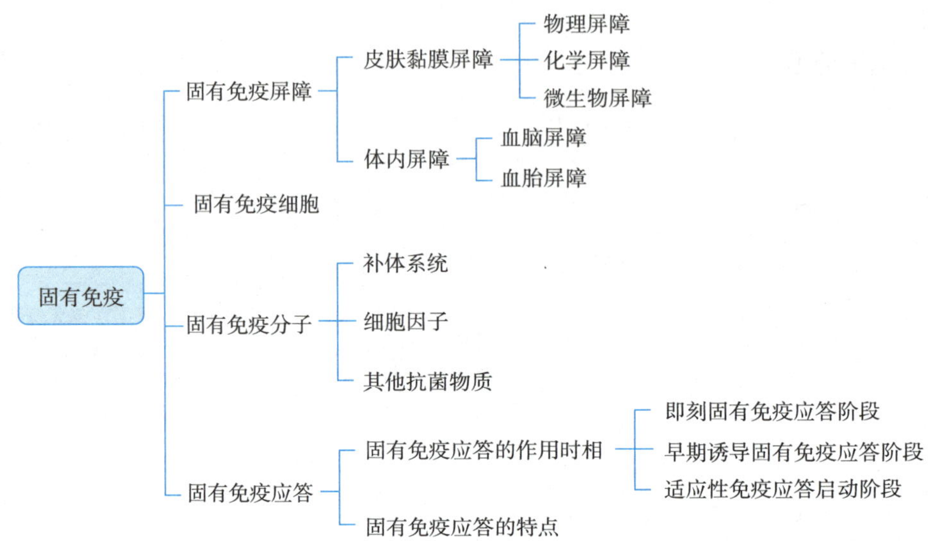

学习目标

知识目标　能够解释固有免疫应答的概念。能够了解固有免疫在医学以及生活中的重要作用。

能力目标　能够阐述固有免疫系统的组成以及固有免疫应答的作用时相，通过学习固有免疫理论知识，结合案例分析，培养学生独立思考、分析问题的能力。

思政目标　通过本章内容的学习，能够建立完整的免疫系统理论体系，能够理解固有免疫及适应性免疫之间的区别与联系，灵活运用相关知识，分析免疫学相关问题。

思政入课堂

2023 年 7 月 24 日，南京师范大学生命科学院院副院长、博士生导师，国家自然科学基金优秀青年科学基金获得者韩管助教授课题组在国际知名学术期刊 *Proceedings of National Academy of Sciences of USA* 上发表了题为“Origin of the OAS-RNase L innate immune pathway before the rise of jawed vertebrates via molecular tinkering”的论文，这是我国在抗病毒固有免疫系统起源和进化方面取得的重要研究成果，具有十分重要的意义。值得一提的是该论文第一作者为南京师范大学生命科学院 2020 级生物学专业研究生，是一位做事认真、刻苦钻研的女孩。这启迪我们只要脚踏实地、确立目标，撸起袖子加油干，勇于创新，敢于尝试，就能实现人生的价值。

固有免疫（innate immune）是生物在进化发育过程中形成的、天然的、非特异性的免疫防御系统，固有免疫系统是机体发生固有免疫应答的物质基础，主要包括固有免疫屏障、固有免疫细胞和固有免疫分子。

第一节　固有免疫屏障

固有免疫屏障能够帮助机体抵御外来病原体入侵，主要由皮肤黏膜屏障和体内屏障组成。

一、皮肤黏膜屏障

由皮肤黏膜及其附属成分构成的物理、化学以及微生物屏障是抵御各种病原体入侵机体的第一道有效防线。

（一）物理屏障

由致密上皮细胞组成的皮肤和黏膜组织形成了一道机械性屏障，使得病原体难以入侵体内。黏膜组织除机械性屏障作用外，也能够帮助清除病原体，例如呼吸道黏膜上皮细胞纤毛的摆动以及黏膜表面分泌液的冲刷作用。

（二）化学屏障

化学屏障是指通过皮肤和黏膜分泌物中含有的多种能够杀菌或抑菌的物质来抵御病原体感染的过程。例如汗液中的乳酸、胃液中的胃酸，还有唾液、泪液等各种分泌物中的溶菌酶、防御素和乳铁蛋白等。

（三）微生物屏障

寄居在皮肤和黏膜表面的正常菌群可通过生物拮抗作用抵抗病原微生物的感染。例如竞争黏附作用，正常菌群可竞争结合上皮细胞。正常菌群还可竞争吸收营养物质。此外，正常菌群还可以通过分泌具有杀菌、抑菌作用的物质来防止病原体的入侵。

二、体内屏障

当病原体突破皮肤黏膜构成的屏障进入体内，血脑屏障或血胎屏障将发挥作用，有效阻挡病原体进一步入侵中枢神经系统或进入胎儿体内，以保护重要器官或胎儿不被感染。

（一）血脑屏障

血脑屏障可以阻挡血液中的病原微生物和其他大分子物质进入中枢神经系统。而婴幼儿的血脑屏障还未发育完善，所以容易发生中枢神经系统的感染。

（二）血胎屏障

血胎屏障可以防止母体内的病原体和其他有害物质进入胎儿体内，而不会阻碍母亲和孩子之间营养的交换。而妊娠早期（3 个月以内）血胎屏障还未发育完善，所以孕妇如果被风疹病毒、巨细胞病毒等感染，很可能会导致胎儿畸形或流产。

第二节　固有免疫细胞

固有免疫细胞是参与固有免疫应答的主体，它们不表达特异性抗原识别受体，而是通过表达模式识别受体等方式与病原体及其感染的细胞，以及体内衰老凋亡、突变畸变等细胞结合，从而发生非特异性免疫应答，并参与适应性免疫应答。固有免疫细胞主要包括吞噬细胞、树突状细胞、自然杀伤细胞、固有淋巴样细胞以及肥大细胞、嗜酸性粒细胞和嗜碱性粒细胞等（见免疫细胞相关章节详述）。

第三节 固有免疫分子

固有免疫分子是参与和调控固有免疫应答的体液免疫分子，主要包括补体系统、细胞因子、急性期反应蛋白以及抗菌肽和溶菌酶等抗菌物质。

一、补体系统

补体系统作为参与固有免疫应答的重要免疫效应分子，在机体被感染的早期，适应性免疫应答尚未启动，此时补体系统通过旁路途径以及 MBL 途径等发挥溶菌、溶细胞作用。此外，补体系统在激活后可产生具有多种功能的裂解片段，例如 C3b 和 C4b 具有调理作用和免疫黏附作用，可增强吞噬细胞对免疫复合物以及病原体的清除；C5α 可吸引并激活中性粒细胞，使其到达感染部位，从而发挥趋化及抗感染免疫作用（见补体系统相关章节详述）。

二、细胞因子

细胞因子作为能够参与和调控固有免疫应答和适应性免疫应答的重要免疫分子，具有多种效应。例如，在固有免疫应答中，IFN-γ 和 IL-12 能激活巨噬细胞和 NK 细胞，从而吞噬清除或杀伤肿瘤细胞以及被病毒感染的细胞；IL-8 作为趋化性细胞因子能吸引并激活巨噬细胞到达炎症发生部位，发挥抗感染免疫效应；IFN-α/β 能诱导细胞发生非特异性的抗病毒免疫，从而阻止病毒的复制和扩散（见细胞因子相关章节详述）。

三、其他抗菌物质

其他抗菌物质主要包括抗菌肽和溶菌酶等。抗菌肽是一类经诱导产生的能非特异杀伤多种细菌，以及某些真菌、病毒、寄生虫或者肿瘤细胞的小分子碱性多肽；例如 α- 防御素是普遍存在于人和其他哺乳动物体内的具有抗菌、抗病毒功能的阳离子抗菌肽。溶菌酶是一种广泛存在于体液、外分泌液以及吞噬细胞溶酶体中的不耐热碱性蛋白，主要作用于 G^+ 菌，其抗菌机制为通过破坏 G^+ 菌细胞壁中的肽聚糖组分，从而导致细菌最终裂解死亡。

此外，C 反应蛋白、纤维蛋白原等急性期蛋白也参与固有免疫应答。

第四节 固有免疫应答

固有免疫应答（innate immune response）又称非特异性免疫应答（nonspecific immune response）或天然免疫应答（natural immune response），是生物在长期进化过程中形成的，经遗传先天获得的，通过固有免疫细胞及分子识别“非己”抗原性异物，并将其清除的保护性生理过程。

一、固有免疫应答的作用时相

（一）即刻固有免疫应答阶段

即刻固有免疫应答（immediate innate immune response）阶段发生于感染的 0 ~ 4 小时以内，此阶段可发生的效应包括：皮肤黏膜的屏障作用；当机体的第一道防线被突破后，补体旁路途径和 MBL 途径被激活，从而裂解病原体的抗感染免疫作用。此外，补体激活过程中产生的活性片段趋化和增强巨噬细胞的功能，同时巨噬细胞活化后产生的细胞因子进一步募集中性粒细胞到达感染部位有效清除病原体等。其中，中性粒细胞是机体对抗细菌和真菌等胞外病原体感染的主要效应细胞，通常情况下，大多数病原体造成的感染将在此阶段结束。

（二）早期诱导固有免疫应答阶段

早期诱导固有免疫应答（early induced innate immune response）阶段发生于感染的 4 ~ 96 小时以内，此阶段可发生的效应包括：在感染部位产生的细胞因子进一步吸引周围组织中的巨噬细胞到达炎症部位发生免疫反应；活化的巨噬细胞又产生促炎细胞因子和其他炎性介质，从而使局部血管扩张、通透性增强，进一步增强并扩大炎症反应；IFN-α/β 或 IL-12 活化 NK 细胞，从而增强 NK 细胞对靶细胞的杀伤作用，同时活化的 NK 细胞产生的细胞因子活化并增强巨噬细胞的杀伤作用；肝细胞在促炎细胞因子作用下产生急性期蛋白，从而激活补体 MBL 途径发挥早期抗感染免疫作用；NK 细胞、NKT 细胞、γδ-T 活化后，通过释放穿孔素、颗粒酶、TNF-β、表达 FasL 等方式有效杀伤病原体或靶细胞；细菌多糖抗原刺激 B1 细胞产生 IgM 抗体，及时清除病原体，发挥早期抗感染免疫作用。

（三）适应性免疫应答启动阶段

适应性免疫应答（adaptive immune response）启动阶段发生于感染的 96 小时以后，抗原提呈细胞在感染部位摄取加工处理病原体等抗原为抗原肽，有效激活抗原特异性初始 T 细胞，从而诱导适应性免疫应答的发生。

二、固有免疫应答的特点

固有免疫应答的主要特点包括：固有免疫细胞不表达特异性抗原识别受体，而是通过模式识别受体或有限多样性抗原识别受体，直接识别病原体等“非己”抗原性异物后被激活，发挥免疫效应；固有免疫细胞主要通过趋化吸引的方式来迅速产生免疫应答；固有免疫细胞既参与固有免疫应答，又参与适应性免疫应答，并产生多种细胞因子调控适应性免疫应答的发生发展；固有免疫细胞在免疫应答过程中不产生免疫记忆细胞，也不发生再次应答。

临床案例

患者，男，55 岁，胃癌，于 2021 年 6 月进行胃癌根治手术，病理显示胃贲门腺癌深入肌层，淋巴结转移较为严重，在手术切除的 7 个淋巴结中有 6 个都已经有癌细胞转移。在手术后，又进行了一个疗程的化疗，此时患者体重下降，身体消瘦，无法进食，精神状态较差。经研究，决定用 DC-CIK 免疫疗法进行后续治疗。患者于 2021 年 8 月开始进行 DC-CIK 免疫治疗，采集单个核细胞体外培养 7 天后回输。通过一个疗程的 DC-CIK 免疫治疗，患者自述感觉食欲和精神都有所好转，测量体重也明显增加。

分析：免疫细胞疗法是通过向肿瘤患者输注具有抗肿瘤活性的免疫细胞，从而刺激增强机体抗肿瘤功能或直接杀伤肿瘤细胞，以达到治疗肿瘤目的的新型抗肿瘤方式。树突状细胞（dendritic cell，DC）属于固有免疫细胞，为目前已知人体内最强、最有效的专职性抗原提呈细胞，其提呈抗原的能力较 B 细胞和巨噬细胞强，能诱导有效并持久的抗肿瘤效应。CIK 细胞为目前已知具有最强杀伤效应的免疫效应细胞，具有高效、广谱的特点。将两种免疫细胞结合，培养后输入肿瘤患者体内，能有效提高患者抗肿瘤能力，促进机体发生最强大的抗肿瘤作用，显著提升治疗效果。

本章小结

固有免疫系统主要包括固有免疫屏障、固有免疫细胞和固有免疫分子。固有免疫屏障主要由皮肤黏膜屏障和体内屏障组成。固有免疫细胞是主要通过表达模式识别受体等方式与病原体及其感染的细胞，以及体内衰老凋亡、突变畸变等细胞结合，从而发挥非特异性免疫应答效应，并参与和调控适应性免疫应答的发生发展。固有免疫细胞主要包括吞噬细胞、树突状细胞、自然杀伤细胞、固有样淋巴细胞以及肥大细胞、嗜酸性粒细胞和嗜碱性粒细胞等。固有免疫分子主要包括补体系统、细胞因子、急性期反应蛋白以及抗菌肽和溶菌酶等抗菌物质。固有免疫应答可分为即刻、早期诱导的固有免疫应答和适应性免疫应答启动三个阶段。

思考题

1. 简述固有免疫系统的组成。
2. 简述固有免疫应答的作用时相。
3. 简述固有免疫应答的特点。
4. 简述固有免疫应答与适应性免疫应答的关系。

习　题

一、名词解释

1. 固有免疫（innate immune）
2. 固有免疫应答（innate immune response）

二、单项选择题

1. 同时具有抗原提呈功能和吞噬功能的免疫细胞是（　　）。
   A. 巨噬细胞　　B. 肥大细胞
   C. 中性粒细胞　　D. 树突状细胞
   E. 嗜碱性粒细胞
2. 能活化初始 T 细胞的免疫细胞是（　　）。
   A. 单核细胞　　B. 滤泡 DC 细胞
   C. 巨噬细胞　　D. 经典 DC 细胞
   E. 浆细胞样 DC 细胞
3. 既没有抗原提呈功能也没有吞噬功能的免疫细胞是（　　）。
   A. 巨噬细胞　　B. 单核细胞
   C. 中性粒细胞　　D. 树突状细胞
   E. 肥大细胞
4. 不表达特异性或泛特异性抗原识别受体的免疫细胞是（　　）。

A. B1 细胞　　B. γδT 细胞　　C. NK 细胞　　D. NKT 细胞
E. αβT 细胞

5. 能鉴别 NK 细胞的表面标志是（　　）。
A. $CD3^-CD19^-CD56^-CD16^+$　　B. $CD3^+CD4^+$ $CD56^-CD16^+$
C. $CD3^-CD19^+CD56^+CD16^+$　　D. $CD2^+CD8^+$ $CD56^-CD16^-$
E. $CD3^-CD19^-CD56^+CD16^+$

6. NK 细胞表面的杀伤抑制受体是（　　）。
A. KIR2DL　　B. BCR　　C. KIR2D　　D. TCR
E. NKG2D

7. 即刻固有免疫应答阶段发生时间为（　　）。
A. 0 ～ 4 小时以内　　B. 2 ～ 36 小时以内
C. 4 ～ 96 小时以内　　D. 96 小时以后
E. 48 小时以内

8. 早期诱导固有免疫应答阶段发生时间为（　　）。
A. 0 ～ 4 小时以内　　B. 2 ～ 36 小时以内
C. 4 ～ 96 小时以内　　D. 96 小时以后
E. 48 小时以内

9. 在即刻固有免疫应答阶段能够发挥抗感染免疫作用的细胞是（　　）。
A. B1 细胞　　B. T 细胞
C. NK 细胞　　D. 巨噬细胞
E. 中性粒细胞

10. 固有免疫细胞不具备的特征是（　　）。
A. 通常无免疫记忆功能　　B. 具趋化吸引作用
C. 不表达特异性抗原识别受体　　D. 具克隆选择作用
E. 表达模式识别受体

三、判断题（正确的划“√”，错误的划“×”）

1. 在即刻固有免疫应答阶段发挥效应的免疫分子主要是补体旁路途径产生的分子。（　　）
2. 具有 ADCC 效应的免疫细胞是肥大细胞。（　　）
3. 在过敏反应中发挥主要作用的是巨噬细胞。（　　）
4. 同时具有抗病毒和抗肿瘤功能，又能发挥杀伤效应的固有免疫细胞是 NK 细胞。（　　）

四、简答题

1. 请简述固有免疫系统的组成。
2. 请简述固有免疫应答的特点。

参考答案

第十一章 T 细胞介导的细胞免疫应答

思维导图

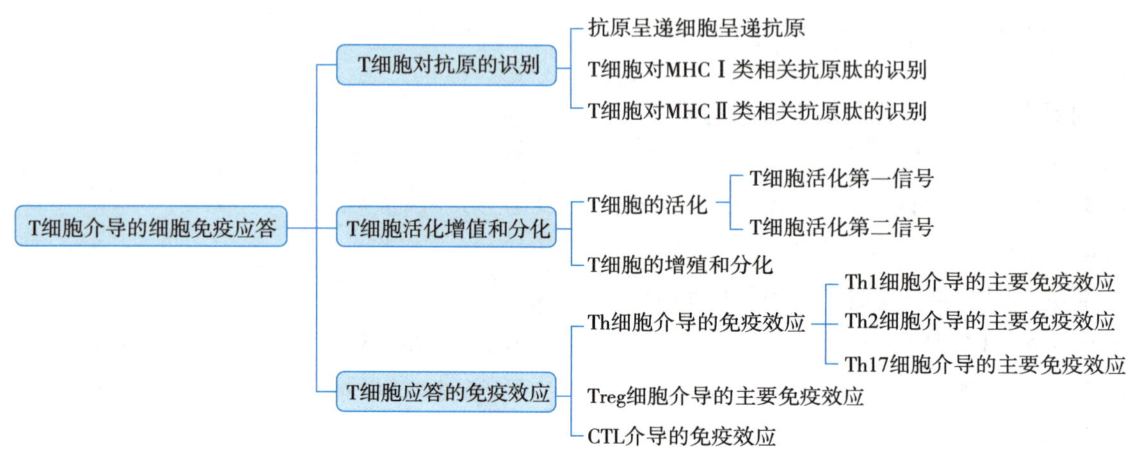

学习目标

知识目标 掌握 T 细胞对抗原的识别过程和 T 细胞的活化过程。

能力目标 熟悉细胞免疫的效应机制，结合案例分析讨论，培养学生独立思考、分析问题的能力。

思政目标 了解抗原特异性 T 细胞介导的细胞免疫应答的机制，提升学生们的大局意识，增强团队协作精神。

思政入课堂

美国学者詹姆斯·艾利森和日本学者本庶佑因为首先发现 CTLA-4 和 PD-1 的功能而获得 2018 年度诺贝尔生理学或医学奖，在癌症免疫治疗方面做出重要的贡献。评奖委员会指出，两名科学家“松开”了人体的抗癌“刹车”，让免疫系统能全力对抗癌细胞，“现在已彻底改变了癌症疗法”。癌症是人体健康的杀手，大多是由不良生活习惯引起的。熬夜、暴饮暴食等生活习惯都会引起人体免疫力下降，导致肿瘤发生。作为医学生，要养成良好的生活习惯，只有身体健康，才能担负起国家、家人的期望，才能用最好的医疗技术为医疗事业保驾护航。

T 淋巴细胞（T lymphocyte）来源于骨髓的多能干细胞。在胸腺中发育成熟，故称为胸腺依赖性淋巴细胞（thymus dependent lymphocyte），简称 T 细胞（T cell）。T 细胞在胸腺发育成熟为初始 T 细胞（naive T cell）。初始 T 细胞接受相应抗原刺激后，发生活化、增值、分化，成为能清除靶细胞或分泌细胞因子的 T 细胞，称为效应 T 细胞，分化为效应 T 细胞并将抗原清除体外的过程即 T 细胞介导的细胞免疫应答。

第一节　T 细胞对抗原的识别

初始或记忆 T 细胞膜的 TCR 与抗原提呈细胞（APC）表面呈递的 MHC- 抗原肽复合物特异性结合即为抗原识别。TCR 在特异性识别 APC 所提呈的抗原多肽的过程中，必须同时识别与抗原多肽形成复合物的 MHC 分子，这种特性称为 MHC 限制性（MHC restriction）。依据蛋白质抗原的来源不同，可将抗原分为外源性抗原和内源性抗原。不同类型的抗原呈递细胞呈递不同类型的抗原。外源性抗原主要由具有 MHC Ⅱ类分子的抗原呈递细胞呈递，提呈给特异性 $CD4^{+}$Th 细胞识别。内源性抗原主要由具有 MHC Ⅰ类分子的细胞呈递，提呈给特异性 $CD8^{+}$T 细胞识别。

一、抗原呈递细胞呈递抗原

外源性抗原和内源性抗原的提呈过程及机制是不同的。内源性抗原如病毒感染细胞所合成的病毒蛋白和肿瘤细胞所合成的肿瘤抗原，主要被宿主的 APC 加工处理及提呈，以抗原肽 -MHC Ⅰ类分子复合物的形式表达于细胞表面，供特异性 $CD8^{+}$T 细胞识别。$CD8^{+}$T 细胞活化、增值和分化为效应细胞后，可针对病毒感染靶细胞和肿瘤细胞等，发挥细胞毒性 T 细胞（cytotoxic T cell，CTL）的功能。外源性抗原可在局部引流至淋巴组织，首先被这些部位的 APC 摄取、加工和处理，以抗原肽 -MHC Ⅱ类分子复合物的形式表达于 APC 表面，再将抗原有效地提呈给 $CD4^{+}$Th 细胞识别。Th 细胞通过细胞因子的产生与分泌，发挥不同的功能，从而调节细胞和体液免疫应答。

二、T 细胞对 MHC Ⅰ类相关抗原肽的识别

胞质中的内源性抗原，通常是病毒和一些细菌感染后，在其复制增殖过程中于胞质内及胞核内合成的；也包括细胞中合成的肿瘤抗原。

完整的抗原首先被宿主 APC 内蛋白酶类降解成小肽片段，再进入内质网与 MHC Ⅰ类分子结合形成复合物，呈递给 $CD8^{+}$T 细胞。此过程中，细胞内蛋白酶体（proteasome）和抗原肽转运体（transporter of antigen peptide，TAP）具有非常重要的作用。蛋白酶体又称低分子量多肽（low molecular weight polypeptide or large multifunctional protease，LMP），是 MHC 基因中蛋白酶体 LMP2、LMP7 基因片段的表达产物，存在于细胞质中，具有蛋白酶水解性质，由多个低分子蛋白聚合而成。LMP 的主要功能是将溶酶体外的蛋白质降解成 5 ～ 15 个氨基酸残基多肽片段。TAP 属于 ABC（ATP binding cassette）转运蛋白家族，是 TAP1、TAP2 基因片段的表达产物，是同源异二聚体，存在于内质网上。由 LMP 降解后的小肽片段在 TAP 的协助下在内质网与新形成的 MHC Ⅰ类分子结合，最后以活化形式呈递到细胞膜表面上。

在 $CD8^{+}$T 细胞与 APC 结合的过程中，若 TCR 识别相应的 MHC Ⅰ类分子抗原肽复合物，则 T 细胞可与 APC 发生特异性结合。CD8 分子是 $CD8^{+}$T 细胞 TCR 识别 APC 表面的 MHC Ⅰ类分子抗原肽复合物的辅助受体（co-receptor），可识别并结合于 APC 上的 MHC Ⅰ类分子，增强 TCR- MHC Ⅰ类分子抗原肽复合物的结合。再通过 $CD8^{+}$T 细胞的 CD3 分子向细胞内传递抗原结合信号，激活细胞。

三、T 细胞对 MHC Ⅱ类相关抗原肽的识别

囊泡中的外源性抗原，通常是巨噬细胞和未成熟的树突状细胞摄取到内体中的颗粒成分，包括胞内寄生菌和其他寄生物及细胞等。若细菌未被杀死，也可能是在细菌增殖过程中新合成的抗原成分。

APC 通过吞噬或吞饮作用将抗原摄入细胞，在细胞质内形成吞噬体；吞噬体与胞质内的溶酶体融合形成吞噬溶酶体，又称内体；内体和溶酶体是加工处理抗原的主要场所。溶酶体将抗原肽继续降解成 10 ~ 30 个氨基酸残基小肽片段与内质网上的 MHC Ⅱ类分子结合形成复合物。在 MHC Ⅱ类分子与抗原肽结合之前，MHC Ⅱ类分子与一种恒定链（class Ⅱ associated invariant chain peptide，CLIP）的辅助分子结合着，这种结构阻碍了 MHC Ⅱ类分子与抗原肽的结合，只有 HLA-DM 分子可以使 CLIP 从与 MHC Ⅱ类分子结合中释放出来，才能促使 MHC Ⅱ类分子与高亲和力抗原肽结合，形成稳定的抗原肽 -MHC Ⅱ类分子复合物，呈递给 $CD4^{+}$T 细胞。CD4 分子是 TCR 识别抗原的辅助受体，可识别并结合于 APC 上的 MHC Ⅱ类分子，增强 TCR-MHC Ⅱ类分子 - 抗原肽复合物的结合。再通过 CD4+T 细胞表面的 CD3 分子向细胞内传递信号，激活细胞。

第二节　T 细胞活化增值和分化

一、T 细胞的活化

初始 T 细胞的活化需要两个不同的细胞外信号共同刺激。APC 向 T 细胞呈递抗原的同时，也提供了 T 细胞活化的第一信号和第二信号。第一信号来自抗原，该信号确保了免疫应答的特异性；第二信号为微生物产物或固有免疫针对微生物的应答成分即共刺激分子，该信号确保免疫应答在需要的条件下才能发生。

（一）T 细胞活化第一信号

T 细胞活化的第一信号又称为特异性信号，TCR 特异性识别 APC 所提呈的抗原肽 -MHC，T 细胞的 TCR 不仅要与抗原肽片段结合，同时必须与相应的 MHC 分子结合，这种结合方式称为 TCR 双识别。除了 TCR 的双识别外，其供受体（CD4 或 CD8 分子）与 MHC（Ⅱ类或Ⅰ类）分子结合，使供受体尾部相连的酪氨酸激酶与 CD3 胞质段 ITAM 靠近，继而发生酪氨酸磷酸化，启动激酶活化的级联反应，由此 T 细胞的活化信号。该信号为初始 T 细胞活化所必需，但并不能诱导 T 细胞增殖和分化。

（二）T 细胞活化第二信号

T 细胞活化的第二信号又被称为协同刺激信号，来自抗原呈递细胞上所谓的协同刺激分子与 T 细胞上相应的协同刺激分子受体的结合。T 细胞与 APC 细胞表面多对共刺激分子的相互作用产生 T 细胞活化的第二信号，包括 CD28 与 B7、ICOS 与 ICOSL、CD40L 等。第二信号启动 T 细胞中一系列信号途径，诱导其表达多种细胞因子和细胞因子受体，最终导致 T 细胞完全活化。

只有双信号共同作用下，T 细胞才能活化，合成并分泌 IL-2，从而促进细胞分裂和增殖。如缺乏第二信号，仅第一信号非但不能激活 T 细胞，反而会使 T 细胞失能，这是机体维持自身耐受的重要机制。因此，可通过诱导或阻断 T 细胞失能干预某些免疫病理过程。

二、T 细胞的增殖和分化

从胸腺进入外周免疫器官尚未接触抗原的成熟 T 细胞称初始 T 细胞，主要定居于外周免疫器官的胸腺依赖区。T 细胞的定居与它在胸腺发育中获得相应的淋巴细胞归巢受体（如 L- 选择素等黏附分子和 CCR7 等趋化因子受体）有关。T 细胞在外周免疫器官与抗原接触后，最终分化为具有不同功能的效应 T

细胞、调节性 T 细胞或记忆 T 细胞。

第三节　T 细胞应答的免疫效应

T 细胞在外周免疫器官活化、增殖，最终分化为效应 T 细胞。不同的效应性 T 细胞亚群其免疫效应及机制也各异。有 Th 细胞介导的免疫效应、CTL 介导的免疫效应和 Treg 细胞介导的免疫效应等。

一、Th 细胞介导的免疫效应

（一）Th1 细胞介导的主要免疫效应

活化的 Th1 细胞可分泌多种细胞因子，诱导活化 B 细胞、T 细胞、NK 细胞核巨噬细胞；Th1 细胞可参与免疫病理的发生，通过释放的细胞因子募集和活化单核巨噬细胞和淋巴细胞，在抗原所在部位形成以单个核细胞浸润为主的炎症反应或迟发的超敏反应。

Th1 细胞对巨噬细胞的作用：巨噬细胞的活化也需要两个信号，均由 Th1 细胞分泌的细胞因子提供。Th1 细胞通过多种途径作用于巨噬细胞：① Th1 产生 TNF-α、LTa 和单核细胞趋化蛋白 -1（MCP-1）等，可诱导血管内皮细胞高表达黏附分子，促进单核细胞和淋巴细胞黏附于血管内皮细胞，继而穿越血管壁趋化到局部组织；② Th1 通过表达 CD40L 与巨噬细胞表面 CD40 结合，并产生 IFN-γ 等细胞因子，激活巨噬细胞，增强其吞噬和对细胞内寄生菌的杀伤功能；③激活单核巨噬细胞，使其分泌 IL-1、IL-6、血小板活化因子和前列腺素等炎性介质，诱发急性炎症反应。

Th1 细胞对淋巴细胞的作用：Th1 细胞分泌的 IL-2 细胞因子可以促进 Th1、Th2、CTL 和 NK 细胞等的活化和增殖，从而增强免疫效应；Th1 分泌的 IFN-γ 可以促进 B 细胞产生具有调理作用的抗体，从而进一步增强巨噬细胞对病原体的吞噬。

Th1 细胞对中性粒细胞的作用：Th1 细胞产生的淋巴毒素和 TNF-α，可活化中性粒细胞，增强其吞噬和杀伤病原体的能力。

（二）Th2 细胞介导的主要免疫效应

Th2 细胞主要参与体液免疫应答。Th2 细胞主要通过分泌 IL-4、IL-5、IL-6、IL-10、IL-12、IL-13 和 CD40L 等细胞因子，促进 B 细胞增殖、分化为浆细胞，产生抗体，加强体液免疫。辅助 B 细胞产生 IgE，在引发过敏性鼻炎、哮喘及异位性皮肤炎等 I 型超敏反应中起主要作用；还可激活肥大细胞、嗜酸性粒细胞及嗜碱性粒细胞，在清除细胞外寄生虫感染中起重要作用。

（三）Th17 细胞介导的主要免疫效应

在体内 IL-23 和 TGF-β 的作用下，Th17 细胞产生高水平 IL-17，介导炎性反应、自身免疫病、哮喘、肿瘤和移植排斥等。同时能分泌 IL-22 和少量的粒细胞 - 巨噬细胞集落刺激因子、IL-6 和 TNF 等细胞因子，在防御胞外病原微生物感染，参与自身免疫和炎症反应过程中起重要作用。

Th17 细胞不但弥补了 Th1/Th2 细胞介导效应机制不足，而且加强了机体的防御功能。Th1 和 Th2 细胞对 Th17 细胞的调控，以及 Treg 细胞对 Th17 细胞的调控等，使效应和抑制处于一种精细而复杂平衡的状态。

二、Treg细胞介导的主要免疫效应

Treg细胞（regulatory T cell，Treg）分为天然Treg细胞（nTreg）和诱导性Treg细胞（iTreg），通过直接或间接方式抑制免疫细胞活化和增殖，从而维持机体内环境稳定。Treg细胞通过产生IL-10、IL-35、TGF-β等细胞因子抑制T细胞，或释放颗粒酶B和穿孔素杀伤T细胞；Treg细胞还能通过调节IL-2受体的表达量，抑制IL-2与T细胞结合；Treg细胞组成性表达CTLA-4和膜型TGF-β，下调效应性T细胞或APC表面IL-2R链，抑制其细胞增殖；增殖的Treg细胞表达CTLA-4可以与抗原呈递细胞表面的CD80和CD86分子高亲和力结合而启动抑制信号；Treg细胞还能诱导树突细胞分泌其他氨基酸相关酶，从而抑制效应T细胞的增殖。

Treg细胞和Th17细胞虽同属于$CD4^+$T细胞，但相互拮抗。Treg细胞可以减轻Th17细胞所诱发的自身免疫病，增强免疫耐受，从而维持机体免疫状态的相对稳定。

三、CTL介导的免疫效应

CTL主要攻击胞内寄生菌及原虫等病原体的靶细胞，也包括体内的肿瘤细胞，既不能被感染的靶细胞破坏，胞内物又不能接触细胞外的抗体，不能有效地清除胞内寄生的病原体和肿瘤细胞。CTL的杀伤作用具有抗原特异性，即只杀伤携带特异性抗原的靶细胞，不会损伤正常组织细胞。CTL的特异性细胞毒效应在宿主抵抗胞内寄生的病原体（主要为病毒）的感染和肿瘤细胞中起重要作用，且具有高效性。

CTL特异性识别靶细胞的MHC Ⅰ类分子-抗原肽复合物。CTL与靶细胞特异性结合，产生极化后发动致死性攻击。具体可通过两种机制杀伤靶细胞：一种机制是穿孔素依赖性机制——破坏细胞膜。释放出穿孔素和颗粒酶，穿孔素聚集在靶细胞膜形成跨膜孔道，细胞膜的完整性遭到破坏，细胞外的水分及电解质快速进入细胞内，致细胞死亡。另一种是穿孔素非依赖性机制——诱导细胞凋亡。效应CTL可分泌TNF-α等。这些效应分子可分别与靶细胞表面的Fas和TNF受体结合，通过激活胞半胱氨酸蛋白水解酶（caspase）参与的信号转导途径，诱导靶细胞凋亡。此外，效应性CTL分泌IFN-γ，可抑制病毒复制，激活巨噬细胞，诱导感染细胞表达MHC Ⅰ类分子，从而提高靶细胞对CTL攻击的敏感性。

临床案例

患者，女，60岁。发现脸颊上有一个新的老年斑后，被诊断患有恶性黑色素瘤。

一年间，这块老年斑长到了1.5cm，从褐色变成了粉红色，变得凸起粗糙。然后这个老年斑被手术切除了，但是两年后的后续检查扫描显示，癌症已经扩散到了她的肺部，而且她的脸颊上出现了一个新的肿瘤，由于它的大小和位置，无法通过手术切除。患者接受了抑制剂派姆单抗的治疗，但6个月后，治疗因无效而停止。患者转院并接受免疫细胞疗法，被称为TIL疗法。在治疗1年多的时间里，肺部3.7cm的肿瘤完全消失，她脸颊上的肿瘤也缩小了。请根据对T细胞免疫应答机制的理解，分析TIL治疗法的原理。

分析：其治疗原理是从患者的肿瘤中提取免疫细胞T细胞，这些T细胞是深入“敌人内部”打击能力较强的免疫细胞。然后这些T细胞会在实验室里增殖，增殖后的T细胞会被输注到患者体内。一旦进入体内，T细胞可以准确识别癌细胞，并将其逐一击破。

本章小结

初始T细胞识别抗原后，分化成为能清除抗原物质的效应T细胞。在这一过程中，T细胞首先通过TCR识别APC呈递的抗原肽-MHC复合物，并在协同刺激分子CD28-B7提供的第二活化信号的协同

作用下，在其他黏附分子的参与下，将活化的信号传至细胞内，通过信号转导启动级联反应，相关酶的合成、活化，促使 T 细胞分化、增殖成为有不同效应的细胞群。

特异性效应 T 细胞主要是 Th1 细胞、Th2 细胞和 CTL 等。T 细胞介导的特异性细胞免疫应答在清除细胞内感染物、排斥异体移植物及抗肿瘤免疫反应中起重要作用。Th1 和 Th2 细胞对 Th17 细胞的调理以及 Treg 细胞对 Th17 细胞的调控等，使效应和抑制处于精细复杂的平衡状态。

思考题

1. 简述 T 细胞识别抗原的方式和活化过程。
2. T 细胞对抗原识别的第一信号与第二信号分别是什么？
3. 简述效应性 T 细胞 Th1 细胞、Th2 细胞和 CTL 的免疫作用机制。

习　题

一、名词解释

1. 初始 T 细胞
2. 效应 T 细胞

二、单项选择题

1. 特异性免疫应答过程不包括（　　）。
   A. APC 对抗原的处理和提呈　　B. T 细胞在胸腺内的分化成熟
   C. T/B 细胞对抗原的特异性识别　　D. T/B 细胞的活化、增殖和分化
   E. 效应细胞和效应分子的产生和作用
2. 下列说法错误的是（　　）。
   A. 外源性抗原以抗原肽 –MHC Ⅱ类分子复合物的形式提呈给 $CD4^{+}$T 细胞
   B. 内源性抗原以抗原肽 –MHC Ⅰ类分子复合物的形式提呈给 $CD8^{+}$T 细胞
   C. 外源性抗原经专职 APC 提呈
   D. 内源性抗原给可被非专职性 APC 提呈
   E. 内源性和外源性抗原均可直接被特异性 T 细胞识别
3. 下列哪些细胞间作用受 MHC Ⅰ类分子限制（　　）。
   A. APC 与 Th 细胞　　B. NK 细胞与靶细胞
   C. Th 细胞与巨噬细胞　　D. CTL 细胞与靶细胞
   E. Th 细胞与 B 细胞
4. CD8 分子是哪种细胞的标志（　　）。
   A. B 细胞　　B. 辅助性 T 细胞
   C. 细胞毒性 T 细胞　　D. 活化的巨噬细胞
   E. 中性粒细胞
5. 促使 Th0 细胞向 Th1 细胞方向分化的细胞因子是（　　）。
   A. IL–2　　B. IL–4　　C. IL–12　　D. IL–10

E. IFN-γ

6. $CD4^+T$ 细胞的分化方向不包括（　　）。

A. Th1 细胞　　B. Th2 细胞　　C. 记忆 T 细胞　　D. 调节性 T 细胞

E. $CD8^+T$ 细胞

7. 表达抗原肽 -MHC Ⅰ类分子复合物的细胞是下列哪种细胞的特异性靶细胞（　　）。

A. B 细胞　　B. CTL　　C. Th1 细胞　　D. Th2 细胞

E. 树突状细胞

8. 记忆 T 淋巴细胞区别于初始 T 淋巴细胞的标志是（　　）。

A. $CD4^+$　　B. $CD8^+$　　C. $CD28^+$　　D. CD45RA

E. CD45RO

9. 下列关于 T 细胞介导的免疫应答的说法，哪项是错误的（　　）。

A. 对抗原的应答产生记忆　　B. 需 APC 提呈抗原

C. CTL 杀伤靶细胞受 MHC Ⅰ类限制　　D. 能形成免疫耐受

E. 效应产物的效应具有特异性

10. 关于 IL-2，错误的说法是（　　）。

A. T 细胞活化晚期才表达的分子

B. 是促进 T 细胞增殖和分化最重要的细胞因子

C. 通过自分泌和旁分泌发挥作用

D. 选择性促进活化 T 细胞的增殖

E. 主要由活化的 T 细胞产生

三、判断题（正确的划"√"，错误的划"×"）

1. T 细胞介导的免疫应答需 APC 提呈抗原。（　　）

2. Th1 细胞和 Th2 细胞均是 $CD4^+T$ 细胞。（　　）

3. 提供 T 细胞活化的第二信号的分子对是 TCR- 抗原肽。（　　）

4. APC 和 T 细胞间形成的免疫突触可促进 T 细胞内信号转导。（　　）

四、简答题

1. 简述 T 细胞特异性识别抗原阶段 APC 与 T 细胞的相互作用。

2. 简述 CTL 杀伤靶细胞的两条主要途径。

参考答案

第十二章　B 细胞介导的体液免疫应答

思维导图

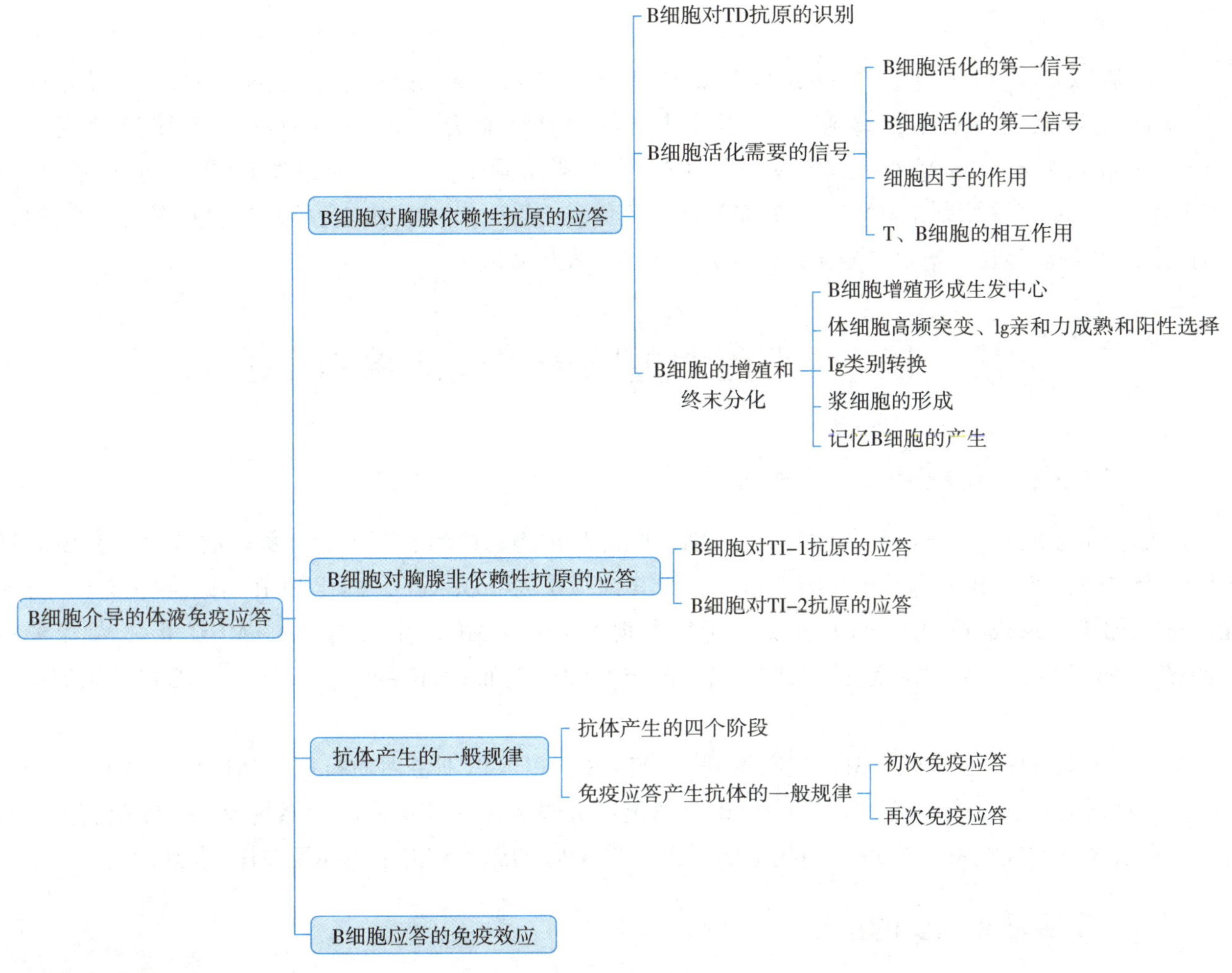

学习目标

知识目标　掌握体液免疫应答的概念，B 细胞对 TD 抗原的应答，体液免疫应答的一般规律，理解 B 细胞的活化、增殖和分化，B 细胞对 TI 抗原的应答，了解 B 细胞在生发中心的分化成熟以及抗体产生的过程。

能力目标　从疫苗刺激机体产生抗体和记忆细胞预防疾病的角度，激发学生主动归纳体液免疫应答的一般规律，促进深度思考以及知识的内化。

思政目标　通过学习 T 细胞与 B 细胞的相互作用，启发学生思考免疫细胞之间独立又依存的关系，培养学生团队协作意识。

思政入课堂

IgM 是初次体液免疫应答中最早出现的抗体，是机体抗感染的"先头部队"，血清中检出 IgM 提示新近发生感染，可用于感染的早期诊断。IgG 是再次体液免疫应答的主力军，血清中检出 IgG 提示为既往发生感染。血清中检出 IgE 的含量升高，可用于判断机体是否存在过敏性疾病。人体内有各种抗体，不同抗体各自具有不同的作用，同时又都可以结合相同的抗原表位，相互协作抵抗病原微生物。不同抗体间的分工不同但目标一致，这启迪我们青年大学生要树立远大的理想，培养勇于担当、积极奉献、团结协作的精神风貌。

抗原进入机体后诱导抗原特异性 B 细胞活化、增殖，最终分化为浆细胞并产生特异性抗体，发挥免疫效应。由于抗体存在于体液中，故将 B 细胞介导的免疫应答称为体液免疫应答（humoral immune response）。B 细胞应答过程随抗原的种类不同而各异。B 细胞对 TD 抗原的应答需要 Th 细胞辅助，而对 TI 抗原则不需要。与 T 细胞介导的免疫应答一样，B 细胞免疫应答也可分为三个阶段：识别抗原，B 细胞活化、增殖与分化，合成分泌抗体并发挥效应。

第一节　B 细胞对胸腺依赖性抗原的应答

一、B 细胞对 TD 抗原的识别

B 细胞借助 BCR 特异性识别抗原，其识别抗原对 B 细胞的激活有两个相互关联的作用：① BCR 特异性结合抗原，产生 B 细胞活化的第一信号；② B 细胞作为专职 APC，内化 BCR 所结合的抗原，并对抗原进行加工，形成抗原肽 -MHC Ⅱ类分子复合物（peptide-MHC Ⅱ complex，pMHC Ⅱ），提呈给抗原特异性 Th 识别，Th 活化后通过表达的 CD40L 与 B 细胞表面 CD40 结合，又提供 B 细胞活化的第二信号。

BCR 对抗原的识别与 TCR 识别抗原不同：① BCR 不仅能识别蛋白质抗原，还能识别多肽、核酸、多糖类、脂类和小分子化合物类抗原；② BCR 既能特异性识别完整抗原的天然构象，也能识别抗原降解所暴露表位的空间构象；③ BCR 对抗原的识别不需 APC 的加工和提呈，亦无 MHC 限制性。

二、B 细胞活化需要的信号

与 T 细胞相似，B 细胞活化也需要双信号和多种细胞因子的参与。抗原与 BCR 结合是 B 细胞活化的第一信号，B 细胞与 Th 细胞之间共刺激分子的相互作用，提供 B 细胞活化的第二信号。B 细胞活化后的信号转导途径与 T 细胞相似。

（一）B 细胞活化的第一信号

B 细胞活化的第一信号又称抗原刺激信号，由 BCR-Igα/Igβ（CD79a/CD79b）和 CD19/CD21/CD81 共同传递。

1. BCR-Igα/Igβ 信号

BCR 与抗原表位特异性结合，引起 BCR 交联，但由于 BCR 重链胞质区短，自身无法传递信号，需要 Igα/Igβ 将信号传入 B 细胞内。与 CD3 相似，Igα/Igβ 胞质内含有 ITAM。当 BCR 识别并结合抗原后会导致

BCR 交联，激活 Blk、Fyn 或 Lyn 等酪氨酸激酶，并使 ITAM 磷酸化，进而募集并活化 Syk 等酪氨酸激酶，启动信号转导的级联反应。活化信号经过 PKC、MAPK 及钙调蛋白等信号转导通路继续转导，最终激活 NF-κB 和 NFAT 等转录因子，启动与 B 细胞活化、增殖、分化相关基因的表达（图 12-1）。

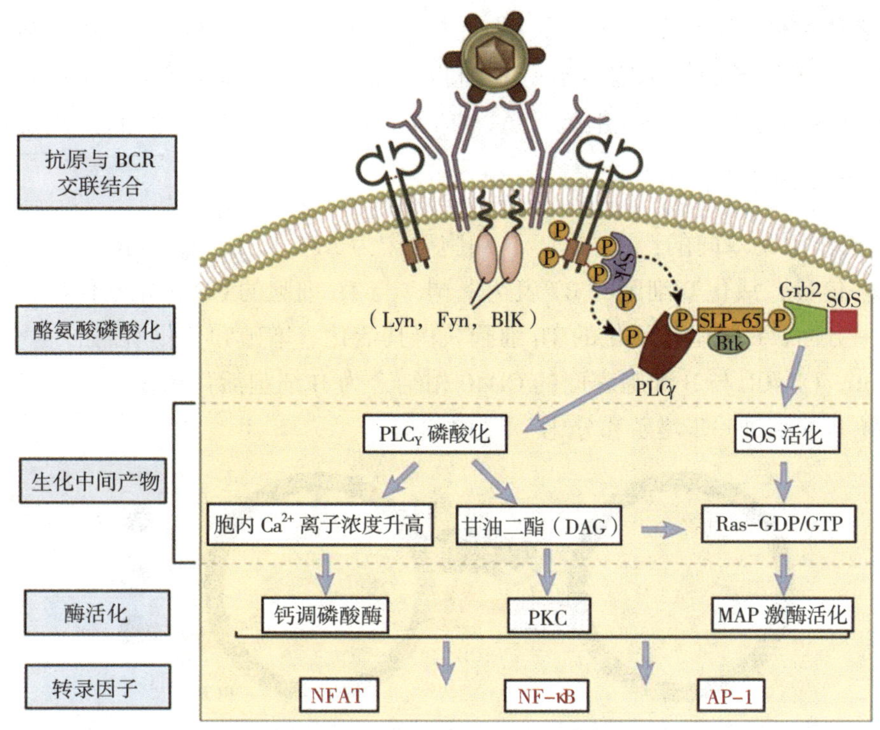

图 12-1　BCR 复合物介导的胞内信号转导

2. BCR 共受体的增强作用

在成熟 B 细胞表面，CD19、CD21 和 CD81 以非共价键组成 B 细胞活化的共受体。CD21 为补体受体 2（CR2），可与结合于抗原或抗原抗体复合物的补体片段 C3d 结合，但其胞质区无酪氨酸残基，不能传递信号。信号由 CD19 向胞内传递，CD19 的胞浆区有多个保守的酪氨酸残基，能募集 Lyn、Fyn 等多个含有 SH2 结构域的信号分子，从而增强膜信号传导。CD81 为 4 次跨膜分子，其主要作用是连结 CD19 和 CD21，稳定 CD19/CD21/CD81 复合物。共受体可明显增强 BCR 复合物转导的信号，降低抗原激活 B 细胞的阈值，从而显著提高 B 细胞对抗原刺激的敏感性。共受体可使 B 细胞活化信号增强 1000 倍以上（图 12-2）。

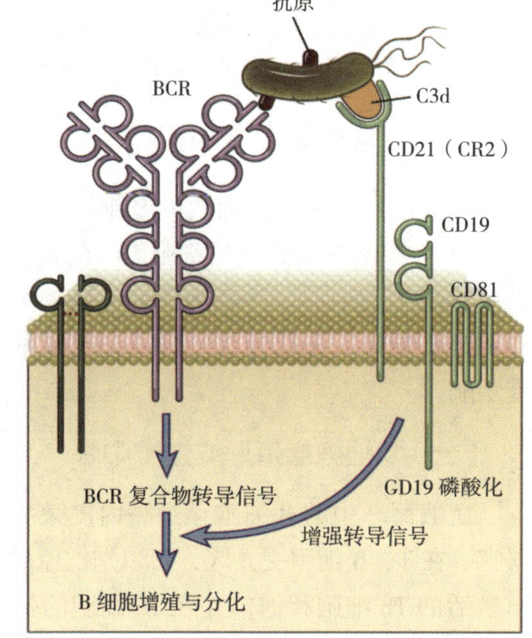

图 12-2　B 细胞共受体在 B 细胞活化中的作用

（二）B 细胞活化的第二信号

B 细胞活化的第二信号又称共刺激信号，由 Th 细胞与 B 细胞表面多对共刺激分子相互作用产生，其中最重要的是 CD40 与 CD40L。CD40 组成性表达在 B 细胞表面，CD40L 则表达在活化的 Th 细胞表面。CD40L 与 CD40 相互作用，向 B 细胞传递活化的第二信号。第二信号是 B 细胞与 Th 细胞相互作用的结果，是 B 细胞活化、增殖及分化所必需的条件。与 T 细胞类似，如果只有第一信号而没有第二信号，B 细胞不仅不能活化，反而进入无能的耐受状态。

（三）细胞因子的作用

活化 B 细胞表达多种细胞因子受体，在活化 T 细胞分泌的细胞因子，如 IL-4、IL-5、IL-21 等作用下大量增殖。细胞因子诱导的 B 细胞增殖是 B 细胞形成生发中心和继续分化的基础。如 IL-4 促进 B 细胞激活，IL-2、IL-4、IL-5 促进 B 细胞增殖，IL-4、IL-5、IL-6 促进 B 细胞分化成浆细胞。

（四）T、B 细胞的相互作用

T、B 细胞间的作用是双向的：一方面，B 细胞可作为 APC 加工、提呈 pMHC Ⅱ给 Th 细胞，为 Th 细胞活化提供第一信号；活化 B 细胞的 B7 表达上调，与 Th 细胞的 CD28 相互作用，为 Th 细胞活化提供第二信号。另一方面，B 细胞从活化的 Th 细胞获得其活化、增殖和分化所需的信号。Th 细胞活化后诱导性表达 CD40L，CD40L 与 B 细胞表面的 CD40 相结合为 B 细胞活化提供第二信号；活化 Th 细胞分泌的细胞因子诱导 B 细胞进一步增殖和分化（图 12-3）。

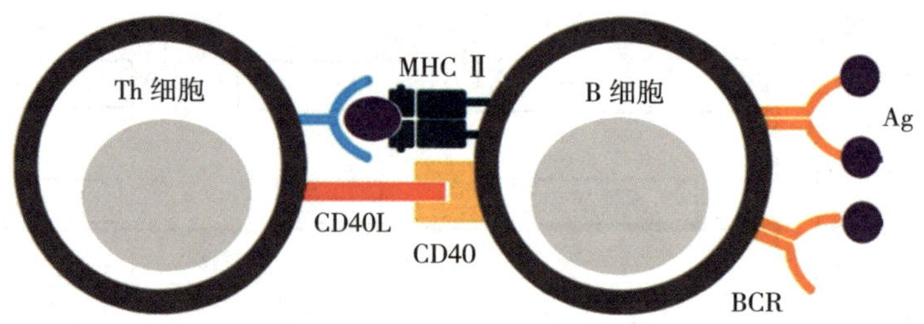

图 12-3　B 细胞和 Th 细胞的相互作用

由此可见，B 细胞和 Th 细胞相互作用的结果是两者相互激活，同时分化。但必须指出，B 细胞和 Th 细胞相互作用时，必须识别同一抗原分子的不同表位。且 B 细胞作为 APC，不能激活初始 T 细胞，在初次应答中初始 T 细胞主要通过树突细胞提呈的抗原而激活。

三、B 细胞的增殖和终末分化

经双信号刺激完全活化的 B 细胞具备增殖和继续分化的能力，在 Th 细胞产生的细胞因子的辅助下，活化 B 细胞增殖形成生发中心，并经历体细胞高频突变、Ig 亲和力成熟和类别转换，分化为浆细胞或记忆 B 细胞，发挥体液免疫功能。

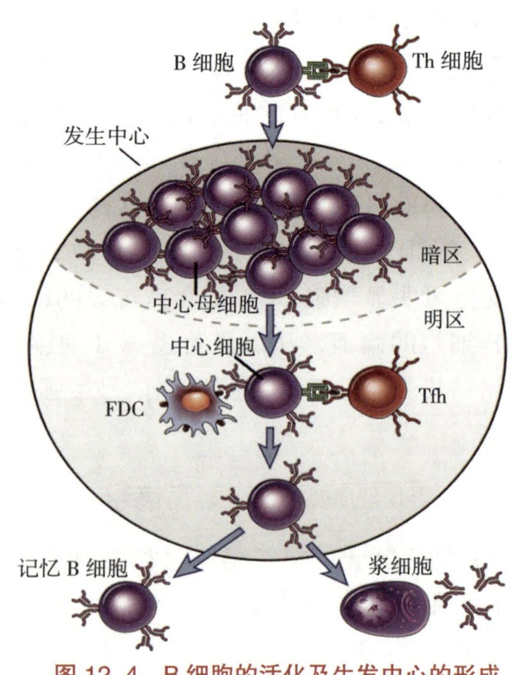

图 12-4　B 细胞的活化及生发中心的形成

（一）B 细胞增殖形成生发中心

血液循环中的 B 细胞穿过高内皮微静脉进入外周免疫器官。在 T、B 细胞交界区，已识别抗原的 B 细胞与同一抗原激活的 Th 细胞相遇，并在 Th 细胞的辅助下获得活化的第二信号，B 细胞活化后进入淋巴小结进一步分裂、增殖，形成生发中心（图 12-4）。

生发中心是 B 细胞对 TD 抗原应答的重要场所，在抗原刺激后 1 周左右形成，主要由增殖的 B 细胞组成，大约

10% 为抗原特异性 T 细胞，此外尚有滤泡树突状细胞（follicular DC，FDC）。生发中心内的 B 细胞每 6 ~ 8 小时分裂一次，3 ~ 4 天即可产生约 10^4 个细胞。这些 B 细胞被称为中心母细胞（centroblast），其特点是分裂能力极强，但不表达 mIg。中心母细胞分裂增殖产生的子代细胞称为中心细胞（centrocyte），其分裂速度减慢或停止且体积较小，表达 mIg。随着中心细胞扩增，生发中心可分为两个区域：一个是暗区，分裂增殖的中心母细胞在此紧密集聚，在光镜下透光度低；另一个为明区，细胞较为松散，在光镜下透光度高。在明区，中心细胞在 FDC 和滤泡辅助性 T 细胞（follicular helper T cell，Tfh）协同作用下继续分化，经过阳性选择完成亲和力成熟，只有表达高亲和力 mIg 的 B 细胞才能继续分化发育，其余大多数中心细胞则发生凋亡。在这里，B 细胞最终分化成浆细胞产生抗体，或分化成记忆 B 细胞。

在生发中心有两种与 B 细胞分化密切相关的特殊细胞：一种是 FDC，另一种是 Tfh。FDC 的形态与 DC 相似，但不表达 MHC Ⅱ类分子，因此不具有抗原提呈能力。但 FDC 高表达 Fc 受体和补体受体，结合抗原 - 抗体复合物或抗原 - 抗体 - 补体复合物后，能将抗原浓缩、滞留在其细胞表面达数周到数年。B 细胞的 BCR 通过识别和结合 FDC 滞留的抗原，发生体细胞高频突变及亲和力成熟，因此 FDC 在激发体液免疫应答及产生和维持记忆 B 细胞中起到十分关键作用。Tfh 由 Th0 与 B 细胞相互作用后分化而来，产生 IL-21 和少量 IL-4、IFN-γ，在 B 细胞分化为浆细胞、产生抗体和 Ig 类别转换中发挥重要作用，是辅助 B 细胞应答的关键细胞。

（二）体细胞高频突变、Ig 亲和力成熟和阳性选择

中心母细胞 Ig 轻链和重链 V 基因可发生体细胞高频突变（somatic hypermutation）。此突变只发生于 B 细胞激活后，浆细胞和记忆 B 细胞产生之前。每次 B 细胞分裂，IgV 区基因中大约有 1/1000 碱基对突变，而一般体细胞自发突变的频率是 $1/10^{10}$ ~ $1/10^7$。体细胞高频突变与 Ig 基因重排一起导致 BCR 多样性及体液免疫应答中抗体的多样性。体细胞高频突变需要抗原诱导和 Tfh 细胞的辅助。

体细胞高频突变后，B 细胞进入明区，大多数突变 B 细胞克隆中 BCR 亲和力低，不能结合 FDC 表面的抗原进而无法将抗原提呈给 Tfh 获取第二信号而发生凋亡；少数能与抗原高亲和力结合的 B 细胞，表达抗凋亡蛋白，则可进入下一轮增殖和突变，经历如此反复选择，最终存活的是表达高亲和力 BCR 的抗原特异性 B 细胞，这些存活下来的 B 细胞摄取 FDC 所携带的抗原，并加工、提呈给生发中心周围或“侵入”生发中心的活化 Th 细胞，在 Th 细胞辅助下增殖分化，产生高亲和力的抗体，此即 Ig 亲和力成熟（affinity maturation）。

（三）Ig 类别转换

B 细胞在 Ig 重链 V 区基因重排后其子代细胞中的重链 V 区基因保持不变，但 C 区基因则会发生不同的重排。免疫应答中首先分泌的抗体是 IgM，但随着 B 细胞受抗原刺激和 T 细胞辅助而活化及增殖，其重链 V 区基因从连接 Cμ 转换为连接 Cγ、Cα 或 Cε，因而分泌的抗体类别转换为 IgG、IgA 或 IgE，抗体重链的 V 区保持不变。这种可变区相同而 Ig 类别发生变化的过程称为 Ig 类别转换（class switching）或同种型转换（isotype switching）。类别转换的遗传学基础是每个重链 C 区基因的 5’端内含子中含有一段称之为转换区（switching region，S 区）的序列，不同的转换区之间可发生重排（图 12-5）。Ig 类别转换在抗原诱导、Th 细胞分泌细胞因子的直接调节下发生。IL-4 诱导向 IgG1 和 IgE 转换，TGF-β 诱导向 IgG2b 和 IgA 转换，IFN-γ 诱导向 IgG2a 和 IgG3 转换。

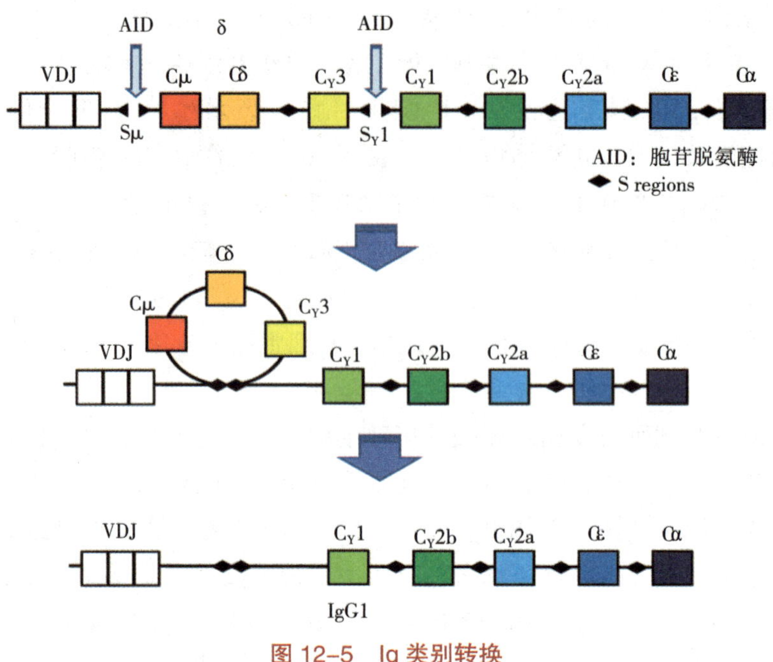

图 12-5 Ig 类别转换

（四）浆细胞的形成

浆细胞又称抗体形成细胞（antibody forming cell，AFC），是 B 细胞分化的终末细胞，其特点是能分泌大量特异性抗体，不再表达 BCR 和 MHC Ⅱ类分子，故不能识别抗原，也失去了与 Th 细胞相互作用的能力。

（五）记忆 B 细胞的产生

生发中心中存活下来的 B 细胞，大部分分化成浆细胞，有部分分化为记忆 B 细胞（memory B cell，Bm）离开生发中心进入血液参与再循环，一旦与同一抗原再次相遇时可迅速活化，产生高水平抗原特异性抗体，介导进行再次体液免疫应答。

第二节 B 细胞对胸腺非依赖性抗原的应答

胸腺非依赖性抗原（TI 抗原）是非蛋白类抗原，结构比较简单，如细菌多糖、糖脂和核酸等。TI 抗原可直接刺激初始 B 细胞，无需 Th 细胞的辅助。TI 抗原主要激活 B1 细胞，产生低亲和力的 IgM 类抗体，不能诱导抗体亲和力成熟，也无免疫记忆。因此，TD 抗原和 TI 抗原诱导的体液免疫应答存在很大差异（表 12-1）。根据激活 B 细胞方式的不同，TI 抗原分为 TI-1 抗原和 TI-2 抗原（图 12-6）。

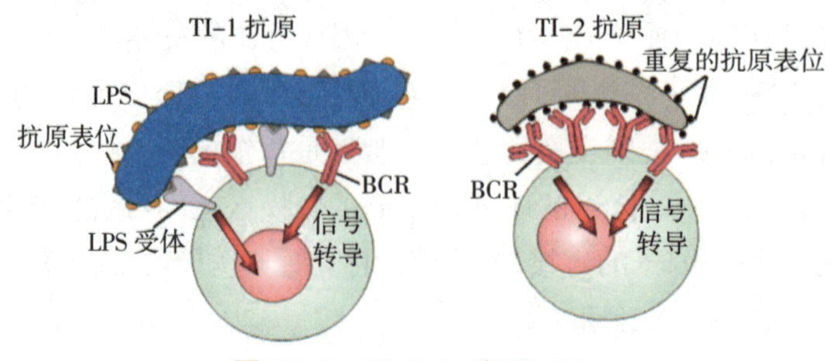

图 12-6 TI-1 Ag 和 TI-2Ag

表 12-1　TD 抗原和 TI 抗原的比较

特点	TD 抗原	TI-1 抗原	TI-2 抗原
在婴幼儿的抗体反应	+	+	-
在无胸腺小鼠中抗体的产生	-	+	+
无 T 细胞条件下的抗体反应	-	+	-
T 细胞辅助	+	-	-
多克隆激活 B 细胞	-	+	-
对重复序列的需要	-	-	+
抗原实例	白喉毒素、结核分枝杆菌的纯蛋白衍生物	百日咳杆菌、胞壁脂多糖	肺炎球菌荚膜多糖、沙门菌多聚鞭毛

一、B 细胞对 TI-1 抗原的应答

TI-1 抗原主要是细菌细胞壁的成分，如 G^- 菌的脂多糖（LPS）除能与 BCR 结合，还能通过其丝裂原成分与 B 细胞上的丝裂原受体结合，引起 B 细胞的增殖和分化，故又称为 B 细胞丝裂原。高浓度的 TI-1 抗原通过结合 B 细胞丝裂原受体，非特异性诱导多克隆 B 细胞增殖和分化，低浓度的 TI-1 抗原则仅激活表达特异性 BCR 的 B 细胞，因为此类 B 细胞的 BCR 可从低浓度抗原中竞争性结合到足以激活自身的抗原量（图 12-7）。机体对 TI-1 抗原的应答无需 Th 细胞致敏与扩增，因此发生较早，这在抵御某些胞外病原体感染的初期发挥重要作用。

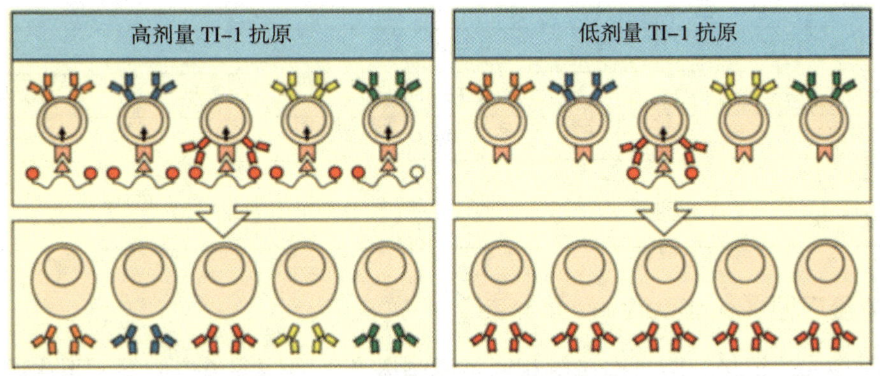

图 12-7　B 细胞对 TI-1 抗原的识别

二、B 细胞对 TI-2 抗原的应答

TI-2 抗原多为细菌荚膜多糖和聚合鞭毛素，具有高度重复的表位，可与抗原特异性 B 细胞的 BCR 广泛交联，进而诱导 B 细胞激活。TI-2 抗原表位密度在激活 B 细胞过程中起决定作用。密度太低，BCR 交联的程度不足以激活 B 细胞；密度太高，则 BCR 过度交联，导致 B 细胞耐受。TI-2 抗原只能激活成熟 B1 细胞。由于人体 B1 细胞至 5 岁左右才发育成熟，故婴幼儿通常缺乏对 TI-2 抗原的应答。

B1 细胞对 TI-2 抗原的应答在早期抵御胞外菌感染中具有重要意义。由于大多数胞外菌包被有荚膜多糖，能抵御吞噬细胞的吞噬和杀伤。B1 细胞针对此类 TI-2 抗原所产生的抗体，可发挥调理作用，促进巨噬细胞对病原体的吞噬，并有利于巨噬细胞对抗原的提呈。

第三节　抗体产生的一般规律

一、抗体产生的四个阶段

体液免疫应答过程中，抗体的产生可分为以下四个阶段：①潜伏期：抗原诱导机体产生抗体前的一段时间，在此期检不出抗体；②对数期：抗体量呈指数增长；③平台期：血清中抗体浓度基本维持在一个相对稳定的较高水平；④下降期：抗体被降解或与抗原结合而被清除，血清中抗体水平逐渐下降。

二、免疫应答产生抗体的一般规律

（一）初次免疫应答（primary immune response）

指病原体初次侵入机体所引发的应答。初次免疫应答与再次免疫应答相比，具有如下特点（表 12-2）：①抗体产生所需潜伏期较长；②抗体倍增所需时间较长，抗体含量低；③平台期持续时间较短，抗体水平下降迅速；④血清中抗体以低亲和力 IgM 为主。

表 12-2　B 细胞对 TD 抗原体液免疫应答的特点

特点	初次免疫应答	再次免疫应答
所需抗原浓度	高	低
抗体生成潜伏期	7 ~ 10 天	2 ~ 3 天
抗体产生水平	较低	较高
抗体类别	IgM ＞ IgG	IgG 为主
抗体持续时间	短	长
抗体亲和力	低	高
浆细胞寿命	短	长

（二）再次免疫应答（secondary response）

指初次应答所形成的记忆细胞再次接触相同抗原刺激产生的体液免疫应答。再次应答具有如下特点（图 12-8）：①诱导抗体产生的潜伏期缩短；②抗体倍增所需时间短，抗体含量短时间内大幅上升；③平台期维持时间较长，抗体水平下降缓慢；④血清中抗体以高亲和力 IgG 为主。

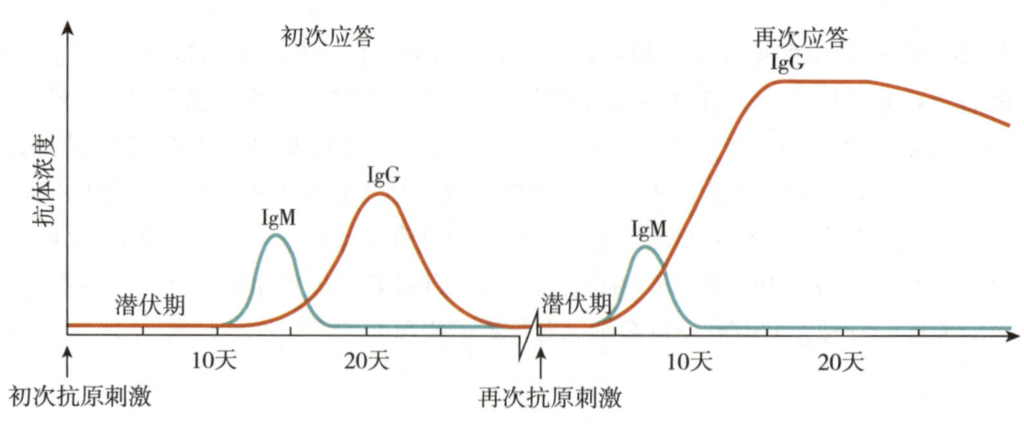

图 12-8　初次应答和再次应答抗体产生的一般规律

抗体产生的规律具有重要的实际意义：①在预防接种或免疫动物制备抗体时，可根据抗体产生的规律制订合理的免疫方案，以达到最佳的免疫效果；②在体液免疫应答中，IgM 最早出现，检测 IgM 类抗体有助于疾病的早期诊断。IgG 一般为保护性或恢复期抗体；③抗体效价在短时间内快速增高，可提示再次感染的发生。

第四节　B 细胞应答的免疫效应

特异性抗体是 B 细胞应答的主要效应分子，可通过中和作用、调理作用、激活补体、ADCC 及阻止局部抗原侵入黏膜等多种机制发挥免疫效应。除产生抗体外，活化的 B 细胞还可以产生多种细胞因子，调节多种免疫细胞功能（见第五章第四节）。但在一定条件下，抗体也能引起免疫病理反应，如超敏反应、自身免疫病、促肿瘤生长等。

临床案例

患者，男，22 岁，就诊前 1 周开始乏力、纳差症状，程度中等，尤其在劳累后明显。近 3 天出现脸色黄、巩膜轻度黄染、尿黄。患者有经常外出就餐史。实验室检查中血常规：红细胞 4.8×10^{12}/L，血红蛋白 120g/L，白细胞 7.5×10^{9}/L。尿常规：胆红素（+），尿胆素（+）。大便常规正常。肝功能：ALT 160U/L（正常值＜40 U/L），AST 84 U/L（正常值＜40 U/L），HAV IgM（+），HAV IgG（－），HBsAg（－），HBeAg（－），抗 –HBc（－），抗 –HBs（－），抗 –HBe（－）。诊断为甲型病毒性肝炎。患者经葡醛内酯、维生素类保肝和中药对症住院治疗 1 个月，出院前复查 HAV IgM（－），HAV IgG（+）。请分析该患者临床诊断的免疫学依据是什么？HAV IgM（+）阳性说明什么？患者出院前复查 HAV IgM（－），HAV IgG（+）又说明什么？

分析：甲型病毒性肝炎常常与不洁饮食有关，此患者有经常外出就餐史，诊断时应该及时检测 HAV 抗体。根据抗体产生的一般规律，IgM 出现早，消失快，IgG 出现晚，消失慢。对于甲型病毒肝炎的诊断，HAV IgM 检测是早期诊断甲肝的重要指标。HAV IgM 在发病后 1 周左右即可在血清中检出。其出现与临床症状、生化指标异常的时间一致，第 2 周达峰值，一般持续 8 周，少数可达 6 个月以上。HAV IgG 是既往感染指标，属于保护性抗体，可保护机体免于再次感染，故可作为流行病学调查指标，以了解易感人群。

本章小结

体液免疫应答主要由 B 细胞介导，B 细胞接受抗原刺激后，分化为浆细胞分泌抗体，发挥免疫效应。B 细胞对 TD 抗原的免疫应答始于 BCR 对 TD 抗原的识别，所产生的第一活化信号经由 Igα/Igβ 向胞内转导。BCR 共受体加强第一活化信号的转导。活化 Th 细胞表达 CD40L 向 B 细胞提供第二活化信号。同时，活化的 Th 细胞通过分泌细胞因子作用于活化 B 细胞，促进 B 细胞的分化增殖。B 细胞在离开骨髓进入外周淋巴器官后，在抗原刺激下，迁移进入淋巴小结，形成生发中心，并在生发中心经历体细胞高频突变、Ig 亲和力成熟及类别转换，最后分化为浆细胞或记忆 B 细胞。TI 抗原分为 TI–1 和 TI–2 两类，它们诱导 B 细胞免疫应答一般不需要 T 细胞的辅助。体液免疫产生抗体遵循初次应答、再次应答的规律。初次应答以低亲和 IgM 为主，再次应答则主要产生高亲和力 IgG。

思考题

1. B 细胞对 TD-Ag 和 TI-Ag 的免疫应答有何异同?
2. 简述 B 细胞活化所需要的双信号。
3. Th 细胞和 B 细胞是如何相互作用的?
4. 体液免疫的初次应答和再次应答有何特点，临床可以如何加以运用?

习 题

一、名词解释

1. BCR 复合物
2. 抗体类别转换(class switch)
3. 再次应答

二、单项选择题

1. 与 B 细胞表面 BCR 形成复合体的是( )。
   A. CD19　　B. CD21
   C. CD79a 和 CD79b　　D. CD35
   E. CD81
2. 活化的 Th 细胞活化 B 细胞时，B 细胞表面主要产生第 2 信号的分子是( )。
   A. CD28　　B. CD40　　C. CD40L　　D. B7
   E. MHC-Ⅱ类分子
3. TD-Ag 引起免疫应答的特点是( )。
   A. 产生体液免疫应答的细胞为 B1 细胞
   B. 只引起体液免疫应答，不引起细胞免疫应答
   C. 可诱导 T、B 淋巴细胞产生免疫应答
   D. 只引起细胞免疫应答，不能引起体液免疫应答
   E. 不可诱导免疫记忆细胞形成
4. 关于 TI 抗原描述错误的是( )。
   A. 能刺激初始 B 细胞　　B. 如某些细菌多糖及脂多糖
   C. 即胸腺非依赖性抗原　　D. 能在无胸腺鼠诱导 Ab 应答
   E. 在正常个体可诱导 Ab 产生和 T 细胞应答
5. B 细胞不具有的功能( )。
   A. 抗原递呈功能　　B. 分化为浆细胞产生抗体
   C. 细胞因子分泌功能　　D. 免疫记忆功能
   E. 直接杀伤靶细胞功能
6. Ig 的类别转换主要发生在哪个过程中( )。
   A. 从 IgG 转换为 IgM、IgA 等　　B. 从 IgM 转换为 IgG、IgA 等

C. 从 IgD 转换为 IgM、IgA 等　　D. 从 IgE 转换为 IgG、IgA 等

E. 从 IgA 转换为 IgM、IgG 等

7. 在 B 细胞对 TD 抗原的应答中，Th 细胞不发挥作用的是（　　）。

A. 抗体亲和力成熟　　B. 生发中心的形成

C. 对抗原的特异性识别　　D. B 细胞的活化

E. Ig 类别转换

8. 再次免疫应答的特点是（　　）。

A. APC 是巨噬细胞　　B. 抗体产生时间快，维持时间短

C. 抗体主要是 IgM 和 IgG　　D. 抗体为高亲和性抗体

E. TD 抗原和 TI 抗原都可引起免疫应答

9. 关于免疫记忆细胞叙述错误的是（　　）。

A. 再次遇到抗原时能迅速增殖与分化　　B. 仅限于 B 细胞

C. 可存活数月至数年　　D. 参加淋巴细胞再循环

E. 已接受抗原刺激

10. 促进体液免疫的细胞因子是（　　）。

A. IL–2、IFN–γ　　B. IL–1、IL–4

C. TNF、IL–2　　D. IL–5、IL–12

E. IL–4、IL–6

三、判断题（正确的划“√”，错误的划“×”）

1. B 细胞在体液免疫应答中，既是抗原提呈细胞，也是免疫应答细胞。（　　）

2. 抗体多样性的形成机制包括基因重排、受体编辑、体细胞高频突变、类别转换及造血干细胞分化为淋巴样干细胞。（　　）

3. 浆细胞是 B 细胞的终末分化形式，表面没有 BCR，不再具备识别抗原的能力，但具有记忆能力。（　　）

4. BCR 能直接结合游离抗原和细胞表面（如 DC 表面）的抗原。（　　）

四、简答题

1. 简述 B 细胞活化所需要的信号。

2. 比较初次应答和再次应答有哪些主要异同点？

参考答案

第十三章　免疫调节

思维导图

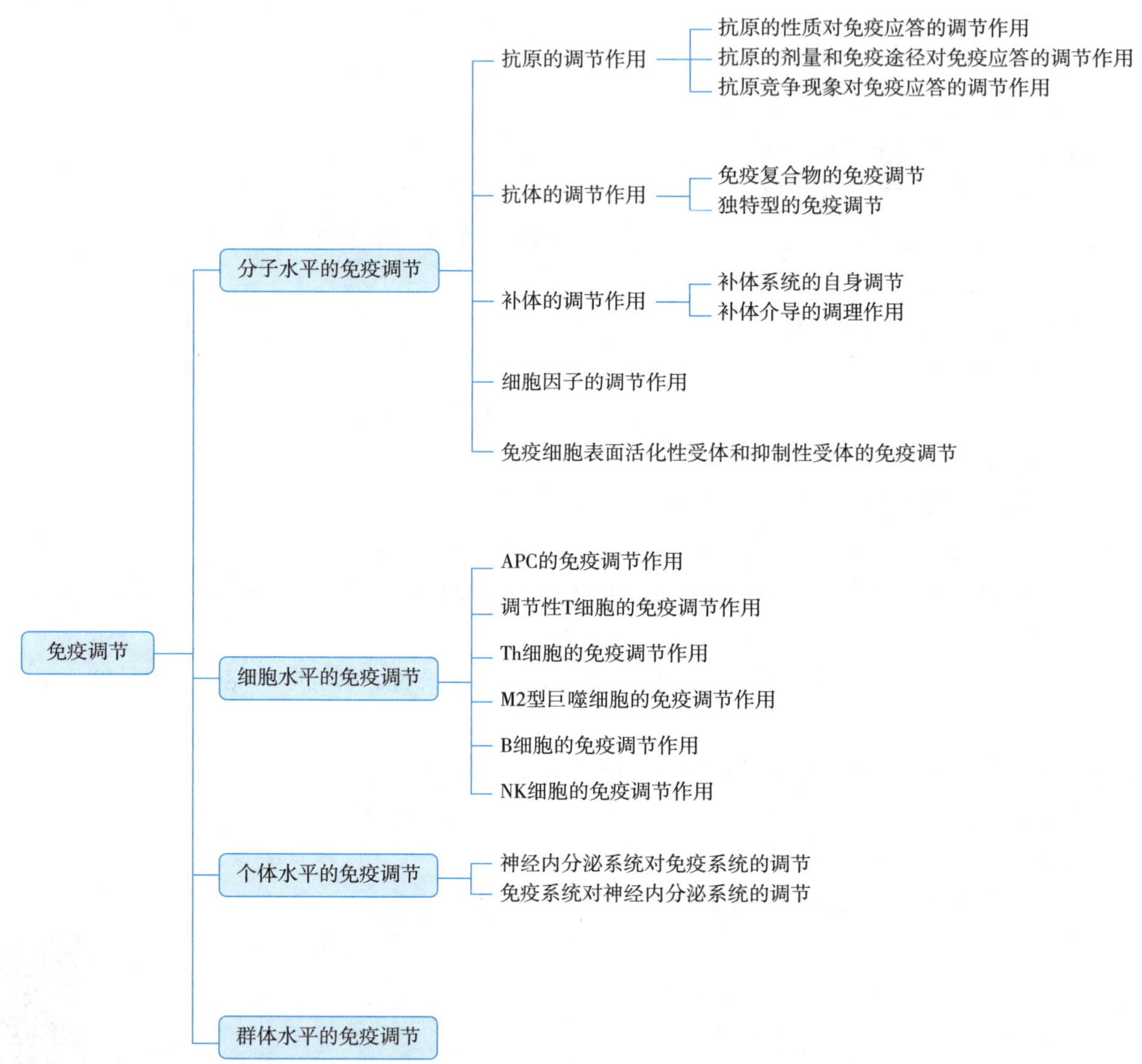

学习目标

知识目标　掌握免疫调节的概念，理解免疫调节发生的免疫学机制。

能力目标　通过学习抗原、抗体、补体、T 细胞和 B 细胞的免疫调节作用，启发学生联系相应章节所学内容，形成知识的串联，构建免疫系统动态体系。

思政目标　通过比较机体正常和异常的免疫调节功能，引导学生理解生命的本质和奥秘，树立正确的生命观念。

思政入课堂

机体通过多系统、多器官、多细胞和多分子之间的相互协同从而维持内环境稳定，发挥免疫调节作用。人体免疫调节系统能够检测病原体的入侵并启动适度防御反应，过程中蕴含着许多生命现象和原理。例如，调节性T细胞（Treg）可通过高表达IL-2R、释放颗粒酶B或穿孔素等细胞毒物质、分泌IL-10等抑制性细胞因子等方式，对效应T淋巴细胞进行负向调控，使T细胞适度应答、适时中止，从而维持免疫功能的正常发挥和机体内环境的稳定。在这一过程中，Treg细胞根据T细胞应答状态进行判断，通过直接接触或分泌细胞因子的方式，对效应T细胞进行直接或间接的调控，避免过度应答给机体带来的损伤。效应细胞的清除及转归这一现象在体内广泛存在，截至目前仍有很多机制不得而知。通过探索和研究免疫调节的机制，能够更好掌握生命的本质，理解与探寻生命的神秘性和复杂性。因此，通过免疫调节一章的学习，引导青年深入理解生命的本质、生命的奥秘、生命的意义和价值，从而培养正确的生命观念。

免疫调节（immune regulation）是指机体通过许多正负调控机制控制免疫应答强度和时限，并使免疫系统在清除抗原后恢复到休止状态的反馈性应答。免疫调节的正常进行有赖于机体内多系统、多器官、多细胞和多分子之间的相互协同，共同感知抗原及免疫应答的强度并针对其发生、发展和转归实施调节，从而维持机体的内环境稳定。免疫调节贯穿整个免疫应答过程，由多种免疫分子（抗原、抗体、补体、细胞因子以及膜表面分子等）、多种免疫细胞（T细胞、B细胞、NK细胞、DC和巨噬细胞等）和机体多个系统（神经、内分泌和免疫系统等）共同参与。如果免疫调节功能失调或异常，免疫系统无法正确识别“自己”和“非己”，会导致机体出现异常的免疫应答能力，引起持续感染、自身免疫病、超敏反应或肿瘤等疾病发生。

第一节　分子水平的免疫调节

抗原、抗体、细胞因子、补体系统、膜表面分子等免疫分子均具有免疫调节作用。

一、抗原的调节作用

（一）抗原的性质和对免疫应答的调节作用

抗原的理化性质直接影响免疫应答的类型和强度。脂多糖、荚膜多糖等TI抗原只能激活B细胞产生应答，产生低亲和力的IgM。而蛋白质类抗原多为TD抗原，既激活细胞免疫应答，又引起体液免疫应答，产生的抗体多为高亲和力的IgG或IgA类抗体。若抗原为免疫原性较强的颗粒性、聚合性抗原，则可引发较强的免疫应答，且抗体产生的潜伏期短。而可溶性或单体的抗原免疫原性弱，抗体产生潜伏期长，易引起低免疫应答或免疫耐受。

（二）抗原的剂量和免疫途径对免疫应答的调节作用

适当剂量的抗原刺激免疫细胞增殖分化，诱导适度的免疫应答。若抗原量过高或过低，常引发机体产生免疫耐受。当抗原逐渐降解和清除，免疫应答的强度也会随之降低或终止。人工免疫时，抗原进入机体的途径、免疫间隔时间、次数以及免疫佐剂的应用等均影响机体对抗原的应答。通常皮内和皮下接种易激发较强免疫应答，而口服和静脉注射可引起免疫耐受。

（三）抗原竞争现象对免疫应答的调节作用

结构相似的两种抗原先后进入机体，先进入机体的抑制随后进入机体的抗原引发的免疫应答强度，称为抗原竞争现象。即便亲和力稍低的抗原在抗原量比较大时，也可以因数量优势抑制亲和力稍高但剂量低的抗原引发的免疫应答。

二、抗体的调节作用

（一）免疫复合物的免疫调节

抗体与抗原形成的免疫复合物能够通过激活补体系统进一步形成抗原－抗体－补体复合物，两种复合物可与 FDC 表面的 Fc 受体和补体受体相互作用，持续提供抗原供 B 细胞识别，诱发免疫应答。此外，抗体可对体液免疫应答产生抑制作用，其机制包括：①抗体与抗原结合，促进吞噬细胞对抗原的吞噬，使抗原在体内迅速被清除，从而降低抗原对免疫细胞的刺激作用，削弱抗体产生；②特异性 IgG 抗体与 BCR 竞争性结合抗原，产生阻断作用，抑制抗原对 B 细胞的激活；③受体交联效应：免疫复合物中抗原成分与 BCR 结合，抗体的 Fc 段与同一 B 细胞表面的 FcγR Ⅱ b（CD32）结合，产生抑制信号，终止 B 细胞应答（图 13–1）。

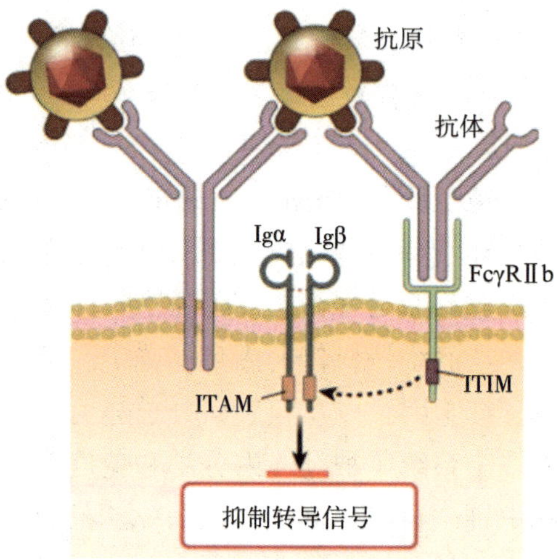

图 13–1　抗体介导的交联效应

（二）独特型的免疫调节

独特型－抗独特型网络学说由 Jerne 和 Richter 于 1975 年在克隆选择学说的基础上提出，该学说认为任何抗体分子上都存在着独特型（idiotype，Id）决定簇，它们能被体内另一些淋巴细胞所识别并产生抗独特型抗体（anti-idiotype antibody，AId）。以独特型和抗独特型的相互识别为基础（图 13–2），免疫系统内部形成一个相互识别、相互刺激和相互制约的独特型－抗独特型网络，对免疫应答进行有效调节。

某些独特型抗体与抗原表位相同或相似，且无毒性，可以代替一些不适宜使用病原性疫苗进行接种的个体，起到主动免疫作用，是更特异和安全的免疫干预手段。

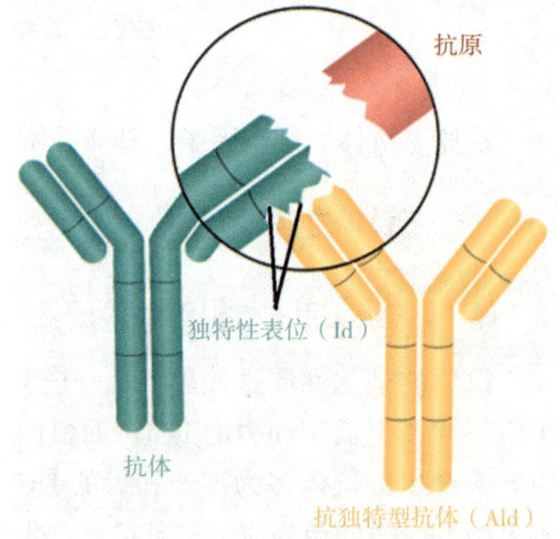

图 13–2　独特型－抗独特型示意图

三、补体的调节作用

（一）补体系统的自身调节

补体系统通过自身的衰减、补体调节蛋白等控制补体活化的启动和关键物质的形成。如 C1 INH 阻断经典途径的 C3 转化酶的形成、C4 结合蛋白抑制 C3 和 C5 转化酶的形成及活性、S 蛋白抑制攻膜复合物的形成等。由于补体系统的自我调节机制严格控制补体活化的强度和时间，可防止补体系统过度活化和消耗，避免补体对自身组织和细胞的损伤。

（二）补体介导的调理作用

补体激活过程中产生的 C3b、C4b 和 iC3b 等均是重要的调理素，可以通过几个途径上调免疫应答：C3b、C4b 和 iC3b 与中性粒细胞或巨噬细胞表面的相应受体 CR1、CR3 或 CR4 结合而发挥调理作用，促进吞噬细胞对表面黏附 C3b、C4b 和 iC3b 的病原微生物进行吞噬作用；C3d、iC3b、C3dg 以及 C3b-Ag-Ab 复合物等与 B 细胞表面的 CR2（CD21）结合，促进 B 细胞的活化；抗原提呈细胞通过膜表面 CR2 与 Ag-Ab-C3Ab-C3b 复合物结合，提高抗原提呈效率。

四、细胞因子的调节作用

大部分细胞因子对免疫应答起正调节作用。如 IL-2、IFN-γ 激活 T 细胞、巨噬细胞等多种免疫细胞；IL-4、IL-5、IL-6 等可刺激 B 细胞等增殖与分化；TNF 促进炎症反应。少数细胞因子对免疫应答起负调节作用。如 TGF-β 可抑制淋巴细胞的增殖和细胞因子的释放，IL-10 能抑制巨噬细胞的活化等。

五、免疫细胞表面活化性受体和抑制性受体的免疫调节

在免疫应答中，免疫细胞的活化或抑制受到细胞表面激活性受体及抑制性受体的调控。在应答初期，T、B 细胞因受抗原刺激，主要是激活性受体起作用。应答后期主要是抑制性受体发挥作用，这是因为 T 细胞抑制性受体表达及 B 细胞产生 IgG 类抗体较晚，作用增强，抗原浓度降低，刺激作用减弱的缘故。

多种免疫细胞表面表达激活性受体和抑制性受体（表 13-1），两者的胞内段分别含免疫受体酪氨酸活化模体（ITAM）和免疫受体酪氨酸抑制模体（ITIM）。ITAM 和 ITIM 经磷酸化后，可分别招募含 SH2 结构域的酪氨酸激酶 ZAP-70/SyK 和酪氨酸磷酸酶（PTP），进而启动免疫细胞活化或抑制过程。CTLA4 和 FcγRⅡb 分别为 T 细胞和 B 细胞表面主要的抑制性受体。在细胞免疫应答的晚期，CD28 与 CD80/CD86 形成的活化信号被 CTLA-4 与 CD80/CD86 结合所传递的抑制信号所取代（图 13-3），产生对 T 细胞活化的负反馈调节。

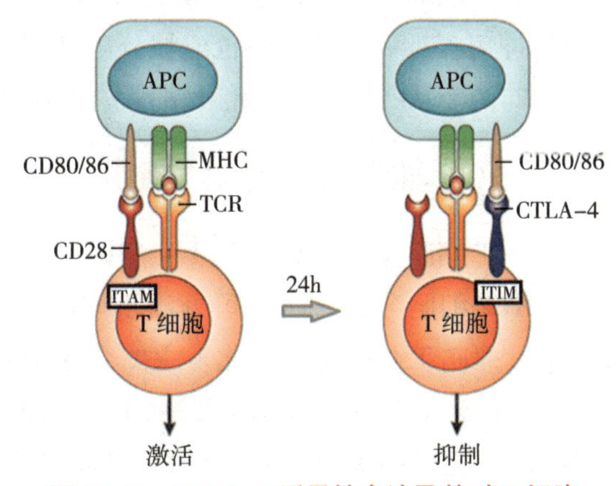

图 13-3　CTLA-4 诱导性表达及其对 T 细胞活化的负反馈调节

表 13-1　免疫细胞的激活性受体和抑制性受体

免疫细胞	激活受体	抑制受体
B 细胞	BCR	FcγR Ⅱb，CD22
T 细胞	TCR，CD28	CTLA-4，PD-1，KIR
NK 细胞	KAR，CD16	KIR，CD94/NKG2A
肥大细胞	FcεR Ⅰ	FcγR Ⅱb，gp49B1
γδT 细胞	TCR	CD94/NKG2A

第二节　细胞水平的免疫调节

免疫细胞可以通过直接接触或分泌细胞因子的方式，对免疫应答进行直接或间接的调控，从而维持免疫功能的正常发挥和机体内环境的稳定。

一、APC 的免疫调节作用

APC 摄取、处理和提呈抗原是启动适应性免疫应答的前提。APC 表达的 MHC 分子和共刺激分子是参与抗原提呈的关键分子。成熟的 DC、激活的巨噬细胞及活化的 B 细胞均高表达 MHC 分子及协同刺激分子，可有效提呈抗原，启动适应性免疫应答；当 DC 细胞未发育成熟、巨噬细胞处于静止期或 B 细胞为初始状态时均不能表达有效的协同刺激分子，不能激活 T 细胞。因此 APC 通过调节 MHC 分子和协同刺激分子的表达，有效调节免疫应答。

二、调节性 T 细胞的免疫调节作用

调节性 T 细胞（Treg）具有下调免疫应答的作用，在维持自身稳定、防止自身免疫性疾病和抑制排斥反应的发生中发挥重要作用，并参与肿瘤的免疫逃逸。

Treg 免疫调节机制如下：表达高亲和力的 IL-2R，竞争性结合 IL-2，导致 T 细胞凋亡，发挥免疫抑制作用；能够以颗粒酶 B 或穿孔素依赖的方式杀伤效应 T 细胞或 APC，从而抑制免疫应答；通过直接接触靶细胞发挥免疫抑制作用，但也能够分泌抑制性细胞因子如 IL-10、IL-35 和 TGF-β 等，抑制细胞活化与增殖；负向调节 APC 的共刺激信号的表达及抗原提呈作用；诱导性 Treg 细胞能抑制常规 T 细胞的代谢水平。

三、Th 细胞的免疫调节作用

$CD4^+$T 细胞是一类具有重要免疫调节作用的 T 细胞亚群。$CD4^+$Th0 细胞在 IL-12 或 IL-4 作用下，向 Th1 或 Th2 细胞分化，两者可分泌不同的细胞因子，从而发挥广泛的免疫调节作用。Th1 产生的 IL-2、IFN-γ 可抑制 Th0 向 Th2 分化，主要介导细胞免疫应答，并抑制 Th2 细胞及其介导的体液免疫应答；同理，Th2 产生的 IL-4、IL-10 抑制 Th0 向 Th1 分化，主要介导体液免疫应答，并抑制 Th1 细胞及其介导的细胞免疫应答（图 13-4）。Th1 和 Th2 细胞互相抑制、相互调控，从而调节机体的细胞免疫和体液免疫。因 Th1 或 Th2 细胞的优先活化而导致不同类型免疫应答及其效应呈优势的现象，称为免疫偏离。当机体 Th 细胞亚群发生免疫偏离，可能破坏机体免疫平衡，并导致疾病的发生。

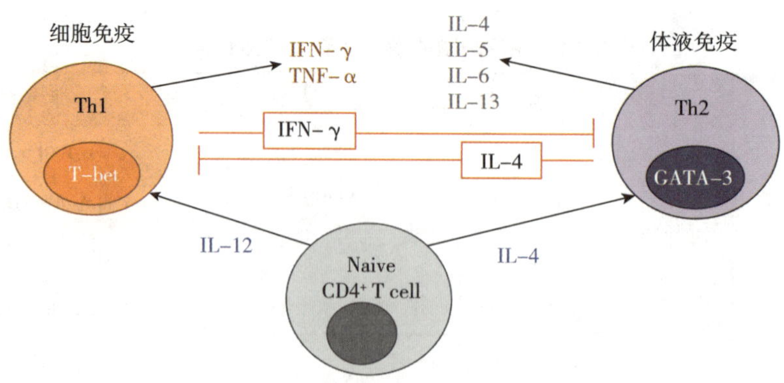

图 13-4　细胞因子对 Th1 和 Th2 细胞分化的调节作用

四、M2 型巨噬细胞的免疫调节作用

巨噬细胞在不同的微环境下，表现出明显的功能差异。根据活化状态和免疫功能的不同，巨噬细胞主要分为 M1 型和 M2 型巨噬细胞。M1 型巨噬细胞通过分泌促炎性细胞因子和趋化因子，并能专职提呈抗原，参与正向免疫应答，发挥免疫防御和监视功能；而 M2 型巨噬细胞仅有较弱抗原提呈能力，主要通过分泌抑制性细胞因子 IL–10、TGF–β 等下调免疫应答，在免疫调节中发挥重要作用。肿瘤抑制性微环境会诱导巨噬细胞转化为肿瘤相关巨噬细胞（M2），在肿瘤免疫逃逸中发挥重要的作用。

五、B 细胞的免疫调节作用

活化的 B 细胞具有很强的抗原提呈能力，即使抗原浓度极低，也能发挥高效的抗原提呈作用。B 细胞也存在调节性 B 细胞（regulatory B cell，Breg）亚群，可通过分泌 IL–10、TGF–β 等细胞因子抑制过度的免疫应答，介导免疫耐受。

六、NK 细胞的免疫调节作用

NK 细胞是参与免疫监视和早期抗感染的重要效应细胞，同时也是一类重要的免疫调节细胞，对 T 细胞、B 细胞、骨髓干细胞等均有调节作用。NK 细胞可显著抑制 B 细胞分化及产生抗体；某些 NK 细胞株可杀伤 LPS 激活的 B 细胞；NK 细胞可通过释放 IL–2、IFN–γ、TNF–α 和 GM–CSF 等细胞因子而增强 T 细胞功能，从而调节免疫应答。

第三节 个体水平的免疫调节

个体水平免疫调节机制的核心是神经 – 内分泌 – 免疫网络。免疫系统的功能和效应的发挥除了受到免疫系统内部各免疫因素之间的相互制约外，同时也受到体内其他系统的调节。其中影响最大的是神经 – 内分泌系统。例如精神紧张、压力过大可加速、加重疾病的过程，内分泌失调也可影响疾病的发生和发展。

一、神经 – 内分泌系统对免疫系统的调节

神经 – 内分泌系统主要通过神经纤维、神经递质和激素而调节免疫系统功能。交感或副交感神经支配胸腺、骨髓等中枢免疫器官和脾脏、淋巴结等外周免疫器官，分别发挥抑制或增强免疫细胞发育、成熟及效应的作用。免疫细胞表面可表达多种神经递质受体和激素受体。神经递质受体包括肾上腺能受体、胆碱能受体、多巴胺受体、5– 羟色胺受体等，激素受体包括生长激素、胰岛素、雌激素、睾丸素、糖皮质激素、促肾上腺皮质激素（ACTH）、内啡肽、脑啡肽等几乎所有激素的受体。借助这些受体，神经和内分泌系统通过释放神经递质、神经肽、激素调节免疫系统的功能。

此外，神经 – 内分泌系统还能通过分泌细胞因子 IL–1、IL–2、IL–6、TNF–α、IFN 等调节免疫功能。

二、免疫系统对神经 – 内分泌系统的调节

免疫系统主要通过分泌的细胞因子影响神经 – 内分泌系统。神经、内分泌组织上都表达细胞因子的受体，且分布广泛。例如，中枢神经系统的皮质、脉络膜丛、嗅球、海马、脑桥、小脑及下丘脑等区域都表达 IL–1 的受体；胰岛细胞、睾丸的附睾细胞、卵巢的初级卵细胞中都有 IL–1 受体的 mRNA 表达。

目前比较公认的细胞因子影响神经－内分泌系统的一条重要途径是下丘脑－垂体－肾上腺轴线。IL-1、IL-6、TNF-α能通过该轴线刺激肾上腺合成皮质激素，后者可下调Thl细胞和巨噬细胞活性，抑制细胞因子合成，导致皮质激素合成减少，解除对免疫细胞的抑制作用。然后当细胞因子合成又增强时，再促进皮质激素合成，如此反复，形成调节网络。IL-1、TNF-α、IL-6也能直接作用于下丘脑引起发热。

另外，免疫细胞可产生多达20余种神经肽、肽类激素，除调节免疫系统本身的功能，还可作用于神经－内分泌等其他组织。

第四节　群体水平的免疫调节

针对某一特定抗原的刺激，不同个体是否发生免疫应答以及应答的强弱存在明显的差异，这表明免疫应答受遗传背景的严格控制。MHC多态性控制T细胞对抗原的识别，从而可影响免疫应答的强度或有无。群体中不同个体所携带MHC等位基因型别不同，所编码的MHC分子结合特定抗原肽的能力不同。由于T细胞所识别的抗原必须是与MHC Ⅰ类或MHC Ⅱ类分子结合的抗原肽，因此，MHC分子的多态性对T细胞激活的制约，使不同个体表现出不同的免疫应答效应。在一特定群体中，MHC基因不同的个体，其免疫应答能力不同。MHC基因对免疫应答的影响在群体水平赋予物种极大的适应与应变能力。因此，MHC的高度多态性实现了对群体水平免疫应答的调控。

TCR和BCR具有高度的多样性，使不同种群或群体对不同抗原的应答类型及强度各异，这是免疫应答特异性的分子基础，也是在群体水平显示免疫调节的遗传学机制。

群体中某些种群或某些个体更适应所处的环境，通过自然选择，这些群体携带的基因即所谓优势基因得以保留和遗传，最终使这些基因在人群中出现的频率上升，从而提高某个物种或人群对环境的适应能力。

临床案例

患者，女，27岁，因感冒、支气管肺炎到医院就诊，医嘱于青霉素80万U肌内注射，2次/日。4小时后患者由家人以急症送回医院，患者已出现胸闷、口唇青紫、呼吸困难、大汗淋漓、脉搏细弱、血压下降至60/45mmHg。同时合并大小便失禁。临床诊断：青霉素过敏性休克。立即给予患者平卧、氧气吸入，皮下注射肾上腺素1mg，按医嘱静注高渗糖及阿托品0.5mg。随后出现抽搐、呼吸不规则，脉搏触摸不到，患者呈昏迷状，心电图示室颤波，立即电击除颤，建立静脉通道，遵医嘱静脉注射地西泮10mg、地塞米松20mg、利多卡因200mg等，行心肺复苏、气管插管接呼吸机、心电监护、抗休克治疗，导尿并留置尿管，抢救2小时后患者呼吸心跳恢复，心电图示窦性心动过速，心率140次/分，血压100/83mmHg，12小时后意识转清醒。请分析该超敏反应，属于哪个Th细胞亚群呈优势所致的免疫偏离？若采用注射抗IL-4抗体的免疫生物疗法，治疗的免疫学原理是什么？

分析：青霉素过敏性休克属于全身性Ⅰ型超敏反应，是具有青霉素致敏肥大细胞的个体，注射青霉素后引发的致敏肥大细胞脱颗粒引发的生理功能紊乱。IgE介导肥大细胞脱颗粒现象与IgE的产生、Th2型细胞因子IL-4密切相关。在细胞因子IL-4的作用下，$CD4^+$Th0细胞可进一步向Th2分化。Th2分泌的IL-4及IL-10，增强Th2，而抑制Th1的生成，因此Ⅰ型超敏反应患者体内出现Th2细胞亚群呈优势所致的免疫偏离。抗IL-4抗体的免疫生物疗法是以诱导Th1型免疫应答，抑制Th2型免疫应答为目的，调整过敏体质人群的免疫偏离。

本章小结

免疫调节是免疫应答过程中免疫细胞、免疫分子之间以及免疫系统与其他系统之间相互作用，使免疫应答维持在适宜的强度和时限以保证免疫功能的稳定。免疫调节贯穿整个免疫应答过程，主要由免疫相关分子、免疫细胞、神经－内分泌系统所介导。分子水平的调节有众多参与免疫应答的效应分子和抑制分子，如补体活化片段，免疫复合物的免疫调节作用，独特型网络的免疫调节作用，多种免疫细胞表面的激活性受体和抑制性受体等；细胞水平的免疫调节主要是 APC、T 细胞亚群及 B 细胞的免疫调节，调控免疫应答强度与转归。整体水平的免疫调节表现在神经－内分泌－免疫网络，通过神经递质、激素和细胞因子相互作用，共同维护机体内环境稳定。

思考题

1. 简述免疫调节的作用和意义。
2. 简述 Th1 和 Th2 细胞之间调节作用。
3. 举例说明 T 细胞和 B 细胞表面抑制性受体介导的负向调节作用。

习　题

一、名词解释

1. 免疫调节
2. 抗原内影像
3. AICD

二、单项选择题

1. 关于免疫调节作用正确的是（　　）。
   A. 免疫调节仅在免疫系统内部进行
   B. 抗原没有免疫调节作用
   C. 抗原抗体复合物没有免疫调节作用
   D. CTL 细胞不参与免疫应答的调节
   E. Th 细胞参与免疫应答的调节
2. B 细胞不同于其他 APC 之处在于对于下列哪种抗原的有效提呈（　　）。
   A. 高浓度抗原　　B. 低浓度抗原
   C. CD 抗原　　D. 内源性抗原
   E. 自身抗原
3. 具有杀伤丢失 MHC－Ⅰ类分子的靶细胞作用的是（　　）。
   A. Mϕ　　B. CTL　　C. NK　　D. PMN
   E. DC

4. 独特型—抗独特型网络的调节机制属于（　　）。

A. 遗传因素的调节

B. 封闭的细胞抗原受体和抗原的内影像作用

C. 抗体的反馈调节

D. 免疫复合物的调节

E. 以上均不是

5. 与免疫调节无关的因素是（　　）。

A. Ag 在体内被降解

B. 体内产生过高或过低浓度的 IgG 抗体

C. 胸腺细胞的增殖

D. 体内抑制性 T 细胞的存在

E. HLA 分子

6. AICD（　　）。

A. 是一种程序性被动死亡

B. 对免疫应答的终止有调节作用

C. 在免疫应答过程中只有细胞杀伤作用，而无免疫调节作用

D. 在免疫应答过程中只有免疫调节作用，而无细胞杀伤作用

E. 主要通过淋巴细胞释放细胞毒颗粒实现

7. 抑制 Th2 功能的细胞因子是（　　）。

A. IL–2　　B. IFN–γ　　C. IL–4　　D. IL–5

E. IL–10

8. Tr 细胞的调节作用主要是通过（　　）。

A. 特异性杀伤靶细胞，清除抗原

B. 杀伤 T 淋巴细胞和 B 淋巴细胞引起免疫抑制

C. 抑制 APC 呈递抗原

D. 抑制抗原 – 抗体复合物，活化补体

E. 分泌抗原特异和非特异抑制因子抑制免疫应答

9. 关于抗原对免疫应答的调节作用，错误的是（　　）。

A. 抗原的存在是免疫应答发生的前提

B. 抗原在体内耗尽，免疫应答即终止

C. 一定范围内，应答水平与抗原的量呈正相关

D. 抗原的量与免疫应答的发生与否有关

E. 抗原的量与免疫应答的类型无关

10. 关于免疫应答的调节作用，错误的是（　　）。

A. 单核巨噬细胞参与免疫应答的调节

B. Th1 细胞介导体液免疫应答

C. Th2 产生的 IL–10 抑制 Th1 的增殖

D. Th1 产生的 IFN–γ 抑制 Th2 的增殖

E. Tr 细胞可抑制 Tc、Th 的功能

三、判断题（正确的划“√”，错误的划“×”）

1. 免疫应答的调节包括整体水平的调节、细胞水平的调节、分子水平的调节、免疫系统内部调节及群体水平的调节。 （ ）

2. 抗体发挥负调节作用的主要机制是形成抗原－抗体复合物，使抗原量下降。 （ ）

3. Th1 分泌的 IFN-γ 可抑制 Th2 的增殖，而 Th2 产生的 IL-4 增强 Th1 的增殖。 （ ）

4. 神经－内分泌系统和免疫系统之间的调节作用可通过免疫细胞产生的内分泌激素，免疫细胞产生的细胞因子，神经及内分泌细胞表达的细胞因子受体、免疫细胞产生的抗体和各种效应分子等。（ ）

四、简答题

1. 简述抗体、抗原抗体复合物对抗体产生的调节作用。

2. 简述神经－内分泌－免疫网络的调节作用。

参考答案

第十四章　免疫耐受

思维导图

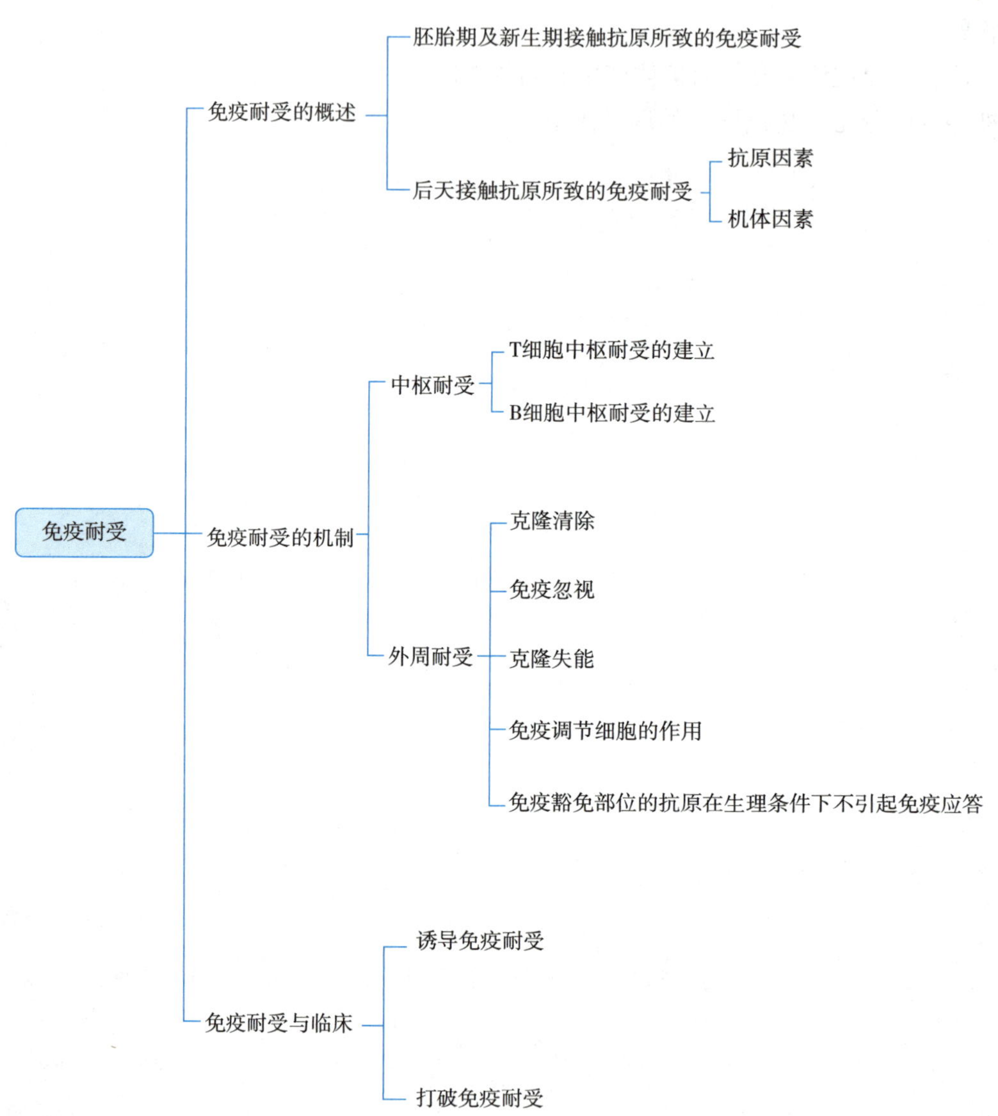

学习目标

知识目标　掌握免疫耐受的概念和分类，免疫耐受形成机制。

能力目标　诱导或打破免疫耐受在临床实践中的应用。

思政目标　通过学习免疫耐受理论知识，结合案例分析讨论，培养学生独立思考、逻辑思维、分析问题的能力。

董晨，1967 年 7 月出生于湖北省武汉市，中国科学院院士，清华大学医学院教授、博士生导师，清华大学免疫研究所所长。董晨主要致力于免疫学的研究，重点探讨免疫耐受和免疫应答的分子调控机制，以理解自身免疫和过敏疾病的发病机制，并探索新型肿瘤免疫治疗。董晨研究发现表达白细胞介素 -17 的 T 细胞是一类独立于 Th1 和 Th2 细胞存在的新型炎性 T 细胞亚群，即 Th17 细胞，该发现改变了人类对自身免疫疾病的认识，促进多个针对性的临床一线生物制剂药物的诞生；确立滤泡辅助性 T 细胞（Tfh 细胞）的独立 T 细胞亚群地位，并发现其特征性首要转录因子 Bcl6；发现具有体液免疫调节功能的 Tfr 细胞亚群；发现肿瘤免疫与免疫耐受的重要分子机制等。他的研究对于治疗免疫性疾病带来了深远的影响，也给肿瘤免疫治疗提供新的思路。

董晨说："Trial and error。科研不仅仅是做实验、发文章，科研更应该是一个提出问题，通过方法获得数据、总结规律、验证假设并且提出新问题的过程。"他希望决定从事科研工作的青年学子能真正叩问自己的内心，是否对科研有兴趣、有耐心，是否对"科研是个人解决问题的强烈意愿和集体活动的结合"有清晰的认知。"认准一个方向，然后系统性地做下去"，他经常对学生说，"你要做的就是尽你的可能性去解决一个问题。多数重大成果的发现都需要一个积累的过程。当你坚持下来，并最终积淀出开创性的成果，做科研的意义会被真正体现出来"。借鉴董晨院士的话与大家共勉！

第一节　免疫耐受的概述

生理条件下，机体免疫系统对外来抗原刺激产生一系列应答以清除抗原物质，但对机体组织细胞表达的自身抗原却表现为"免疫无应答"（unresponsiveness），从而避免自身免疫病。机体免疫系统对特定抗原的这种"免疫无应答"状态称为免疫耐受（immunological tolerance）。免疫耐受可天然形成，如机体对自身组织抗原的免疫耐受；也可为后天获得，如人工注射某种抗原后诱导的获得性耐受。诱导耐受形成的抗原称为耐受原（tolerogen），同一抗原物质既可是耐受原，也可是免疫原，主要取决于抗原的理化性质、剂量、进入途径、机体遗传背景和生理状态等因素。免疫耐受具有高度特异性，即只对特定的抗原不应答，对其他抗原仍能产生良好的免疫应答。因此，免疫耐受不影响适应性免疫应答的整体功能，从而不同于免疫抑制或免疫缺陷所致的非特异性的低反应或无反应状态。免疫耐受和免疫应答相辅相成，两者的平衡对保持免疫系统的自身稳定（homeostasis）至关重要。

一、胚胎期及新生期接触抗原所致的免疫耐受

Owen 于 1945 年首先报到了在胚胎期接触同种异型抗原所致的免疫耐受现象（图 14-1）。他观察到部分异卵双胎小牛的胎盘血管相互融合，血液自由交流，呈自然联体共生。出生后，两头小牛体内均存在两种不同血型抗原的红细胞，构成红细胞嵌合体（chimeras），互不排斥。更有意思的是，将其中一头小牛的皮肤移植给另一头小牛，亦不产生排斥。而将无关小牛的皮肤移植给此小牛，则被排斥。因此，这种耐受具有抗原特异性。

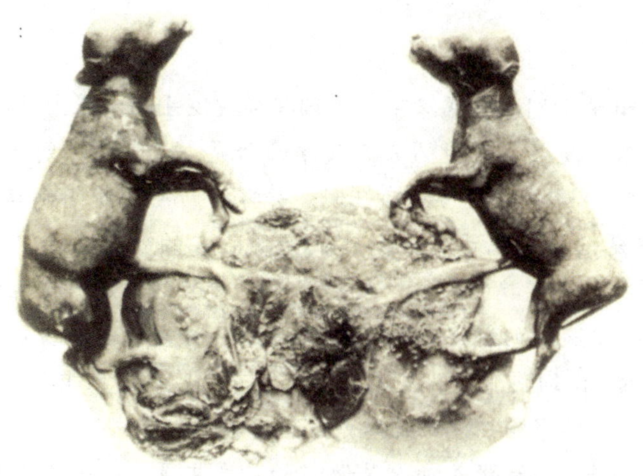

图 14-1 2只不同肤色的小牛共用一个胎盘

Medawar 等进一步设想，可能是在胚胎期接触同种异型抗原诱导了免疫耐受。为求证这一假设，他将 CBA 品系小鼠的骨髓输给新生期的 A 品系小鼠（图 14-2）。在 A 系小鼠出生 8 周后，移植 CBA 系小鼠的皮肤，此移植的皮肤能长期存活，不被排斥，但移植无品系 Balb/c 小鼠的皮肤，则被排斥。该实验不仅证实了 Owen 的观察，而且揭示：当体内的免疫细胞处于早期发育阶段而尚未成熟时，可人工诱导对“非己”抗原产生免疫耐受。Medawar 等的实验为 Burnet 的克隆选择学说提供了重要证据，后者认为，在胚胎发育期，不成熟的自身反应性淋巴细胞接触自身抗原后会发生克隆清除，从而形成对自身抗原的耐受。因为这项开拓性工作，Burnet 和 Medawar 于 1960 年共同获得诺贝尔生理学或医学奖。

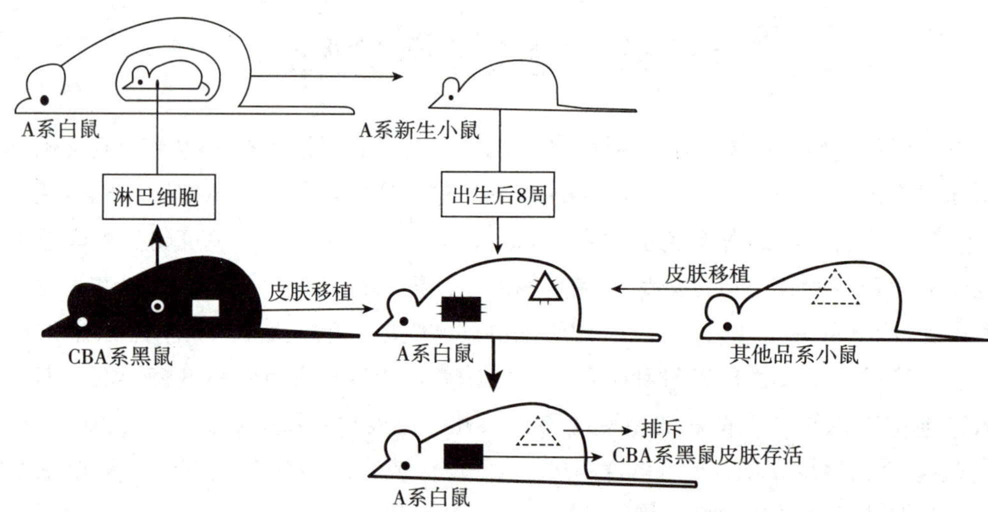

图 14-2 小鼠胚胎期免疫耐受动物模型示意图

二、后天接触抗原所致的免疫耐受

不仅胚胎期及新生期所接触的抗原会诱导免疫耐受，后天接触到的某些抗原在一定条件下也能诱导耐受形成。后天免疫耐受的形成受到抗原和机体两方面因素的影响。

（一）抗原因素

1. 抗原剂量

抗原剂量影响免疫耐受的形成。

（1）低带耐受及高带耐受：1964 年 Mitchison 报道，给小鼠注射不同剂量的牛血清白蛋白（BSA），观察抗体产生，发现低剂量（10^{-8}mol/L）及高剂量（10^{-5}mol/L）BSA 均不能诱导产生特异性抗体，只有注射适宜剂量 BSA（10^{-7}mol/L）才致高水平的抗体产生。他将抗原剂量太低及太高引起的免疫耐受分别称为低带（low-zone）及高带（high-zone）耐受。抗原剂量过低，不足以激活 T 及 B 细胞，不能诱导免疫应答。以 T 细胞活化为例，APC 表面必须有 10 ～ 100 个相同的抗原肽 -MHC 分子复合物，与相应数目的 TCR 结合后，才能使 T 细胞活化。抗原剂量太高，则诱导应答细胞凋亡，或可能诱导抑制性 T 细胞活化，抑制免疫应答，从而呈现无应答状态。

（2）B 细胞耐受及 T 细胞耐受：一般而言，TI 抗原需要高剂量才能诱导 B 细胞耐受，而 TD 抗原在低剂量与高剂量均可诱导耐受。低剂量 TD 抗原可诱导 T 细胞耐受，即低带耐受；高剂量 TD 抗原同时诱导 T、B 细胞耐受，为高带耐受。T、B 细胞产生耐受所需抗原剂量明显不同：T 细胞耐受所需抗原量较 B 细胞小 100 ～ 10000 倍，且发生快（24 小时内达高峰）、持续久（数月至数年）；B 细胞形成耐受不但需要抗原量大，且发生缓慢（1 ～ 2 周）、持续时间短（数周）。

2. 抗原类型及剂型

天然可溶性蛋白中存在有单体（monomer）分子及聚体（aggregate）分子。如直接用 BSA 免疫小鼠，可产生抗体。若先经高速离心去除其中的聚体，再免疫小鼠，则致耐受，不产生抗体。其原因是，蛋白单体不易被 APC 摄取和提呈。可溶性抗原若与佐剂联合使用，则易被 APC 摄取，并活化 T 细胞，从而诱导正常免疫应答。

3. 抗原免疫途径

口服易致全身耐受，其次依次为静脉注射、腹腔注射，肌内及皮下注射最难诱导免疫耐受。口服抗原，经胃肠道诱导派尔集合淋巴结及小肠固有层 B 细胞，产生分泌型 IgA，发挥局部黏膜免疫效应，但却致全身免疫耐受。这种“耐受分离”（spilt tolerance）现象有其实用意义。另一方面，抗原经皮内或皮下免疫，易活化 APC，诱导免疫应答。

4. 抗原持续存在

如没有 APC 提供的共刺激信号，单纯被自身抗原反复刺激的 T 细胞，易发生活化后凋亡，导致对自身抗原的特异耐受。

5. 抗原表位特点

以鸡卵溶菌酶（HEL）蛋白免疫 H-2b 小鼠可能导致免疫耐受。现知 HEL 的 N 端氨基酸构成的表位能诱导 Treg 细胞活化，而其 C 端氨基酸构成的表位则诱导 Th 细胞活化。用天然 HEL 免疫，因 Treg 细胞活化，抑制 Th 细胞功能，致免疫耐受，不能产生抗体；如删除 HEL 的 N 端 3 个氨基酸，则去除其活化 Treg 细胞的表位，而使 Th 细胞活化，辅助 B 细胞应答产生抗体。这种能诱导 Treg 细胞活化的抗原表位，称为耐受原表位（tolerogenic epitope）。

（二）机体因素

个体对特定抗原的免疫应答或免疫耐受还受到机体免疫系统发育成熟状态、免疫功能状态、遗传背景以及所属的环境等多方面的影响。

1. 年龄及发育阶段

免疫耐受的诱导一般在胚胎期最易，新生期次之，而成年动物产生免疫耐受比较困难，产生的免疫耐受也不持久，这主要与免疫系统的发育成熟程度有关。未成熟的免疫细胞与成熟细胞相比更易发生免疫耐受，成熟的免疫细胞耐受所需抗原量较未成熟免疫细胞耐受需要的抗原量高数十倍。在免疫系统尚未发育成熟的时期（胚胎期和新生期）静脉注射外来抗原能够诱导终生耐受。另外，全身淋巴组织照射可破坏胸腺及外周淋巴器官中已成熟的淋巴细胞，造成类似新生期的状态，此时淋巴器官中重新生成、未发育成熟的淋巴细胞能被抗原诱导，建立持久的免疫耐受。

2. 生理状态

单独应用抗原不易诱导成年个体耐受，与免疫抑制措施联合则可诱导耐受。常用的免疫抑制药物有抗 CD3、CD4、CD8 抗体等生物制剂，以及环磷酰胺、环孢素、糖皮质激素等。这些药物与抗原联合应用诱导免疫耐受已被许多实验所证明，且是同种器官移植术中用于延长移植物存活的有效措施。

3. 遗传背景

某种遗传背景的个体对特定抗原呈先天耐受。例如一些个体对乙型肝炎疫苗不产生抗体，可能与其 MHC 遗传背景有关。

第二节　免疫耐受的机制

免疫耐受按其形成时期的不同，分为中枢耐受及外周耐受。中枢耐受（central tolerance）是指在胚胎期及出生后 T、B 细胞在中枢免疫器官发育的过程中，遇自身抗原所形成的耐受。外周耐受（peripheral tolerance）是指成熟的 T、B 细胞，遇内源性或外源性抗原，不产生免疫应答，而显示免疫耐受。两类耐受成因和机制有所不同。

一、中枢耐受

造血祖细胞分别在胸腺和骨髓发育分化为 T 细胞和 B 细胞。在输出到外周前，尚未完全成熟的淋巴细胞经历复杂的阴性选择过程，主要借助克隆清除以建立对自身抗原的耐受。中枢免疫耐受机制对防止自身免疫至关重要。T、B 细胞自身发育缺陷或胸腺及骨髓微环境基质细胞缺陷均可能令阴性选择发生障碍，这样的个体易患自身免疫病。

（一）T 细胞中枢耐受的建立

T 细胞在胸腺发育过程中，编码 TCR 的 V 区基因片段发生重排，产生能够识别不同抗原的 TCR，其中包含能识别自身抗原的 TCR。在 T 细胞发育后期，新产生的单阳性细胞迁入胸腺髓质区，如果其表达的 TCR 能与胸腺上皮细胞（thymic epithelial cell，TEC）或胸腺 DC 表面表达的自身抗原肽 -MHC 分子复合物呈高亲和力结合，将导致细胞凋亡程序的启动，致使克隆清除（clonal deletion）。此外，部分自身反应性 T 细胞与对应的自身抗原结合后可能发育成为具有免疫抑制特性的自然调节性 T 细胞（nTreg）。这种不同的命运可能与 TCR 信号强度有关，高强度信号易于诱导细胞凋亡，而稍低强度的信号更倾向于诱导产生 nTreg。自身抗原有两类：一类是体内各组织细胞普遍存在的自身抗原（ubiquitous self-antigen），另一类是只在特定组织表达的组织特异抗原（tissue-specific antigen）。发育中淋巴细胞是如何接触到后一类抗原的，这一直是令人费解的问题。有关自身免疫调节因子（autoimmune regulator，AIRE）的研究部分解开了这个谜团。自身免疫性多内分泌病 - 白念珠菌病 - 外胚层营养不良症（autoimmune polyendocrinopathy-candidiasis-ectodermac dystrophy）是由 AIRE 基因突变导致的一种罕见的常染色体隐性遗传病。作为一种转录调控分子，AIRE 驱使很多原本仅在外周组织表达的自身抗原（如胰岛素、甲状腺球蛋白、腮腺蛋白等）在胸腺髓质上皮细胞（medullary thymic epithelial cell，mTEC）异位表达。这些异位表达的自身抗原可直接由 mTEC 提呈给胸腺 T 细胞，或者在 mTEC 凋亡后由胸腺 DC

摄取并交叉提呈给胸腺T细胞，进而诱导自身反应性T细胞的凋亡和克隆清除。AIRE基因缺陷导致mTEC不能异位表达组织特异性抗原，针对这些自身抗原的T细胞得以逃脱阴性选择，进入外周T细胞库，并引起自身免疫病。

（二）B细胞中枢耐受的建立

阴性选择同样存在于B细胞发育过程中。在未成熟B细胞阶段，发育中的B细胞表面第一次表达功能性的BCR复合物。当它们遭遇自身抗原时，若所表达的BCR能与自身抗原呈高亲和力结合，则可能导致细胞凋亡和克隆清除。但另有部分自身反应性B细胞，在受到自身抗原刺激后还可能重新启动免疫球蛋白基因重排，重排另外一个轻链位点，产生具有新BCR的B细胞克隆，不再对自身抗原产生应答，该过程被称为“受体编辑（receptor editing）”。

二、外周耐受

淋巴细胞发育过程中的阴性选择并不是完美无缺的。实际上，仍有相当数量的自身反应性T、B细胞克隆不能被有效清除，并输出至外周。可能的原因之一是，有些自身抗原（如神经髓鞘蛋白）在骨髓或胸腺中没有表达，故不能诱导未成熟淋巴细胞的克隆清除。针对这些溢出外周的自身反应性淋巴细胞，机体有多种机制抑制其反应性，从而维持自身免疫耐受。

（一）克隆清除

克隆清除也可能在外周发生。自身反应性淋巴细胞在外周遭遇自身抗原后，如果自身抗原高水平表达，且与TCR具有高亲和力，经APC提呈后将为T细胞活化提供有效的第一信号，如果APC因某种原因不能提供足够强度的第二信号，T细胞不仅不能被活化，反而会被诱导凋亡。同样的，如果高水平的自身抗原导致B细胞受体广泛交联，同时却缺失T细胞提供的辅助信号，B细胞也将被诱导发生凋亡。

（二）免疫忽视

免疫系统对低水平抗原或低亲和力抗原不发生免疫应答的现象称为免疫忽视（immunological ignorance）。如果自身抗原表达水平很低，不能有效活化相应的T或B细胞，即发生免疫忽视。需要指出的是，如果自身抗原水平或者是共刺激信号强度发生显著改变，这类潜伏的自身反应性细胞有可能从免疫忽视状态转变为应答状态。

（三）克隆失能

在外周，自身反应性T、B细胞常以克隆失能（clonal anergy）状态存在。T细胞克隆失能可能由多种原因所致，最常见者是由不成熟DC（iDC）提呈自身抗原引起的。在此情况下，虽有TCR识别抗原肽-MHC复合物产生的第一信号，但iDC低表达共刺激分子，且不能产生IL-12，不能为T细胞活化提供第二信号。因此，T细胞不能充分活化，呈克隆失能状态。失能细胞易发生凋亡，而被克隆清除。但有些细胞能长期存活，在有外源性IL-2时，可进行克隆扩增而发生免疫应答，导致自身免疫病。B细胞针对胸腺依赖抗原的应答需要T细胞辅助。如果自身抗原特异性T细胞处于失能状态，对应的B细胞即使受到适宜的抗原刺激也不能被有效活化，从而呈现免疫无反应状态。失能B细胞寿命较短，因高表达Fas而易于凋亡。此外，B细胞长期暴露于可溶性抗原时，也会成为失能的B细胞，原因在于，可溶性抗原常以单体形式存在，虽能与B细胞表面BCR结合，但不能使BCR交联，因而导致B细胞失能。

（四）免疫调节细胞的作用

多种免疫调节细胞也在外周耐受形成的过程中发挥作用。一般认为，与 TCR 具有中等亲和力的自身抗原能诱导发育中的 T 细胞向 Treg 分化，Treg 在外周发挥的抗原特异性或非特异性抑制作用对防止自身反应性 T 细胞不适当活化至关重要。nTreg 细胞一般通过细胞 - 细胞间的直接接触发挥免疫抑制作用。Treg 细胞还可以由初始 T 细胞诱导产生（iTreg），主要通过分泌 IL-10 及 TGF-β 等细胞因子发挥免疫抑制功能。除 Treg 外，近年来还有人报道其他类型的调节性免疫细胞，如调节性 B 细胞、调节性 DC、髓源性抑制细胞（myeloid-derived suppressor cell，MDSC）等，它们也可能在外周免疫耐受维持中起到一定作用。

（五）免疫豁免部位的抗原在生理条件下不引起免疫应答

从免疫学角度看，机体某些部位非常特殊，如脑及眼前房。将同种异体组织移植到这些部位，通常不会诱导排斥反应，移植物能长久存活。因此，这些部位被称为免疫豁免部位（immunologically privileged site）。产生免疫豁免效应的原因主要有：①生理屏障（如血脑屏障）令隔离部位的细胞不能进入淋巴循环及血液循环，而免疫效应细胞亦不能进入这些隔离部位；②局部微环境易于诱导免疫偏离，促进 Th2 型反应，而抑制 Th1 型反应；③通过表达 Fas 配体，诱导表达 Fas 的淋巴细胞发生凋亡；④产生 TGF-β 为主的抑制性细胞因子，或通过表达 PD-1 配体抑制 T 细胞应答。由于针对免疫豁免部位自身抗原的淋巴细胞依然存在，一旦因外伤、感染等原因释放出这类抗原，仍能诱导特异性免疫应答，使之成为自身攻击的靶点。交感性眼炎是一个最典型的例子。胎盘是一种更为特殊的免疫豁免部位，其中的血胎屏障将胎儿与母体隔开，使遗传有父亲 MHC 分子的胎儿不被母体的免疫系统所排斥。除物理隔离外，还有其他多种因素参与母胎耐受的建立和维持，如绒毛膜滋养细胞高表达 HLA-G 分子，与 NK 细胞或杀伤性 T 细胞表面杀伤抑制性受体结合，抑制杀伤性免疫细胞的杀伤能力；母胎界面高表达吲哚胺双氧合酶，从而抑制 T 细胞反应等。

第三节　免疫耐受与临床

免疫耐受与多种临床疾病的发生、发展及转归密切相关。一方面，丧失对自身抗原的生理性耐受是自身免疫病发生的根本原因；另一方面，对病原体抗原和肿瘤抗原的病理性耐受则可能阻碍正常免疫防御和免疫监视功能的有效发挥，导致慢性持续性感染和肿瘤的发生和发展。临床实践中，对于自身免疫病，人们希望能够重建对自身抗原的生理性耐受；而对于慢性感染和肿瘤，人们则希望能够打破病理性耐受，恢复正常免疫应答，最终清除病原体和杀伤肿瘤细胞。同种异体或异种器官移植是另一种更特别的情形。为防止移植物被排斥，常用手段是大量使用免疫抑制剂，但这会造成机体免疫功能普遍和非特异性降低。更好的策略应该是设法诱导抗原特异性免疫耐受，使受者的 T、B 细胞对供者的器官组织特异抗原不产生应答，但仍维持对其他外来抗原的反应能力。为打破或建立免疫耐受，人们进行了艰苦的努力，一些策略和方法在动物模型研究中显示出良好的效果，但离最终用于人体还有相当长的路。

一、诱导免疫耐受

由于对生理状态下免疫耐受，尤其是外周耐受建立和病理情况下免疫耐受丧失的机制缺乏透彻的理解，人工诱导免疫耐受很大程度上仍是实验性尝试。

1. 口服或静脉注射抗原

口服抗原，可在肠道黏膜局部诱导特异性免疫应答，同时却可能抑制全身性应答。例如，注射髓鞘碱性蛋白（MBP）可诱导小鼠发生实验性变态反应性脑脊髓炎（EAE），如先给小鼠喂饲 MBP，小鼠肠道局部 $CD4^+T$ 细胞产生 TGF-β 及 IL-4，能诱导抗原特异性 B 细胞产生 IgA，同时抑制 T 细胞应答；此时再给小鼠注射 MBP 就很难诱导 EAE。口服热休克蛋白 HSP65，能够诱导 Treg 细胞，并对类风湿关节炎有一定治疗效果。在器官移植前，静脉注射供者来源的血细胞，能在一定程度上抑制受者随后对同种异型抗原的免疫应答，延长移植器官的存活。

2. 使用可溶性抗原或自身抗原肽的拮抗肽

可溶性蛋白抗原不易为 APC 摄取，而且不能有效诱导抗原受体交联，故不仅不导致淋巴细胞活化，反而常引起耐受。此外，某些肽段能模拟表位肽与 MHC 分子形成复合物，并被 TCR 识别，但却不能有效启动 TCR 下游的信号转导和激活特异性 T 细胞。因此，在确定能诱导自身免疫病的自身抗原肽后，可从人工肽库中，筛选其拮抗肽，用于治疗相应的自身免疫病。该策略曾在小鼠类风湿关节炎模型上取得了良好的效果。

3. 阻断共刺激信号

除抗原受体介导的信号，T、B 细胞活化均需要共刺激信号。实验条件下，通过阻断共刺激信号成功诱导出对多种抗原的耐受，包括以 CTLA-4/Ig 融合蛋白阻断 CD28 与 CD80/CD86 间的相互作用；以抗 CD40L 抗体阻断 CD40/CD40L 分子间的相互作用；以抗 LFA-1 抗体阻断 LFA-1/ICAM-1 间的相互作用等。

4. 诱导免疫偏离

已有的实验证据显示，很多情况下，自身免疫性组织损伤是由 Th1 或 Th17 细胞介导的，而 Th2 型应答具有保护作用。因此，人们尝试使用一些细胞因子诱导免疫应答向 Th2 型偏离，并抑制 Th1 和 Th17 细胞分化和功能。

5. 骨髓和胸腺移植

小鼠实验中，在同种异体器官移植前，通过供体骨髓细胞输注等方法建立供受者微嵌合体，可以诱导出稳定持久的免疫耐受状态，既可预防移植物抗宿主反应（GVHR），又可延长移植物存活时间。在系统性红斑狼疮等自身免疫病患者中，伴随多种自身抗原特异性 T 细胞及 B 细胞的活化，造血微环境和造血干细胞受到损害，如果给患者移植骨髓及胚胎胸腺，可部分建立正常免疫系统的网络调节功能，减轻或缓解自身免疫病。

6. 过继输入抑制性免疫细胞

在体外扩增 Treg，然后再输入到受者体内，有助于自身免疫病的控制。此外，还有临床前研究或临床试验结果显示，输入耐受性树突状细胞、巨噬细胞或间充质干细胞等同样有利于免疫耐受的建立。

二、打破免疫耐受

在慢性感染和肿瘤患者中，常因缺乏活化型辅助刺激分子或 Treg 水平的异常升高导致病理性免疫耐受。针对这类分子或细胞的措施有可能打破免疫耐受，恢复免疫应答。

1. 阻断免疫抑制分子

利用针对 CTLA-4、PD-1 等分子的封闭抗体阻断这些负向调节分子对免疫应答的抑制作用。在大规模肿瘤免疫治疗的临床试验中，该策略显示出令人鼓舞的疗效。

2. 激活共刺激信号

采用共刺激分子（CD40、4-1BB、GITR、OX-40 等）的激动性抗体可以增强抗原特异性的 T 细胞应答。

3. 减少 Treg 的数量或抑制 Treg 的功能

利用抗 CD25 抗体，可以部分去除体内的 Treg，增强免疫应答。此外，有研究发现，小鼠 Treg 表达 TLR9，用其相应配体（CpG）可逆转 Treg 的抑制功能，增强抗肿瘤免疫。这对人类的肿瘤免疫有参考价值。

4. 增强 DC 的功能

未成熟 DC 具有诱导免疫耐受的功能，应用免疫佐剂和刺激 TLR 的分子可促进 DC 的成熟。上调细胞表面 MHC Ⅱ类分子和共刺激分子的表达，使得耐受信号转变为激活信号。此外，据报道在 DC 表达共刺激分子 CD27 的配体 CD70，可有效打破 $CD8^{+}T$ 细胞耐受，使机体产生具有保护作用的抗病毒免疫应答。

5. 细胞因子及其抗体的合理使用

IFN-γ 能上调 Mϕ 及 APC 表达 MHC Ⅱ类分子，增强 Mϕ 及 APC 加工及提呈抗原的能力。IFN-γ 自身及其诱导 Mϕ 产生的 IL-12 可促进 Th1 细胞分化和功能，增强迟发型超敏反应及效应 CTL 产生。GM-CSF 与其他细胞因子联合应用，既可以支持粒 / 单核细胞生成，又可诱导 DC 成熟，用于增强抗肿瘤免疫应答的免疫治疗。肿瘤细胞常产生 TGF-β，抑制免疫应答，抗 TGF-β 抗体可能具有治疗作用。

临床案例

患者，男，8 岁。2 个月前发热，轻度咽痛，有慢性扁桃体炎病史 2 年。每年发作 3 ~ 4 次，临床诊断慢性扁桃体炎，于 1998-04-04 收住院。查体：发育良好，营养中等，右颌下有 0.2cm × 0.2cm 大小的淋巴结肿块，活动度尚可，无压痛。未触及其他部位表浅淋巴结肿大。心肺无异常，肝脾不大，四肢脊柱正常，生理反射存在，病理反射未引出，咽黏膜慢性炎症，右扁桃体Ⅲ度肥大．表面见少许散在黄白色角化珠，左扁桃体Ⅰ度肥大，耳、鼻正常。胸部 X 线片：心肺正常。血尿常规正常，于 1998-04-05 在乙醚麻醉下行腺样体刮除术。术中见扁桃体被膜完整，创面光滑，手术顺利，出血不多。右侧扁桃体明显大于左侧，组织略脆，故将扁桃体双侧均送病理检查，患儿术后 5 天伤口基本痊愈出院。术后病理回报为右扁桃体 B 细胞大无裂型恶性淋巴瘤。于 1998-04-12 第 2 次收住院，咽部伤口愈合佳，创面平，右颌下淋巴结未增大。B 超检查：肝、胆、脾、胰、肾正常；肝、肾功能均正常。血常规：HB 115g/L、WBC：中性粒细胞 66%、淋巴细胞 32%、嗜酸性粒细胞 1%、大单核细胞 1%。骨髓检查：正常骨髓像。给予化疗，2 周后因患儿肠道反应严重，家属拒绝化疗，改服中药。观察 3 个多月，患儿身体健康。右颌下淋巴结无变化，局部无复发。现仍在观察随访中。

分析：肿瘤免疫治疗是当前肿瘤治疗领域的热点研究方向，在近年来取得了突破性进展。然而，仍有相当数量的肿瘤患者对免疫治疗呈现耐受性，这给肿瘤免疫治疗的应用带来了一定的挑战。因此，研究肿瘤免疫耐受机制成为对抗肿瘤的关键。

肿瘤免疫耐受机制是指肿瘤细胞逃避免疫系统攻击的一系列机制。其中一个重要机制是肿瘤细胞通过抑制机体的免疫应答，使机体无法有效清除肿瘤细胞。这种免疫耐受机制的研究可以揭示肿瘤生长和发展的机制，同时找到潜在的干预途径。

首先，肿瘤细胞能够产生抑制性因子，从而抑制机体的免疫应答。例如，肿瘤细胞可以释放出表达 PD-L1 的外泌体，结合免疫细胞表面的 PD-1 受体，从而抑制免疫细胞的活性。此外，肿瘤细胞还能够释放出免疫抑制因子，例如 TGF-β 和 IL-10，这些因子能够抑制免疫细胞的活性，使其无法对肿瘤细胞进行攻击。

其次，肿瘤细胞可以建立一个免疫抑制的微环境，使免疫细胞无法进入肿瘤灶。肿瘤细胞可以产生各种趋化因子，吸引免疫抑制性细胞的迁移，例如调节性T细胞（Treg）、肿瘤相关巨噬细胞（TAM）等。这些免疫抑制性细胞会抑制免疫细胞的活性，从而产生免疫耐受状态。

此外，肿瘤细胞还可以影响机体的抗原提呈过程，从而减弱肿瘤抗原的识别。肿瘤细胞能够通过抑制MHC分子的表达或改变MHC的配型，减少肿瘤抗原的呈递，从而避免免疫细胞对肿瘤抗原的识别。

在肿瘤免疫耐受研究中，除了研究肿瘤细胞自身的免疫抑制机制外，还需关注机体免疫系统的变化。近年来，研究发现免疫系统在肿瘤发展过程中也会出现一定程度的失调。例如，肿瘤抗原特异性T细胞的功能降低、调节T细胞的增加等，这些免疫系统的改变可能对肿瘤免疫治疗的效果产生影响。因此，研究肿瘤免疫耐受机制不仅要关注肿瘤细胞自身，还需要全面了解机体免疫系统的功能状态。

为了突破肿瘤免疫耐受的障碍，科研人员提出了一系列策略。其中一种策略是通过联合治疗来提高免疫疗效，包括联合使用抗PD-1/PD-L1抗体、抗CTLA-4抗体以及其他的免疫治疗药物。另外，一些研究者也关注到了肠道微生物群对肿瘤免疫治疗的影响。肠道微生物群的改变可以影响机体免疫系统的状态，从而影响肿瘤免疫治疗的效果。因此，调节肠道微生物群可能成为提高肿瘤免疫治疗效果的一种策略。

总之，肿瘤免疫耐受机制是当前肿瘤免疫治疗中需要解决的重要问题。通过深入研究肿瘤细胞的免疫逃逸机制、机体免疫系统的功能状态，以及采用多种联合治疗策略来提高免疫治疗的效果，我们有望克服肿瘤免疫耐受，为更多的肿瘤患者带来福音。

本章小结

发育中的T、B细胞经历阴性选择，特异性克隆被诱导凋亡（克隆清除）或失活（克隆失能），此为中枢耐受。

部分逃脱阴性选择而输出至外周的自身反应性T、B细胞，或因抗原浓度过低不被活化（免疫忽视），或在缺乏共刺激信号条件下反复受到抗原刺激后发生凋亡（克隆清除）或失活（克隆失能），或受到包括Treg细胞在内的多种负调控机制的抑制而不被激活。

建立耐受，可促进移植物存活；恢复对自身抗原耐受，可治疗自身免疫病。反之，打破免疫耐受，恢复免疫应答，在抗感染、抗肿瘤免疫中有重要作用。

思考题

1. 试述免疫耐受的特点。
2. 试述免疫耐受形成的主要机制。
3. 建立和打破免疫耐受常用策略有哪些？

习 题

一、名词解释

1. 免疫耐受（immunological tolerance）

2. 耐受原（tolerogen）

二、单项选择题

1. 首先发现免疫耐受现象的是（　　）。

A. Burnet　B. Medawar　C. Jerne　D. Owen

E. Richard

2. 最易免疫耐受的抗原刺激途径是（　　）。

A. 口服　B. 皮下注射　C. 静脉注射　D. 肌内注射

E. 腹腔注射

3. 最易诱导耐受的时期是（　　）。

A. 胚胎期　B. 新生儿期　C. 儿童期　D. 青年期

E. 老年期

4. 免疫耐受性的形成具有如下细胞学特点（　　）。

A. T、B 细胞必须均耐受

B. T 细胞形成耐受较难，耐受维持时间较长

C. B 细胞形成耐受较易，耐受维持时间较短

D. T 细胞形成耐受较易，耐受维持时间也较长

E. 以上都不对

5. 低剂量的 TD 抗原（　　）。

A. 只能诱导 T 细胞产生耐受

B. 只能诱导 B 细胞产生耐受

C. 可诱导 T 细胞和 B 细胞产生免疫耐受

D. 不能诱导 T 细胞和 B 细胞产生免疫耐受

E. 以上都不对

6. 最易引起免疫耐受的抗原是（　　）。

A. 颗粒性抗原　B. 可溶性抗原

C. 大分子聚合状态抗原　D. 小剂量注射细菌内毒素

E. 马血清白蛋白加佐剂

7. 最容易诱导免疫耐受的细胞是（　　）。

A. B 细胞　B. 巨噬细胞　C. 单核细胞　D. T 细胞

E. NK 细胞

8. 不是免疫耐受特点的是（　　）。

A. 特异性免疫无应答状态

B. 除耐受原外，对其他抗原仍然可产生应答

C. 先天或后天获得

D. 易发生机会感染

E. 胚胎期或新生期易形成

9. 下列哪一种方法可以解除免疫耐受性（　　）。

A. X 线照射　B. 注射大剂量耐受原

C. 注射维生素 C　D. 注射交叉抗原

E. 注射干扰素

10. 诱导免疫耐受时宜采用下列哪种方法（　　）。

A. 皮内注射聚合的抗原　　B. 静脉注射聚合的抗原

C. 肌内注射非聚合的抗原　　D. 静脉注射非聚合的抗原

E. 皮内 / 皮下同时注射抗原

三、判断题（正确的划“√”，错误的划“×”）

1. 为诱导成年机体发生免疫耐受，常用的方法是抗原和免疫抑制剂联合使用。（　　）
2. 自身反应性 T 淋巴细胞克隆清除发生在骨髓。（　　）
3. 自身反应性 T 淋巴细胞通过阴性选择被排除。（　　）
4. 胚胎期免疫系统尚未发育成熟，易于诱导免疫耐受。（　　）

四、简答题

1. 简述 T、B 细胞形成自身耐受的机制。
2. 简述淋巴细胞外周耐受的形成机制。

参考答案

第十五章　超敏反应

思维导图

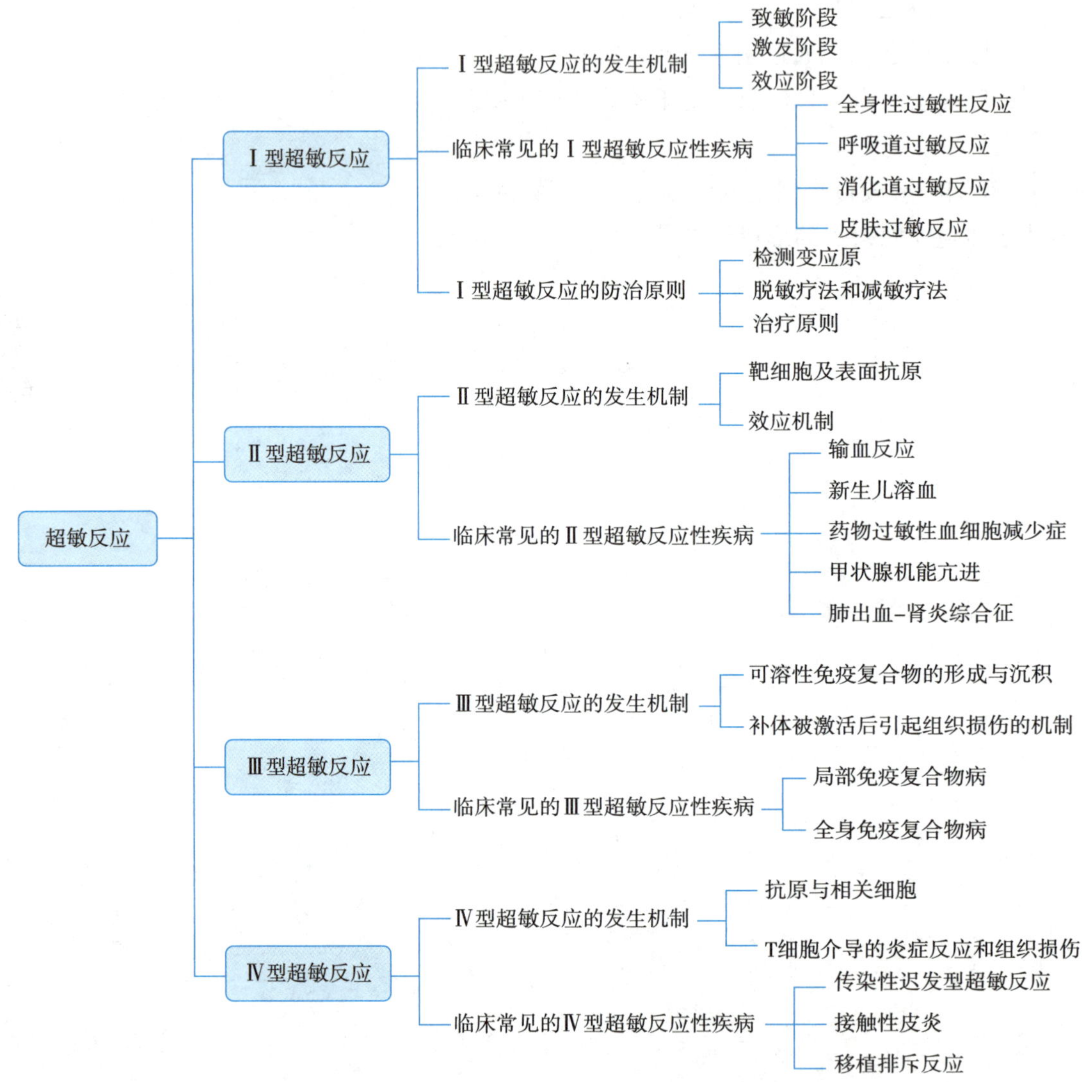

学习目标

知识目标　掌握超敏反应的概念与分型原则，理解四种类型超敏反应的发生机制，熟悉各型超敏反应的临床常见疾病，了解Ⅰ型超敏反应的防治原则。

能力目标　通过学习超敏反应理论知识，结合案例分析讨论，提高学生的临床思维能力，更能提高学生将基础知识运用到实践的能力。

思政目标　通过以问题为导向的教学方法，培养学生自主学习及勤于思考的能力，促进其逐步形成科学态度与科学精神。

思政入课堂

超敏反应，又称变态反应，是指机体受到相同抗原再次刺激后，发生的一种以机体生理紊乱和组织细胞损伤为特征的病理性的特异性免疫应答。这里介绍法国生理学家和免疫学家里歇（Richet），他对过敏反应的研究做出了重要贡献，于1913年获得诺贝尔生理学或医学奖。Richet的发现主要是通过实验来进行的。他的实验基于动物模型，尤其是狗。他发现，当某些物质（如蛋白质）被注射到动物体内时，动物会产生过敏反应，如呼吸困难、血管扩张和皮肤瘙痒等症状。这些反应是由于机体对这些物质产生了过敏反应。通过进一步的实验，Richet发现了过敏反应的两个重要特点：第一，初次接触物质时，动物并不会产生过敏反应，但会产生抗体。第二，再次接触相同物质时，抗体会与物质结合，引发过敏反应。

Richet在实验观察中发现并提出过敏现象的事迹告诉我们要在生活与工作中需要细心观察，发现问题并对此进行深究，弄清其原因，正是由于Richet这种人生态度使得他发现了过敏反应。

根据超敏反应的发生机制和临床特点，通常将其分为Ⅰ～Ⅳ型：Ⅰ型，即速发型超敏反应；Ⅱ型，即细胞毒型或细胞溶解型超敏反应；Ⅲ型，即免疫复合物型或血管炎型超敏反应；Ⅳ型，即迟发型超敏反应。

第一节　Ⅰ型超敏反应

Ⅰ型超敏反应又称速发型超敏反应或过敏反应，是由特异性IgE抗体介导发生。主要特征：发作快、消退快；以生理功能紊乱为主，一般无明显组织细胞损伤；有明显的个体差异和遗传倾向；易发超敏反应者，称为过敏体质。

一、Ⅰ型超敏反应的发生机制

（一）致敏阶段

变应原通过不同途径（吸入、食入、注射、接触、叮咬等）进入机体刺激机体产生IgE抗体，IgE抗体又称为反应素，主要由鼻咽、扁桃体、气管和胃肠道黏膜固有层中的浆细胞产生，这些部位也是变应原易于侵入的部位。IgE通过其Fc段与肥大细胞和嗜碱性粒细胞表面的IgE Fc受体（IgE FcR）结合，使机体处于致敏状态，这种状态可持续数月以上。引起Ⅰ型超敏反应的变应原种类繁多，常见的有：①药物：青霉素、链霉素、普鲁卡因等；②异种蛋白：海鲜类、寄生虫及其代谢产物、尘螨、真菌孢子、花粉蛋白等；③异种动物血清。

（二）激发阶段

处于致敏状态的机体再次接触同一变应原时，变应原迅速与吸附在细胞上的IgE结合，使膜表面的IgE FcR交联，并传递活化信号诱导致敏细胞脱颗粒，释放组胺、缓激肽、白三烯等生物活性介质。

（三）效应阶段

上述活性物质引起毛细血管扩张、通透性增加，腺体分泌增多，平滑肌收缩，从而产生各种过敏症状。在Ⅰ型超敏反应发生的早期，组织器官并无病理损害，如能及时阻止变应原的刺激，给予对症处理，临床症状可迅速消退。I 型超敏反应的发生机制如图 15-1 所示。

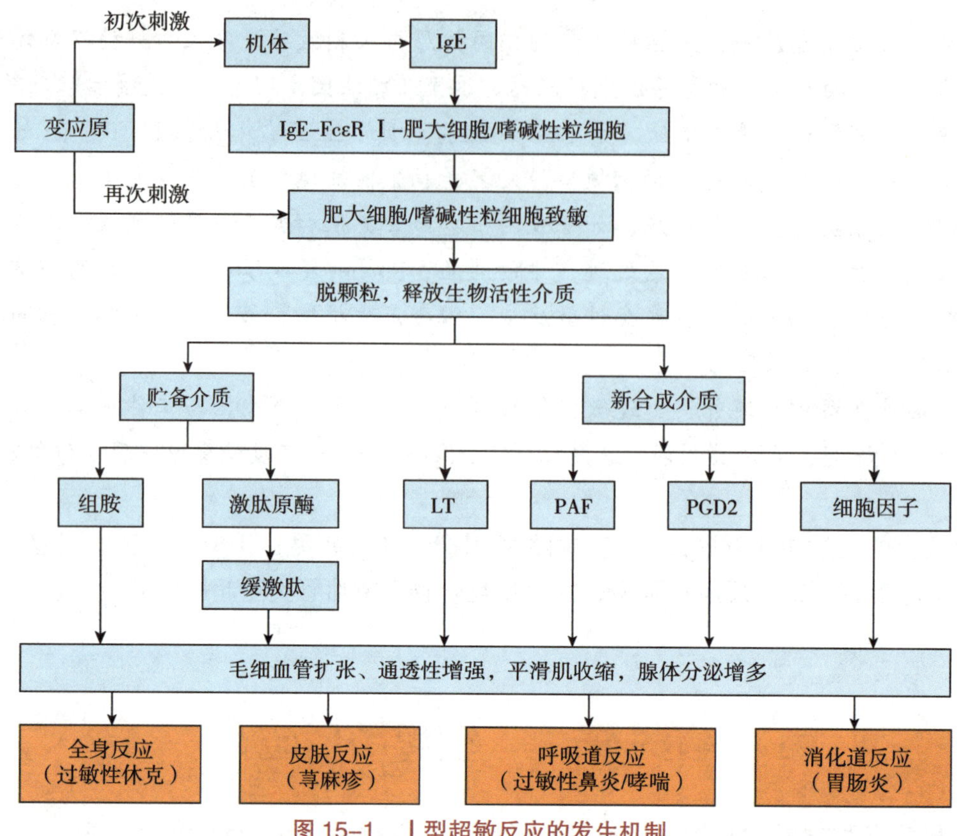

图 15-1　Ⅰ型超敏反应的发生机制

二、临床常见的 I 型超敏反应性疾病

（一）全身性过敏性反应

全身性过敏性反应是最严重的一种过敏反应，致敏者可在接触变应原数分钟内即出现胸闷、呼吸困难、面色苍白、出冷汗、脉搏细速、血压下降等症状，如抢救不及时可致死亡。常见有药物过敏性休克和血清过敏性休克。

1. 药物过敏性休克

以青霉素引发最为常见，此外链霉素、先锋霉素、普鲁卡因和有机碘也可引起过敏性休克。青霉素降解产物，青霉烯酸或青霉噻唑酸，作为半抗原与组织蛋白结合构成变应原。少数人在初次注射青霉素时就可发生过敏性休克，这可能与其曾经使用过青霉素污染的注射器等或吸入空气中青霉菌孢子使机体处于致敏状态有关。

2. 血清过敏性休克

临床用动物免疫血清治疗或紧急预防疾病时，有些患者可因再次注射同种动物免疫血清，可出现过敏性休克，重者可致死亡。

（二）呼吸道过敏反应

过敏性鼻炎或过敏性哮喘是临床上常见的呼吸道过敏反应，变应原有花粉、真菌孢子、尘螨等，因吸入引起发病。

（三）消化道过敏反应

少数人食入鱼、虾、蛋、乳等食物后出现的呕吐、腹痛、腹泻等急性胃肠炎症状，严重者可发生过敏性休克。

（四）皮肤过敏反应

皮肤过敏反应主要表现为荨麻疹、血管神经性水肿、特应性皮炎等。变应原有药物、食物、花粉、肠道寄生虫等。

三、I 型超敏反应的防治原则

（一）检测变应原

临床最常用的检测变应原方法是皮肤试验，皮试阳性者应避免接触变应原，严禁使用。但有些变应原如花粉、尘螨虽可被检出，却很难避免接触。

（二）脱敏疗法和减敏疗法

抗毒素血清皮试阳性的患者，又必须使用血清时，可采用小剂量、短间隔（20 ~ 30 分钟）、连续多次注射的方法，即所谓脱敏疗法。其原理是少量变应原进入人体内，使机体释放少量生物活性介质，后者被体内相应酶迅速分解，不易引起明显的临床症状，而短时间内连续多次注射逐渐消耗了体内的 IgE，故最后可以大量注射而不发生过敏。脱敏是暂时的，经过一定时间后仍可重建致敏状态。

对已检出而又难于避免接触的变应原，如花粉、尘螨等，可采用少量、长间隔、多次反复皮下注射的方法，即所谓减敏疗法。其原理与改变变应原进入机体的途径、诱导机体产生特异性封闭性 IgG 有关。该抗体能与结合在肥大细胞和嗜碱性粒细胞表面的 IgE 类抗体竞争进入体内的变应原，从而减轻过敏反应发生的程度。

（三）治疗原则

1. 抑制活性介质合成与释放

抑制活性介质合成与释放药物有：①阿司匹林能抑制环氧合酶，阻断前列腺素生成；②肾上腺素和前列腺素 E 等能促进 cAMP 合成；③色甘酸钠稳定细胞膜，使致敏细胞不能脱颗粒释放活性介质；④甲基嘌呤和氨茶碱可阻止 cAMP 的分解，两者的作用均可使细胞内 cAMP 浓度升高，抑制致敏靶细胞脱颗粒释放生物活性介质。

2. 拮抗活性介质作用

苯海拉明、异丙嗪、氯苯那敏等抗组胺药，可通过与组胺竞争结合效应器官上的组胺受体而发挥拮抗组胺的作用；阿司匹林可拮抗缓激肽；多根皮苷酊磷酸盐可拮抗白三烯。

3. 改善效应器官反应性

肾上腺素可解除支气管平滑肌痉挛，减少腺体分泌并使外周毛细血管收缩，升高血压，可用于抢救过敏性休克。葡萄糖酸钙、氯化钙、维生素 C 可以解痉，降低毛细血管通透性和减轻皮肤黏膜的炎症反应。

第二节　Ⅱ型超敏反应

Ⅱ型超敏反应是由 IgG 或 IgM 抗体与靶细胞表面相应抗原结合后，在补体、吞噬细胞和 NK 细胞作用下发生的免疫病理反应。又称为细胞毒型或细胞溶解型，主要特征是溶解、破坏靶细胞。

一、Ⅱ型超敏反应的发生机制

（一）靶细胞及表面抗原

靶细胞表面参与Ⅱ型超敏反应的抗原有：①细胞表面的固有抗原，如血型抗原；②感染或外伤所致的自身改变的抗原；③外来的抗原或半抗原吸附在细胞上，如药物半抗原吸附在血细胞上。

（二）效应机制

靶细胞表面抗原刺激机体产生 IgG、IgM 抗体，与细胞表面的相应抗原通过以下三种方式导致细胞溶解死亡、组织损伤：①激活补体的溶细胞作用；②吞噬细胞的调理吞噬作用；③ NK 细胞的 ADCC 作用（图 15–2）。

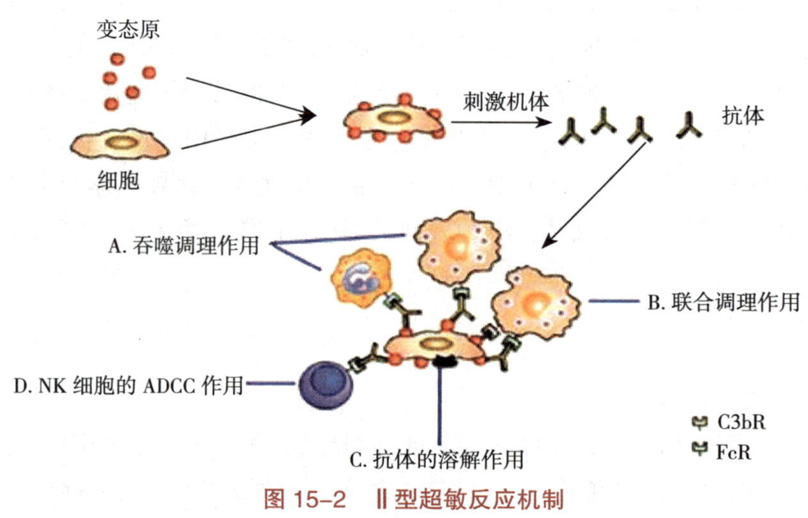

图 15–2　Ⅱ型超敏反应机制

二、临床常见的Ⅱ型超敏反应性疾病

（一）输血反应

多发生于 ABO 血型不符的输血。如将 A 型供血者的血误输给 B 型受血者，由于 A 型红细胞表面的 A 抗原与受血者血清中的天然抗 A 抗体结合，激活补体溶解红细胞，发生溶血性输血反应。

（二）新生儿溶血症

母子间 Rh 血型不符是引起新生儿溶血的主要原因。血型为 Rh^- 的母亲因流产或分娩 Rh^+ 的胎儿时，Rh^+ 红细胞进入母体内产生了抗 Rh 抗体（IgG 类），当再次妊娠 Rh^+ 的胎儿时，母体内的抗 Rh 抗体可通过胎盘进入胎儿体内，与胎儿 Rh^+ 红细胞结合，使胎儿红细胞溶解破坏，引起流产或新生儿溶血症。产后 72h 内给母体注射抗 Rh 抗体，可有效地预防再次妊娠时发生新生儿溶血症。

（三）药物过敏性血细胞减少症

药物作为半抗原吸附于红细胞、白细胞或血小板表面，刺激机体产生抗体而致血细胞破坏。如青霉素引起红细胞溶解所致溶血性贫血、氨基比林引起的粒细胞减少症、磺胺药物引起血小板减少性紫癜。

（四）甲状腺功能亢进症

一种特殊的Ⅱ型超敏反应，即抗体刺激型，患者体内产生针对甲状腺细胞表面甲状腺刺激素受体的自身抗体，该抗体与甲状腺细胞表面刺激素受体结合，可刺激甲状腺细胞合成分泌甲状腺素，导致甲状腺功能亢进症。

（五）肺出血－肾炎综合征

患者产生针对肾基底膜主要成分——Ⅳ型胶原的自身抗体，肺基膜也含Ⅳ型胶原，抗原抗体结合活化补体引起。发病原因可能与病毒感染有关。

第三节 Ⅲ型超敏反应

Ⅲ型超敏反应是由可溶性免疫复合物沉积于毛细血管基膜等处引起，通过激活补体并在中性粒细胞、血小板、肥大细胞等参与下导致的炎症和组织损伤，又称为免疫复合物型或血管炎型。

一、Ⅲ型超敏反应的发生机制

（一）可溶性免疫复合物的形成与沉积

体内形成抗原抗体复合物又称免疫复合物（IC）是经常发生的，但大多数情况下多可被机体及时清除不会导致组织损伤。当可溶性抗原在体内持续存在时（如乙肝病毒表面抗原的持续存在），刺激机体产生 IgG、IgM 或 IgA，且当抗原量略多于抗体量时，可形成中等大小、可溶性的 IC，不能被机体及时清除而沉积在血流缓慢、血管迂回曲折部位的血管基底膜，激活补体引起组织损伤。

（二）补体被激活后引起组织损伤的机制

1. 补体作用

IC 通过经典途径激活补体，产生补体裂解片段 C3a 和 C5a，后者与使肥大细胞、嗜碱性粒细胞上的受体结合，使其释放组胺等生物活性介质使血管通透性增加，组织水肿。

2. 中性粒细胞

C5a 作为趋化因子，吸引中性粒细胞到达 IC 沉积部位，在吞噬 IC 的同时释放多溶酶体酶，可水解血管和周围组织引起组织损伤。

3. 血小板的作用

活化聚集，形成血栓，导致局部组织缺血坏死。血小板活化释放出的血管活性胺类物质，还加重局部水肿（图 15–3）。

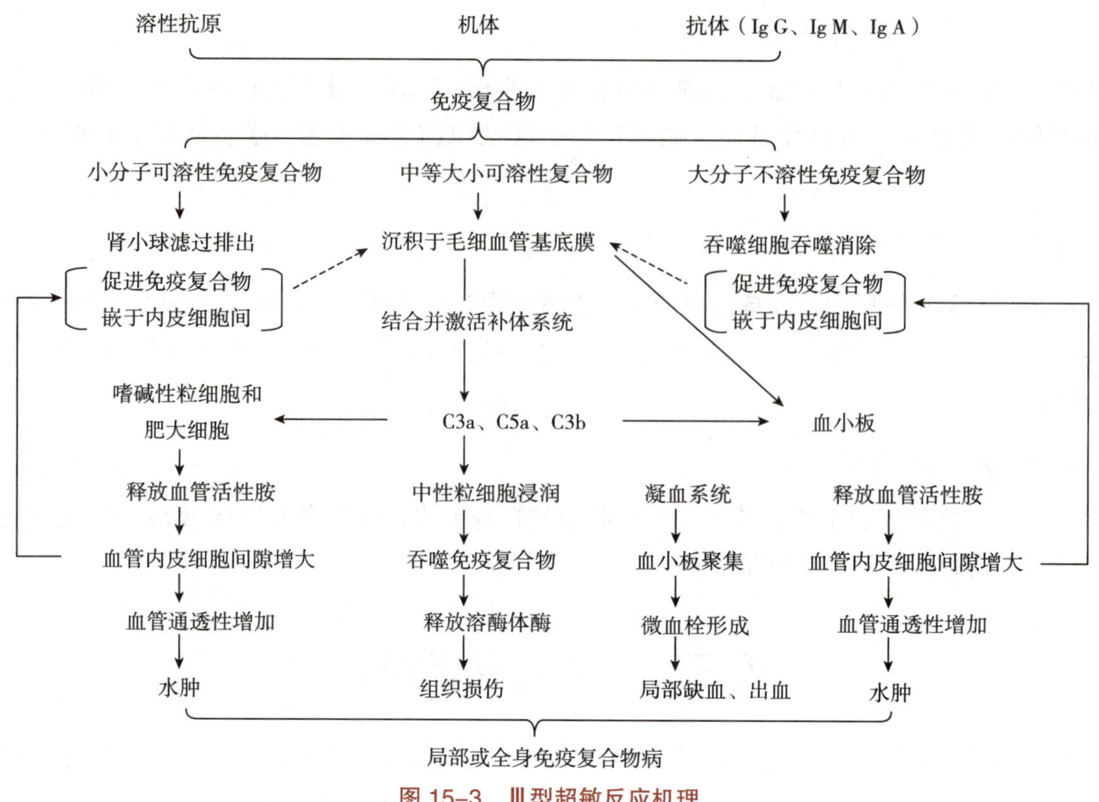

图 15-3　Ⅲ型超敏反应机理

二、临床常见的Ⅲ型超敏反应性疾病

（一）局部免疫复合物病

1. Arthus 反应

是一种实验性皮肤局部的Ⅲ型过敏反应。1903 年，Arthus 发现用马血清经皮下反复免疫家兔数周后，当再次注射马血清时，可在局部出现红肿、出血和坏死等剧烈炎症反应，即 Arthus 反应。

2. 类 Arthus 反应

胰岛素依赖型糖尿病患者，因局部反复注射胰岛素后刺激机体产生相应 IgG 抗体，再次注射胰岛素即可在注射局部出现红肿、出血和坏死。

（二）全身免疫复合物病

1. 血清病

通常在初次接受大剂量抗毒素血清（如含破伤风抗毒素的马血清）1 ~ 2 周后，出现发热、皮疹、关节肿痛、全身淋巴结肿大、一过性蛋白尿等症状。其发病原因是体内马血清尚未清除就产生了相应抗体，两者结合形成中等大小的可溶性循环免疫复合物所致。该病为自限性，停用异种血清后可自然恢复。有时长期应用青霉素、磺胺等药物也可出现类似症状。

2. 链球菌感染后肾小球肾炎

一般发生于 A 族溶血性链球菌感染后 2 ~ 3 周，体内产生抗链球菌抗体与链球菌可溶性抗原，如 M 蛋白结合形成 IC，沉积在肾小球基底膜，引起免疫复合物型肾炎。其他病原体如乙肝病毒、疟原虫等感染也可引起此病。

3. 类风湿关节炎

可能因病毒感染等因素使体内 IgG 分子变性，变性的 IgG 分子作为自身抗原，刺激机体产生抗变性 IgG 的自身抗体（IgM 类为主），临床上称类风湿因子，两者结合形成免疫复合物，沉积在小关节滑膜，引起类风湿关节炎。

4. 系统性红斑狼疮

系统性红斑狼疮（SLE）患者体内常出现多种抗核抗体，与循环中的核抗原形成 IC，并不断沉积在肾小球、关节、皮肤和其他多种器官的毛细血管壁中，通过激活补体引起肾小球肾炎、皮肤红斑、关节炎和多部位的脉管炎。

第四节 Ⅳ型超敏反应

Ⅳ型超敏反应是由 T 细胞参与的一种细胞免疫应答反应，以单个核细胞浸润和组织损伤为主要特征的炎症反应，发生机制与细胞免疫一致。不同的是Ⅳ型超敏反应主要引起组织损伤，而细胞免疫则以清除抗原为主。因反应发生较慢，又称迟发型超敏反应。

一、Ⅳ型超敏反应的发生机制

（一）抗原与相关细胞

引起Ⅳ超敏反应的抗原主要是胞内寄生菌、病毒、寄生虫等，这些抗原经 APC 摄取、加工、提呈给 $CD4^+$Th1 或 $CD8^+$ CTL 使之活化并分化为效应性的 $CD4^+$Th1 或 $CD8^+$ CTL，再次接触变应原，引起Ⅳ型超敏反应。

（二）T 细胞介导的炎症反应和组织损伤

1. $CD4^+$Th1 细胞介导的炎症反应和组织损伤

效应性 $CD4^+$Th1 再次接触变应原，释放各种细胞因子，如 TNF-α、INF-γ、IL-2、IL-3 等引起淋巴细胞、单个核细胞浸润为主的炎症反应。

2. $CD8^+$ CTL 介导的细胞毒作用

活化后 $CD8^+$ CTL 细胞通过分泌穿孔素和颗粒酶，杀伤靶细胞，或 CTL 细胞表面表达的高水平 FasL 与靶细胞表面的 Fas 相互识别，使靶细胞发生细胞凋亡（图 15-4）。

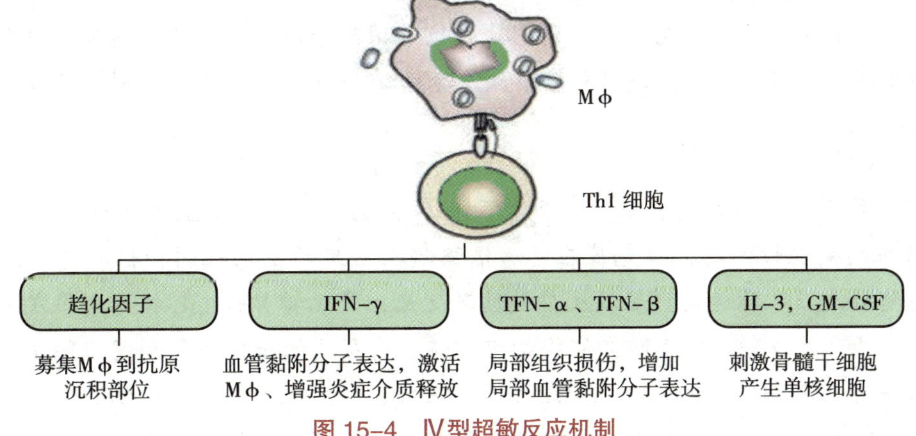

图 15-4 Ⅳ型超敏反应机制

二、临床常见的Ⅳ型超敏反应性疾病

（一）传染性迟发型超敏反应

多发生于胞内寄生感染，由于这种超敏反应是在感染过程中发生的，且发生缓慢，故称传染性迟发型超敏反应。如肺结核病人的干酪样坏死、麻风病人的皮肤肉芽肿等病变均为传染性迟发型超敏反应的表现。

（二）接触性迟发型超敏反应

接触性皮炎是典型的接触性迟发型超敏反应。通常是由于一些小分子半抗原化学物质如油漆、化妆品、青霉素等首次与皮肤接触后，与角质蛋白结合成完全抗原使机体致敏。当再次接触变应原时，接触的局部皮肤可在 24h 后发生皮炎，48 ~ 96h 炎症达高峰，局部皮肤呈现红斑、水疱严重者甚至发生剥脱性皮炎。

（三）移植排斥反应

器官移植时由于供者与受者的 HLA 不同，在移植后 2 周左右，受者体内形成效应 T 细胞，与移植的组织器官发生Ⅳ型超敏反应，使移植的组织器官发生坏死、脱落。移植排斥反应发生的速度和程度同供者与受者之间 HLA 配型有关，配型相差越远，则排斥反应越快、越严重。

临床案例

患者，男，14 岁，主诉咽部不适 3 周，水肿、尿少、疲倦伴睡眠欠佳 1 周。3 周前咽部不适，轻咳，无发热，自服“氟哌酸”未愈。近 1 周感双腿发胀，双眼睑水肿，晨起时明显，同时尿量减少，200 ~ 500mL/d，尿色较红。于外医院查尿蛋白（++），血压增高，口服“阿莫仙”“保肾康”症状无好转来诊。发病以来精神食欲可，轻度腰酸、乏力，无尿频、尿急、尿痛、关节痛。既往体健，青霉素过敏，个人史、家族史无特殊。体格检查：T 36.5℃，P 18 次 / 分，BP 160/96mmHg，无皮疹，浅淋巴结未触及，眼睑水肿，巩膜无黄染，咽红，扁桃体大，心肺无异凹性水肿。实验室检查：血 Hb 140g/L，WBC 7.7×10^9/L，尿蛋白（++）、定量 3g/24 小时，尿 WBC 0 ~ 1 个 / 高倍、RBC 20 ~ 30 个 / 高倍，偶见颗粒管型，血 IgG、IgM、IgA 正常，C3 0.5g/L。抗链球菌 O 试验（ASO）结果：800 U/L（正常值：≤ 200 U/L）。肝功能及乙肝两对半抗原抗体检验结果正常。请分析该患者主要诊断考虑是什么疾病？其发病机制是什么？

分析：该病例主要考虑链球菌感染后肾小球肾炎，属于Ⅲ型超敏反应。80% 以上的链球菌感染后肾小球肾炎属于Ⅲ型超敏反应。一般发生于 A 族溶血性链球菌感染后 2 ~ 3 周，其发生机制是体内产生的抗链球菌抗体与链球菌可溶性抗原结合形成循环 IC，沉积在肾小球基底膜上，引起免疫复合物型肾炎。

本章小结

超敏反应，又称变态反应，是指机体受到相同抗原再次刺激后，发生的一种以机体生理紊乱和组织细胞损伤为特征的病理性的特异性免疫应答。根据超敏反应的发生机制和临床特点，通常将其分为Ⅰ ~ Ⅳ型：Ⅰ型超敏反应又称速发型超敏反应或过敏反应，是由特异性 IgE 抗体介导发生，发作快、消退快，以生理功能紊乱为主，一般无明显组织细胞损伤，有明显的个体差异和遗传倾向。Ⅱ型超敏反应是由 IgG 或 IgM 抗体与靶细胞表面相应抗原结合后，在补体、吞噬细胞和 NK 细胞作用下发生的免疫病理反应，又称为细胞毒型或细胞溶解型，主要特征是溶解、破坏靶细胞。Ⅲ型超敏反应是由可溶性免疫复合物沉积于毛细血管基膜等处引起，通过激活补体并在中性粒细胞、血小板、肥大细胞等参与下导致的炎症和组织损伤，又称为免疫复合物型或血管炎型。Ⅳ型超敏反应又称迟发型超敏反应，是由T细胞参与的一种细胞免疫应答反应，以单个核细胞浸润和组织损伤为主要特征的炎症反应，反应发生较慢，通常在再次接触抗原后48～72小时发生。

思考题

1. 简述各型超敏反应的发生的机制。
2. 简述各型超敏反应各有哪些常见疾病。
3. 简述Ⅰ型超敏反应的防治原则。

习 题

一、名词解释

1. 超敏反应
2. Ⅰ型超敏反应
3. Ⅱ型超敏反应
4. Ⅲ型超敏反应
5. Ⅳ型超敏反应

二、单项选择题

1. 没有抗体参与的超敏反应属于（ ）。
   A. Ⅰ型　B. Ⅱ型　C. Ⅲ型　D. Ⅳ型
   E. 以上都不是
2. 与Ⅰ型超敏反应有关的免疫球蛋白是（ ）。
   A. IgG 型抗体　B. IgM 型抗体
   C. IgE 型抗体　D. 致敏淋巴细胞
   E. 以上都不是
3. 既可属Ⅱ型，也可属Ⅲ型的超敏反应性疾病是（ ）。
   A. 荨麻疹　B. 血清病　C 肾小球肾炎　D. 风湿热
   E. 以上都不是
4. 药物过敏性血细胞减少症属于（ ）。
   A. Ⅰ型　B. Ⅱ型　C. Ⅲ型　D. Ⅳ型
   E. 以上都不是
5. 下列超敏反应性疾病，反应速度发生最快的是（ ）。
   A. 青霉素所致过敏性休克　B. 药物所致血细胞减少症
   C. 链球菌感染后肾小球肾炎　D. 药物等引起的接触性皮炎
   E. 接触性皮炎

6. 由致敏T细胞介导的超敏反应属于（　　）。

A. Ⅰ型　B. Ⅱ型　C. Ⅲ型　D. Ⅳ型

E. 以上都不是

7. ABO血型不合的输血引起的溶血性贫血属于哪型超敏反应（　　）。

A. Ⅰ型　B. Ⅱ型　C. Ⅲ型　D. Ⅳ型

E. 以上都不是

8. 急性肾小球肾炎的发病机制是（　　）。

A. Ⅳ型超敏反应　B. Ⅲ型或Ⅱ型超敏反应

C. Ⅰ型超敏反应　D. 溶血毒素的致病作用

E. 以上都不是

9. 接触性皮炎属于（　　）。

A. Ⅰ型超敏反应　B. Ⅱ型超敏反应

C. Ⅲ型超敏反应　D. Ⅳ型超敏反应

E. 以上都不是

10. 发生速度最慢的超敏反应是（　　）。

A. Ⅰ型超敏反应　B. Ⅱ型超敏反应

C. Ⅲ型超敏反应　D. Ⅳ型超敏反应

E. 以上都不是

三、判断题（正确的划“√”，错误的划“×”）

1. 新生儿溶血属于Ⅲ型超敏反应性疾病。（　　）
2. 系统性红斑狼疮属于Ⅳ型超敏反应性疾病。（　　）
3. Ⅱ型超敏反应又称细胞毒型或细胞溶解型超敏反应。（　　）
4. 询问过敏史和皮肤试验检出过敏原，避免与之接触是预防超Ⅰ型敏反应的方法之一。（　　）

四、简答题

1. 青霉素引起的过敏性休克属于哪一型超敏反应？其发病机制如何？
2. 试述Ⅳ型超敏反应的发生机制与其他三型有何不同。

参考答案

第十六章　自身免疫病

思维导图

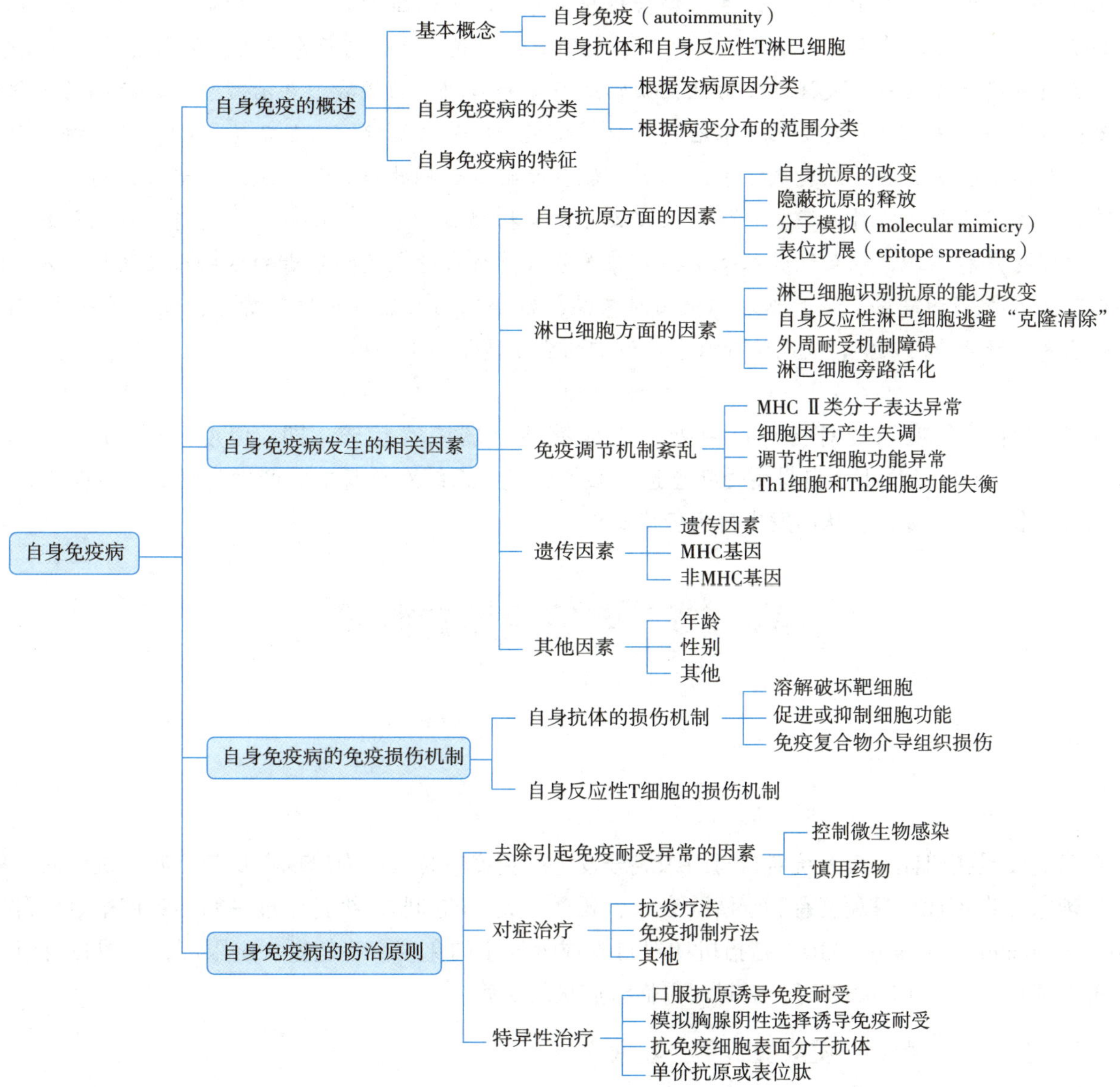

学习目标

知识目标　掌握自身免疫病的概念及免疫损伤机制，熟悉自身免疫病发生的相关因素及常见疾病，了解自身免疫病的防治原则。

能力目标　通过教师的讲授与引导，使学生学会从文献中获取免疫学最新进展，利用已学基本知识，独立分析、熟悉免疫学在临床中的实际应用，提高解决实际问题的能力。

思政目标　通过了解各种免疫失调疾病及其发病机制，引导学生认识到生命现象的复杂性、物质性和生命运动的多样性，树立辩证唯物主义的自然观和世界观。

思政入课堂

自身免疫病是机体对自身成分发生的免疫应答超过一定限度，造成自身组织器官病理性损伤和（或）功能障碍，而引起相应临床症状的疾病。根据发病原因可分为原发性和继发性自身免疫病两类。原发性自身免疫病无明显的诱因，呈慢性迁延性过程，病程进展不可逆，预后不良，如系统性红斑狼疮、类风湿性关节炎、胰岛素依赖型糖尿病等。激发性自身免疫病有明显的诱因，去除病因后病情可发生逆转，甚至完全恢复，如药物引起的血细胞减少症、柯萨奇病毒感染引起的心肌炎等。自身免疫病患者需要人文关怀是因为他们面临着身体和心理上的挑战，在治疗和管理疾病的过程中需要得到支持和关注。尤其是比较难治的自身免疫病，比如系统性红斑狼疮（SLE），是一种长期的疾病，会对多个器官和系统造成损害，患者可能会面临着长期的痛苦和不适。患者在面对这种慢性疾病时，除了医疗治疗外，还需要得到人文关怀，包括理解和尊重、提供心理支持、提供信息和教育、管理疼痛和不适，以及促进社交支持等。医务人员对自身免疫病患者的这些人文关怀可以是提供心理上的支持和鼓励，帮助患者积极面对疾病，减轻他们的焦虑和抑郁情绪，促进治疗依从性，帮助患者更好地应对疾病，提高治疗效果及他们的生活质量和幸福感。

正常机体的免疫系统对自身抗原处于无应答或微弱应答状态，即“免疫耐受（immunological tolerance）”。在一定条件下，自身耐受状态遭到破坏，免疫系统对自身抗原产生过度的免疫应答，造成了器质性损伤及功能障碍，从而发生自身免疫病。

第一节　自身免疫的概述

一、基本概念

（一）自身免疫（autoimmunity）

自身免疫是指机体免疫系统对自身组织成分发生的免疫应答，体内出现自身免疫属于机体的一种正常生理现象。生理性自身免疫有利于清除衰老、死亡、突变的细胞，维持生理平衡和免疫稳定。自身免疫病（autoimmune disease，AID）是指机体对自身成分发生的免疫应答超过一定限度，造成自身组织器官病理性损伤和（或）功能障碍，引起相应临床症状的疾病。

（二）自身抗体和自身反应性 T 淋巴细胞

自身抗体是指机体产生的针对自身成分的抗体。在正常人血清中也可测出，且出现的频率和效价随年龄增加而增高，60 岁以后半数以上的人可检出多种自身抗体。自身抗体与自身免疫病的发生密切相关，患者血清中可检出高效价的自身抗体，如特发性血小板减少性紫癜与抗血小板抗体、桥本甲状腺炎与抗甲状腺蛋白抗体、原发性 Addison 病与抗肾上腺皮质细胞抗体等。自身反应性 T 淋巴细胞也参与了自身免疫病的发生，这种细胞有如下特性：①能在器官特异性 AID 组织中分离；②转输给健康受者，可引起相应 AID；③在受者病变器官中可以分离到同样的自身反应性 T 淋巴细胞。

二、自身免疫病的分类

（一）根据发病原因分类

根据发病原因，自身免疫病可分为原发性和继发性自身免疫病两类。原发性自身免疫病无明显的诱因，呈慢性迁延性过程，病程进展不可逆，预后不良，如系统性红斑狼疮、类风湿性关节炎、胰岛素依赖型糖尿病等。继发性自身免疫病有明显诱因，去除病因后病情可发生逆转，甚至完全恢复，如药物引起的血细胞减少症、柯萨奇病毒感染引起的心肌炎等。

（二）根据病变分布的范围分类

根据病变分布的范围，自身免疫病可分为器官特异性（organ specific）和非器官特异性（non-organ specific）两类。器官特异性自身免疫病（organ specific autoimmune disease）是指靶抗原定位于机体的某一特定器官或细胞类型，病变常局限于特定器官。非器官特异性自身免疫病（non- organ specific auto immune disease）又称全身性或系统性自身免疫病，是指病变波及多种器官和组织的自身免疫性疾病，其常见的靶抗原为细胞核成分或线粒体等（表 16-1）。

表 16-1 常见自身免疫病

类别	病名	主要自身抗原
非器官特异性		
	系统性红斑狼疮（SLE）	胞核成分
	类风湿性关节炎（RA）	变性 IgG、类风湿相关的核抗原
	干燥综合征	细胞核、唾液腺、胞质线粒体、微粒体、红细胞、血小板
	混合性结缔组织病	细胞核
器官特异性		
	桥本甲状腺炎	甲状腺球蛋白、微粒体
	毒性弥漫性甲状腺肿（Graves 病）	甲状腺细胞表面 TSH 受体
	肾上腺皮质功能不全（Addison 病）	肾上腺皮质细胞胞质
	胰岛素依赖型糖尿病（IDDM）	胰岛细胞
	自身免疫性胃炎	胃壁细胞
	（非特异性）溃疡性结肠炎	结肠上皮细胞表面蛋白
	原发性胆汁性肝硬化	胆小管细胞、线粒体
	重症肌无力	乙酰胆碱受体
	自身免疫性溶血性贫血	红细胞膜蛋白
	特发性血小板减少性紫癜	血小板膜蛋白

三、自身免疫病的特征

（1）大多数自身免疫病病因不明，与遗传、感染、药物或环境因素有关。患者以女性多见，发病率随年龄增长而升高。

（2）患者体内可检测到高水平的自身抗体和（或）自身反应性效应 T 细胞，自身抗体和（或）自身反应性 T 淋巴细胞造成组织、器官的免疫损伤或功能障碍。

（3）动物实验中可复制出与自身免疫病相似的动物模型，疾病能通过患者的血清或淋巴细胞被动转移。

（4）疾病反复发作，慢性迁延，有重叠现象。

（5）转归与自身免疫反应的强度和活动的持续性密切相关，免疫抑制剂治疗有一定效果。

第二节 自身免疫病发生的相关因素

自身免疫病的发病机制尚未完全阐明。目前认为由于遗传和环境等因素的影响引起自身耐受出现异常或被破坏，从而导致自身免疫病的发生。

一、自身抗原方面的因素

人体内存在的自身抗体或自身反应性 T 淋巴细胞所针对的自身组织成分，称为自身抗原（autoantigen）。在一定的条件下，自身抗原及其发生的变化可能诱发机体强烈的免疫应答，引起自身免疫病。

（一）自身抗原的改变

生物因素（如细菌、病毒或寄生虫等）、物理因素（如冷、热、电离辐射）、化学以及药物等因素均可导致自身抗原的改变，如暴露新的抗原表位，抗原发生构象变化，抗原被修饰或降解，外来半抗原（如某些药物）、完全抗原（如微生物毒素）与自身组织中的完全抗原（如蛋白质）、半抗原（如多糖）分子相结合等。由于自身抗原发生改变，使机体的免疫系统将其视为"异己"物质予以排斥。例如：长期服用甲基多巴可改变红细胞膜结构，刺激机体产生抗红细胞的自身抗体，引起红细胞的溶解破坏。

（二）隐蔽抗原的释放

机体内某些器官组织成分（如脑、眼晶状体、睾丸、精子、心肌和子宫等）由于解剖位置的特殊性，与免疫系统隔离，称为隐蔽自身抗原。手术、外伤或感染等情况可导致这些隐蔽抗原释放进入血流或淋巴系统，激活相应的自身反应性淋巴细胞，引发自身免疫性疾病。如眼外伤使晶状体蛋白（隐蔽抗原）"释放"入血，可刺激机体产生针对晶状体蛋白的自身抗体或激活特异性淋巴细胞，攻击健侧眼睛发生自身免疫性交感性眼炎。

（三）分子模拟（molecular mimicry）

某些外源性抗原（尤其是病原微生物）与机体组织成分有相同或相似的抗原表位，由这些外源性抗原激活机体所产生的抗体和效应 T 细胞，可与自身组织成分发生交叉反应，引起自身免疫病（表 16–2）。

表 16–2 分子模拟与自身免疫病的发生

自身免疫病	自身抗原	微生物抗原
风湿性心脏病	心肌球蛋白	链球菌 M 蛋白
1 型糖尿病	谷氨酸盐脱羧酶	柯萨奇病毒
Lyme 关节炎	LFA–1	*B. burgdorferi* 旋体
多发性硬化病	MBP	多种生物肽
急性炎症性脱髓鞘性多发性神经病	P2 蛋白	多种病毒和空肠弯曲菌
重症肌无力	乙酰胆碱受体（AchR）	多种病毒
脊椎关节病	B27	多种 G^- 菌蛋白
Graves 病	TSH 受体	Yersinia 菌

（四）表位扩展（epitope spreading）

表位扩展是指机体免疫系统对外来或自身抗原进行应答的过程中，发生对该抗原表位数目扩大识别的现象。一种抗原分子或细胞往往兼具功能性表位和隐蔽表位。当抗原初次刺激免疫系统时，免疫系统首先针对其表面的功能性表位（优势表位）产生免疫应答，随着免疫应答的持续，可能因免疫效应等原因致抗原分子或细胞裂解破坏，从而暴露内部抗原表位（隐蔽表位），进而诱导机体免疫系统对新暴露表位发生识别应答，使抗原不断受到新的免疫攻击。表位扩展是某些自身免疫性疾病如 SLE、RA 迁延不愈、不断加重的原因。

二、淋巴细胞方面的因素

（一）淋巴细胞识别抗原的能力改变

由于理化、生物等因素的影响，淋巴细胞发生突变，导致抗原识别能力异常，对自身抗原发生免疫应答引起自身免疫病。

（二）自身反应性淋巴细胞逃避“克隆清除”

由于胸腺（或骨髓）功能异常，出现克隆清除障碍，自身反应性 T、B 淋巴细胞逃避阴性选择，进入外周免疫器官和外周血，识别自身抗原，引起自身免疫病。

（三）外周耐受机制障碍

正常情况下，被抗原激活的 T 细胞可高表达 Fas/FasL，从而介导激活的 T 细胞发生凋亡，即活化诱导的细胞死亡（AICD），若 Fas 基因突变导致效应淋巴细胞不能及时清除，可导致自身免疫病的发生。

（四）淋巴细胞旁路活化

正常情况下，体内存在针对自身抗原的 T、B 淋巴细胞克隆，但由于机体中对免疫应答起重要作用的 Th 细胞已发生免疫耐受，故不出现自身免疫应答。在某些致病因子的作用下，可通过旁路途径绕过耐受的 Th 细胞激活静止的效应淋巴细胞，导致自身免疫病的发生。

1. Th 细胞旁路（Th cell bypass）活化

某些外来抗原与自身抗原有相同 B 细胞表位但无相同 T 细胞表位，进入机体后可激活相应 Th 细胞，绕过原已产生耐受的 T 细胞，辅助有自身反应性潜能的 B 细胞活化产生自身免疫应答，如某些溶血性链球菌感染后所引发急性肾小球肾炎和风湿热，柯萨奇病毒感染引发的糖尿病，其发生机制多为 Th 细胞旁路激活自身反应性 B 细胞。

2. 独特型旁路活化

某些致病因子（如病毒、寄生虫等）本身或其刺激机体产生的抗体，可激活特异性独特型 Th 细胞（绕过耐受 Th 细胞），使之辅助相应的自身反应性淋巴细胞发生自身免疫应答。现已发现，多数自身免疫病患者体内的自身反应性 T 细胞表面均存在独特型 Th 细胞发生作用的结构。

3. 多克隆激活

某些微生物成分或超抗原可非特异性直接激活多克隆淋巴细胞，引发自身免疫病。例如 EB 病毒感染可刺激机体产生多种自身抗体，如抗平滑肌、抗核蛋白、抗淋巴细胞和抗红细胞等的自身抗体。

三、免疫调节机制紊乱

正常机体具有紧密且严格控制的免疫调节网络，如免疫调节系统发生紊乱，使自身免疫应答的发生、持续与强度失去控制，就可能发生自身免疫病。

（一）MHC Ⅱ类分子表达异常

人体的组织细胞主要表达 MHC Ⅰ类分子，几乎不表达 MHC Ⅱ类分子，某些因素（如 IFN-γ）使组织细胞异常表达 MHC Ⅱ类分子，从而将自身抗原提呈自身反应性 Th 细胞，引起自身免疫病。如毒性弥漫性甲状腺肿的甲状腺上皮细胞、原发性胆汁性肝硬化的胆管上皮细胞、糖尿病的胰腺 B 细胞和内皮细胞均可异常表达 MHC Ⅱ类分子。

（二）细胞因子产生失调

细胞因子产生失调可导致异常自身免疫应答。其致病机制可能是：诱导 MHC Ⅱ类分子表达量增加或表达异常；诱导黏附分子表达量增加，使抗原提呈细胞与 T 细胞结合力增强，从而促进自身免疫应答的发生。如类风湿关节炎的关节滑膜 T 细胞可自发性产生大量的 TNF-α 和 GM-CSF，从而大量激活巨噬细胞，引起慢性炎症和持续性组织损伤。

（三）调节性 T 细胞功能异常

免疫抑制功能异常与自身免疫病的发生有关，动物实验证实 Treg 数量下降、功能缺陷小鼠或 Foxp3 基因敲除小鼠易发生自身免疫病。

（四）Th1 细胞和 Th2 细胞功能失衡

在感染或组织损伤所致炎症反应时，机体能通过产生的细胞因子，从而引发自身免疫病。

四、遗传因素

（一）遗传因素

流行病学资料显示遗传因素在自身免疫病的发生中起着重要作用，如同卵双生子均发生类风湿性关节炎、多发性硬化症和系统性红斑狼疮的机会约 20%，而异卵双生子仅为 5%。此外，自身免疫病具有家系发病的现象，多为器官特异性，而遗传因素在选择受累器官中起重要作用。

表 16-3 与 HLA 相关的一些自身免疫病

自身免疫病	HLA 基因	相关危险率（RR）
类风湿性关节炎	DR4	6.0
强直性脊柱炎	B27	＞100
胰岛素依赖型糖尿病	DR3/DR4	20.0
艾迪生（Addison）病	DR3	6.3
系统性红斑狼疮	DR3	5.8
恶性贫血	DR5	5.4
多发性硬化病	DR2	4.0
慢性淋巴细胞性甲状腺炎	DR5	3.2
Graves 病	DR3	3.0
重症肌无力	DR3	2.5

（二）MHC 基因

研究表明，携带特定 HLA 等位基因的个体更易发生某些自身免疫病（表 16–3）。其可能的原因是：①特定的 MHC 等位基因产物使机体可能有效提呈特定的自身抗原肽，从而导致相应自身免疫病的发生率增加；② MHC 影响自身反应特异性 TCR 和 BCR 的表达；③ MHC 影响细胞因子的表达和自身耐受的维持。

（三）非 MHC 基因

一些非 MHC 基因也和自身免疫病的发生有关。如补体成分 C1q 和 C4 基因缺陷的个体清除免疫复合物的能力明显减弱，体内免疫复合物的含量增加，易发生系统性红斑狼疮。

五、其他因素

（一）年龄

自身免疫病多见于老年人，老年人体内自身抗体的检出率增高，其可能的原因是：老年人胸腺功能衰退或衰老导致免疫功能紊乱，从而易导致自身免疫病的发生。

（二）性别

某些自身免疫性疾病的发生以女性多见，动物实验及临床资料也显示性激素与自身免疫病的发生有关。

（三）其他

流行病学资料显示吸烟、饮酒、心理压力、精神刺激、肥胖、应激、肠道菌群失调、重金属、生活方式及环境污染与自身免疫性疾病的发生也有一定的关系。

第三节　自身免疫病的免疫损伤机制

自身免疫病的免疫损伤机制是由自身抗体和（或）自身反应性 T 细胞介导的Ⅱ、Ⅲ、Ⅳ型超敏反应所致，其损伤机制与超敏反应的损伤机制相同。不同自身免疫病可能通过一种或多种机制导致组织损伤。

一、自身抗体的损伤机制

（一）溶解破坏组织细胞

自身抗体与细胞膜表面抗原结合后可通过：①激活补体溶解组织细胞。如自身免疫性溶血性贫血，特发性血细胞减少性紫癜等；②通过 ADCC 作用杀伤自身组织。自身免疫性甲状腺炎的组织损伤可能由此机制参与；③抗体及补体片段通过调理吞噬，促进吞噬细胞对自身抗原的损伤。

（二）促进或抑制细胞功能

在一些特殊情况下，自身抗体与相应自身组织细胞结合后，不损伤靶细胞，而是通过刺激或抑制细胞的功能发挥致病作用。如甲状腺毒症机体产生的针对甲状腺刺激素受体的自身抗体，可持续刺激甲状腺素的分泌。重症肌无力（myasthenia gravis）患者体内产生的针对乙酰胆碱受体的自身抗体与神经肌肉接头处乙酰胆碱受体结合：①竞争抑制乙酰胆碱与 AchR 结合，阻断乙酰胆碱的作用；②加速 AchR 内化和降解；③形成免疫复合物激活补体，破坏 AchR，最终导致肌细胞对乙酰胆碱的反应性降低，出现肌无力症状。

（三）免疫复合物介导组织损伤

自身抗体与自身可溶性抗原结合形成的中等大小的免疫复合物随血流沉积于机体某些部位的毛细血管基底膜，激活补体，产生 C3a、C5a 等补体活性片段，引起沉积部位以中性粒细胞浸润为主的炎症反应，从而干扰相应器官的正常生理功能，并造成组织损伤，如 SLE 患者体内的多种抗 DNA 和抗组蛋白自身抗体与相应抗原形成大量的免疫复合物，沉积在关节、肾小球、皮肤等部位的毛细血管，引起关节炎、肾小球肾炎、皮肤红斑及多部位脉管炎等全身性病理损伤。

二、自身反应性 T 细胞的损伤机制

自身反应性 Th1 细胞浸润自身抗原所在局部，通过释放多种细胞因子，引起单个核细胞浸润为主的炎症反应，如器官特异性自身免疫性糖尿病和多发硬化症患者病变局部以大量的单核细胞浸润为主的病理改变可能与此有关。另外，自身反应性 CTL 可直接破坏自身组织靶细胞。如胰岛素依赖型糖尿病患者体内存在的自身反应性 CTL 可持续杀伤胰岛 β 细胞，致使胰岛素的分泌严重不足。

第四节　自身免疫病的防治原则

自身免疫病是免疫耐受异常所引起的对自身抗原的免疫应答，因此，其治疗理想方法是恢复免疫系统对自身抗原的免疫耐受，由于自身免疫病的发病机制复杂，至今难以实现完全康复。目前临床治疗主要是缓解或减轻自身免疫病的临床症状。

一、去除引起免疫耐受异常的因素

（一）控制微生物感染

链球菌等多种微生物与自身免疫病的发生有关，采用疫苗和抗生素等控制微生物的感染，尤其是慢性持续性感染，可降低某些自身免疫病的发生率。

（二）慎用药物

谨慎使用可能引发自身免疫病的药物。

二、对症治疗

（一）抗炎疗法

采用皮质激素、水杨酸制剂、前列腺素抑制剂及补体拮抗剂等抑制炎症反应，可减轻自身免疫病的症状。

（二）免疫抑制疗法

一些真菌代谢物如环孢素 A（cyclosporin A）和 FK-506 对多种自身免疫性疾病的治疗有明显的临床

疗效。这两种药物的作用机制是通过抑制激活 IL-2 基因的信号转导通路，使 IL-2 的表达受阻，从而抑制了 T 细胞的分化和增殖。

（三）其他

通过血浆置换降低患者血浆中免疫复合物的含量来治疗因免疫复合物沉积所引起的某些重症自身免疫病；通过切除脾脏来治疗自身免疫性溶血性贫血、自身免疫性血小板减少性紫癜等；通过切除胸腺来缓解重症肌无力的症状等。

三、特异性治疗

（一）口服抗原诱导免疫耐受

口服自身抗原有助于诱导自身耐受，如口服胰岛素用于预防和治疗糖尿病，口服Ⅱ型胶原用于预防和治疗类风湿性关节炎。

（二）模拟胸腺阴性选择诱导免疫耐受

通过诱导胸腺髓质 DC 表达自身组织特异性抗原，模拟阴性选择过程清除自身反应性 T 细胞。细胞因子抗体或细胞因子受体拮抗剂可阻断相应细胞因子的作用，抑制自身免疫应答，如临床应用 TNF-α 单抗治疗类风湿性关节炎；还可通过给予外源性细胞因子来治疗自身免疫病，如 Th2 型细胞因子（IL-4、IL-10 等），通过抑制 Th1 细胞可治疗实验性变态反应性脑脊髓炎。

（三）抗免疫细胞表面分子抗体

用免疫细胞表面分子抗体可阻断相应免疫细胞的活化，如抗 MHC Ⅱ分子的单抗可抑制 APC 的功能；抗 CD3 和抗 CD4 的单抗可抑制自身反应性 T 细胞的活化；抗自身反应性 T 细胞 TCR 和自身反应性 B 细胞 BCR 独特性抗体可清除自身反应性细胞；协同共刺激信号分子如 LFA-1/ICAM-1 单抗，可抑制 T、B 细胞活化。

（四）单价抗原或表位肽

自身抗原的单价抗原或表位肽可特异性结合自身抗体，封闭自身抗体的抗原结合部位。

临床案例

患者，女，28 岁，关节肿痛 3 个月，加重 1 周。患者 3 个月前无明显诱因出现双侧手和腕关节肿胀，伴轻度疼痛，晨僵约 10 分钟。近 1 周关节肿胀加重。患者自觉脱发明显，体重 3 个月下降约 2 kg，尿中泡沫多，发病以来患者食欲好、无腹痛、腹泻，无尿频、尿急、尿痛，无口干、眼干。2 年前体检发现外周白细胞减少，未予诊治。查体：T 36.5℃，P 80 次 / 分，R 18 次 / 分，BP 125/80mmHg。双侧面部红斑，直径 1cm 左右，略高于皮面。浅表淋巴结未触及肿大。头发略稀疏，双眼睑水肿，巩膜无黄染。舌面及颊黏膜未见溃疡。双肺未闻及干湿性啰音，心率 80 次 / 分，律齐，未闻及杂音。肝脾肋下未触及，移动性浊音（－）。双踝关节肿胀，双手及双腕关节弥漫性肿胀，双下肢轻度凹陷性水肿。实验室检查：血常规，Hb 120g/L，WBC 3.0×10^{12}/L，PLT 200×10^{9}/L。抗核抗体 1∶640（正常值＜1∶40）。类风湿因子 50 U/mL（正常值 0 ～ 30 U/mL）。补体 C3 0.20/L（正常值 0.8 ～ 1.5g/L），C4 0.03g/L（正常值 0.2 ～ 0.6g/L）。尿 RBC 3 ～ 6HP，尿蛋白（++），尿蛋白定量 0.6g/24h。请分析该患者主要诊断考虑是什么疾病？简述该病发病的相关因素。

分析：该病例为青年女生，脱发，多关节炎，面部红斑，头发稀疏，眼睑水肿，关节肿，双下肢轻度凹陷性水肿。实验室检查抗核抗体阳性，补体降低。血常规白细胞减少，尿常规示尿 RBC 3–6/HP，尿蛋白（++），尿蛋白定量 0.6g/24h，因此，考虑为系统性红斑狼疮。系统性红斑狼疮（systemic lupus erythematosus，SLE）是一种自身免疫性疾病，其发病机制涉及遗传、环境和免疫因素的复杂相互作用。SLE 有明显的家族聚集性，遗传因素在其发病中起到重要作用。多个基因与 SLE 的易感性有关，如 HLA 类Ⅱ型抗原、Fcγ 受体、补体因子等，SLE 患者还存在多种异常的免疫现象，包括自身抗体产生、免疫复合物形成和激活、T 细胞功能异常等。这些异常导致机体免疫系统对自身组织发生攻击，引发炎症反应。此外，感染、药物、紫外线照射等环境因素被认为是 SLE 发病的诱因或加重因素。它们可能通过激活免疫系统或改变免疫调节机制，促进疾病的发展，其他因素还包括激素水平、性别、年龄等因素，女性患者比男性患者多，而且在生育年龄段的女性患病率更高。

本章小结

自身免疫病是机体对自身成分发生的免疫应答超过一定限度，造成自身组织器官病理性损伤和（或）功能障碍，而引起相应临床症状的疾病。根据发病原因可分为原发性和继发性自身免疫病两类。根据病变分布的范围，可以分为器官特异性和非器官特异性自身免疫病。目前认为自身免疫病由于遗传和环境等因素的影响引起自身耐受出现异常或者破坏，从而导致自身免疫病的发生。自身免疫病的免疫损伤机制是由自身抗体和（或）自身反应性 T 细胞介导的Ⅱ、Ⅲ、Ⅳ型超敏反应所致，其损伤机制与超敏反应的损伤机制相同。不同的自身免疫病可能通过一种或多种机制导致组织损伤。

思考题

1. 简述自身免疫病发生的相关因素。
2. 简述自身免疫病的免疫损伤机制。
3. 阐述自身免疫病的防治原则。

习　题

一、名词解释

1. 自身免疫
2. 自身免疫病

二、单项选择题

1. 下列对自身抗体的论述哪一项是正确的（　　）。

A. 健康人血清中可存在　　B. 自身免疫病患者才有

C. 为器官特异性　　D. 均为 IgM 型

E. 通过Ⅰ型超敏反应导致组织损伤

2. A 群乙型溶血性链球菌感染后引起肾小球肾炎是由于（　　）。

A. 链球菌与肾小球基底膜有交叉抗原

B. 促进隐蔽抗原的释放
C. 免疫功能缺陷
D. 自身抗原的改变
E. 免疫调节功能异常

3. 下列哪一项是器官特异性自身免疫病（ ）。
A. 系统性红斑狼疮
B. 类风湿关节炎
C. 重症肌无力
D. 胆囊炎
E. 支气管哮喘

4. 血清中检出高效价抗核抗体多见于（ ）。
A. 多发性骨髓瘤
B. 系统性红斑狼疮
C. 自身免疫性溶血性贫血
D. 甲状腺肿大
E. 重症肌无力

5. 环孢霉素 A 治疗自身免疫病的机制是（ ）。
A. 抑制 IL-2 基因的信号转导
B. 抑制 CD28 的表达
C. 阻断抗原和抗体的结合
D. 抑制抗原呈递
E. 降低自身抗原含量

6. 刺激机体产生类风湿因子的抗原是（ ）。
A. 变性 IgA
B. 变性 IgM
C. 变性 IgG
D. 变性 IgE
E. 变性 IgD

7. 引起自身免疫性肾小球肾炎的抗原主要是（ ）。
A. 链球菌 M 蛋白
B. SPA
C. 肺炎球菌荚膜多糖
D. PPD
E. LPS

8. 下列属自身免疫病的是（ ）。
A 艾滋病
B. 白血病
C. 多发性骨髓瘤
D. 乙型脑炎
E. 干燥综合征

9. 自身免疫病是由于哪一项免疫功能损害所致（ ）。
A. 抗原呈递
B. 免疫防御
C. 免疫监视
D. 免疫自稳
E. 免疫调节

10. 下列不属于隐蔽抗原的是（ ）。
A. 精子
B. 组织相容性抗原
C. 脑组织
D. 睾丸
E. 眼晶状体

三、判断题（正确的划“√”，错误的划“×”）

1. 系统性红斑狼疮属于器官特异性自身免疫病。（ ）
2. 类风湿性关节炎属于继发性自身免疫病。（ ）
3. 自身免疫病患者以男性多见，发病率随年龄增长而升高。（ ）
4. 临床目前治疗自身免疫病主要是缓解或减轻自身免疫病的临床症状。（ ）

四、简答题

1. 简述自身免疫性疾病的基本特点是什么？
2. 简述自身免疫性疾病的致病相关因素是什么？

参考答案

第十七章　免疫缺陷病

思维导图

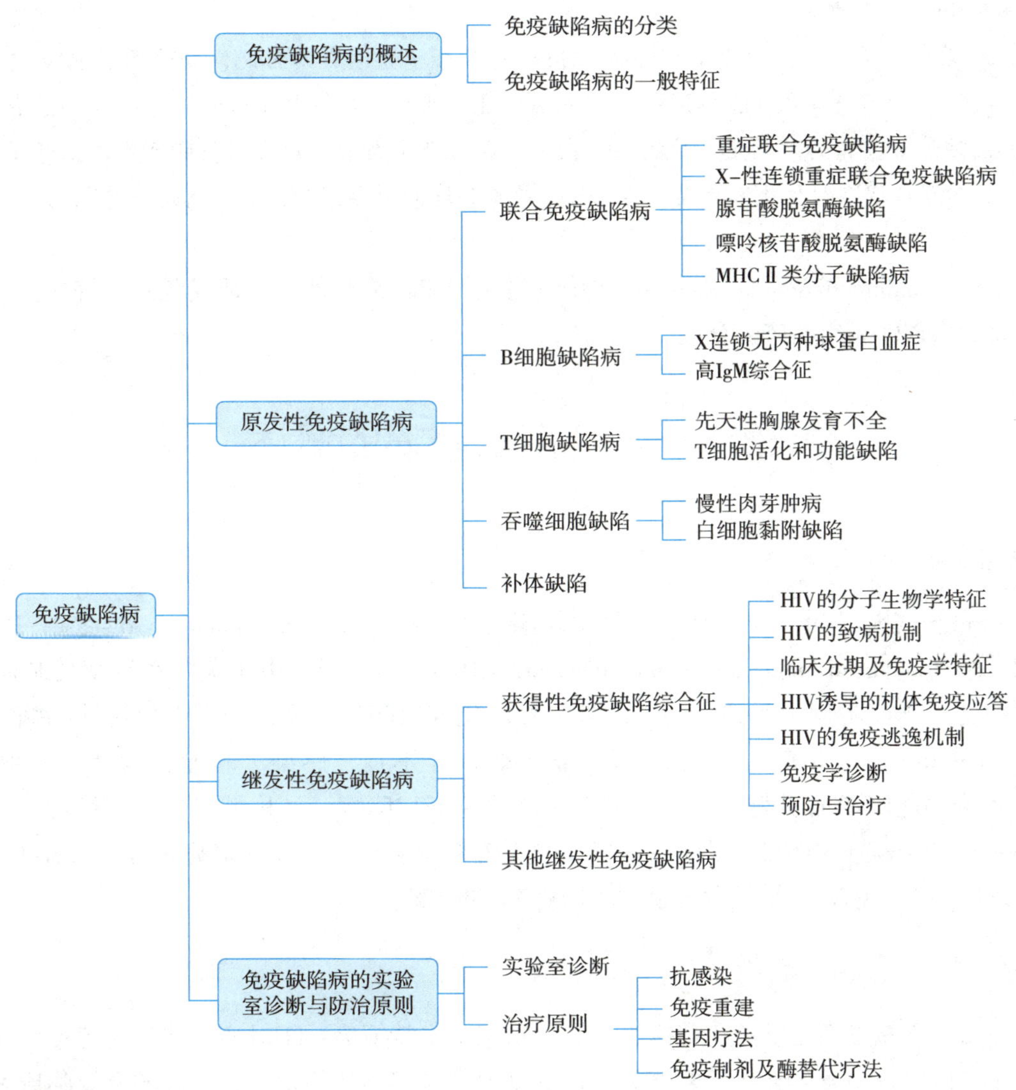

学习目标

知识目标　掌握免疫缺陷病的概念、分类和临床特点，能够了解免疫缺陷病的流行病学特征。熟悉原发性免疫缺陷病的代表性疾病与可能的发病机制，AIDS的发病机制与免疫学异常。

能力目标　通过学习免疫缺陷病理论知识，对于病例有一定的分析能力，培养学生逻辑思维能力，并锻炼临床思维能力。

思政目标　了解免疫缺陷病的防治原则，通过学习艾滋病的传播方式，开展宣传教育。

思政入课堂

2008年10月6日，诺贝尔生理学或医学奖揭晓：法国两位科学家，巴斯德研究所病毒学系逆转录病毒感染调控小组的弗朗索瓦丝·巴尔·西诺西（Françoise Barré-Sinoussi）和巴黎世界艾滋病研究与预防基金会的吕克·蒙塔尼（Luc Montagnier）因发现人类免疫缺陷病毒（human immunodeficiency virus，HIV；又称艾滋病毒）而获奖；同时还有德国癌症研究中心的科学家哈拉尔德·楚尔·豪森（Harald zur Hausen）因发现人乳头状瘤病毒（human papilloma virus，HPV）导致宫颈癌而获奖。

西诺西和蒙塔尼关于HIV的原创性发现，使得对其分子克隆成为可能，并为阐明HIV复制周期的关键步骤以及病毒如何与宿主相互作用奠定了基础。这些研究结果促进了血液产品筛查和患者样品检测等诊断工具的快速开发，为防治艾滋病提供了指导。也促进了新型抗病毒药物的开发，拉开了艾滋病治疗的序幕。这对于奋战在对抗艾滋病毒及其他可怕病毒领域的科学家和医生，也是一种激励。

免疫缺陷病（immunodeficiency disease，IDD）是指因遗传或其他因素造成免疫系统成分缺失，导致免疫功能障碍而出现的一组临床综合征。

第一节　免疫缺陷病的概述

一、免疫缺陷病的分类

免疫缺陷病按病因不同，分为原发性免疫缺陷病（primary immuno deficiency disease，PIDD）和获得性免疫缺陷病（acquired immunodeficiency disease，AIDD）两大类。由于免疫系统遗传缺陷或先天性发育不全而致免疫功能障碍引起的疾病，称为原发性免疫缺陷病，又称先天性免疫缺陷病（congenital immunodeficiency disease，CIDD）。由于后天因素（如营养不良、感染、肿瘤、药物、放射线、创伤等）造成的免疫功能障碍而引起的疾病，称为获得性免疫缺陷病，又称继发性免疫缺陷病（secondary immunodeficiency disease，SIDD）。根据主要累及的免疫系统组分，免疫缺陷病可分为B细胞免疫缺陷、T细胞免疫缺陷、联合免疫缺陷、吞噬细胞功能缺陷和补体缺陷。

二、免疫缺陷病的一般特征

免疫缺陷患者不能发挥正常的免疫应答功能，临床基本特征为：①对病原体的易感性明显增加。因免疫防御功能障碍导致易发生某些反复感染，且难以治愈，感染往往是患者首现的重要临床表现，是造成死亡的主要原因。②某些肿瘤的发病率增高。因免疫监视功能障碍或对潜在致癌因子的易感性增加，导致患者尤其是T细胞缺陷患者，恶性肿瘤的发病率远高于同龄正常人群。③易发生自身免疫病和超敏反应性疾病。因免疫自稳和免疫调节功能障碍，导致患者的自身免疫病和超敏反应性疾病的发病率远高于正常人群。

第二节　原发性免疫缺陷病

原发性免疫缺陷病（PIDD）发生机制较为复杂，主要由免疫系统遗传基因异常或先天性免疫系统发育障碍所致，常见于婴幼儿，种类较多，根据主要累及的免疫系统组分，可分为联合免疫缺陷病、以抗体缺陷为主的免疫缺陷病、吞噬细胞缺陷病、补体缺陷病等。

一、联合免疫缺陷病

联合免疫缺陷病（combined immunodeficiency disease，CID）是T、B细胞功能同时受到损伤所表现的免疫缺陷。T、B细胞分化发育中涉及多种分子，其中任一分子的基因突变都可引起免疫缺陷病。其病因复杂，多见于新生儿和婴幼儿。

（一）重症联合免疫缺陷病

重症联合免疫缺陷病（severe combined immunodeficiency disease，SCID）由T细胞发育异常和（或）B细胞发育不成熟引起。是最严重的原发性免疫缺陷病，存在严重的体液免疫和细胞免疫缺陷。患者多为新生儿和婴幼儿。包括常染色体隐性和X连锁隐性遗传病。T淋巴细胞发育分化过程复杂，不同环节的缺陷可导致不同形式的SCID。

（二）X–性连锁重症联合免疫缺陷病

X–性连锁重症联合免疫缺陷病（XSCID）是最常见的一种SCID。患者胸腺上皮细胞发育异常，主要表现为T细胞和NK细胞的缺失或显著减少。此病由X染色体的基因缺陷所致。其致病机制是编码细胞因子IL–2、IL–4、IL–7、IL–11和IL–15受体的公用γ链基因突变，导致细胞因子信号传递受阻。临床表现为新生患儿发生严重呼吸道感染、慢性腹泻和夭折。

（三）腺苷酸脱氨酶缺陷

腺苷酸脱氨酶缺陷导致的SCID是由第20号染色体上腺苷酸脱氨酶（adenosine deaminase，ADA）基因突变或缺失使ADA缺失所致。ADA缺乏，腺苷分解不能正常进行，导致脱氧腺苷酸和三磷酸脱氧腺苷酸的堆积，抑制淋巴细胞的生长和发育。故此类患者T细胞数目减少。部分患者的T细胞数量虽接近正常，但对抗原刺激无反应。

（四）嘌呤核苷酸脱氨酶缺陷

第14号染色体上嘌呤核苷酸磷酸化酶（PNP）基因突变或缺失使PNP缺失。PNP缺陷可引起次黄苷、脱氧次黄苷，鸟苷和脱氧GTP在淋巴细胞中积聚，这些产物对T细胞具有毒性作用。故引起T细胞功能异常，但B细胞功能基本不受影响。

（五）MHC Ⅱ类分子缺陷病

MHC Ⅱ类分子缺陷病又称为裸淋巴细胞综合征，是一种极其罕见的原发性免疫缺陷病，属常染色体隐性遗传。多数MHC Ⅱ类分子缺陷病的发病机制是由于这些调控蛋白的编码基因发生突变，导致患者的B细胞、巨噬细胞和树突状细胞上几乎不表达HLA–DP、DQ或DR产物。即使在IFN–γ刺激后亦不表达MHC Ⅱ类分子。由于不能表达MHC Ⅱ类分子，因此抗原呈递细胞不能将抗原提成给$CD4^{+}$T细胞。

二、B细胞缺陷病

原发性B细胞缺陷是由于B细胞发育缺陷或B细胞对T细胞传递信号反应低下所致的抗体产生受

阻。患者以体内免疫球蛋白水平缺失或降低为主要特征，且外中血中 B 细胞数目减少或缺乏，而 T 细胞数目正常。机体对某些细菌、病毒或寄生虫的易感性增加，常表现为反复化脓。

（一）X 连锁无丙种球蛋白血症

X 连锁无丙种球蛋白血症（X-linked agammaglobulinemia，XLA）由 Ogden Carr Bruton 首先报道，是最常见的一种 B 细胞缺陷病。此病属于性染色体连锁性隐性遗传病，见于男性婴幼儿。患者通常于出生后 6 ~ 9 个月后发病，免疫应答能力低下，常发生反复化脓性感染。此类患儿外周血及淋巴组织中 B 细胞数目下降或缺失，淋巴结中无生发中心，各类免疫球蛋白含量远低于正常人，但 T 细胞数量及功能基本正常。可通过输入丙种球蛋白进行治疗。

研究发现，XLA 发病机制是由于位于 X 染色体上 B 细胞胞质性酪氨酸激酶（Btk）基因缺陷所致。所有 B 细胞均表达 Btk，此基因产生 B 细胞分化过程中所必需的刺激信号。XLA 患者 Btk 基因突变或缺失，Btk 合成障碍，B 细胞分化中断，导致成熟 B 细胞的数量下降或缺失。

（二）高 IgM 综合征

高 IgM 综合征是罕见的免疫缺陷病。患者体内 B 细胞本身无内在缺陷，由于免疫球蛋白类别转换机制缺陷，导致 B 细胞在产生抗体后无法发生抗体类别转换，使患者体内 IgG、IgE 及 IgA 缺乏，而 IgM 升高。此类患者常发生反复感染，伴有自身免疫病和肿瘤。

现已表明，此病的发生机制是由于 T 细胞表面的 CD40L 基因突变，导致 T 细胞表达的 CD40L 不能和 B 细胞表达的 CD40 结合，或者即使能与 CD40 结合，也不能形成 Ig 类别转换所需的协同刺激信号。

三、T 细胞缺陷病

（一）先天性胸腺发育不全

先天性胸腺发育不全亦称 DiGeorge 综合征。本病为非遗传性疾病，本病发病机制为 22 号染色体 q11.2 缺失，导致胸腺、甲状旁腺、唇和耳等多脏器发育不全。由于胸腺发育不全导致 T 细胞不能成熟而致细胞免疫缺陷，B 细胞数目正常，抗体水平正常或下降。患者具有鱼状唇、眼间距较宽和耳朵低等面部特征，出生后可发生由于低血钙导致的手足抽搐症。由于免疫功能不全表现为反复发生感染。如未得到适当治疗，一般在出生后 1 年内因严重感染而死亡。胚胎胸腺移植或骨髓移植可以治疗患者的 T 细胞缺陷。

（二）T 细胞活化和功能缺陷

此病较为罕见，患者外周血 T 细胞数正常，但因 T 细胞活化相关的基因突变导致 T 细胞活化和功能缺陷。如 TCR-CD3 复合体表达缺陷或传递信号异常；共刺激分子表达缺失；细胞因子产生缺陷；细胞因子受体异常，导致 T 细胞不能增生或不能分化。

四、吞噬细胞缺陷

吞噬细胞的吞噬功能是机体抗感染的重要防线。吞噬功能缺陷包括吞噬细胞数量减少和功能异常，吞噬细胞移动和（或）黏附功能异常，导致患者对化脓性细菌的易感性增高，临床表现为化脓性细菌或真菌的反复感染。吞噬细胞缺陷主要是中性粒细胞缺陷。

（一）慢性肉芽肿病

慢性肉芽肿病（chronic granulomatous disease，CGD）是常见的吞噬细胞功能缺陷性疾病，发病机制为吞噬细胞内编码 NADPH 氧化酶系统的基因缺陷所致。当吞噬细胞吞噬病原微生物时，吞噬细胞氧化酶可将分子氧化还原为氧的中间产物（ROI），发挥杀菌作用，而 NADPH 将作为氧化酶的辅助因子发挥作用。慢性肉芽肿病患者因 NADPH 缺乏，利用糖的能力下降。不能在吞噬细胞吞噬病原微生物过程中产生足量的超氧阴离子（O_2^-），因而细胞内杀菌能力低下。吞噬的微生物仍能存活和繁殖，而由于吞噬细胞功能正常，可以被趋化至感染局部，导致吞噬细胞在局部大量聚集，形成肉芽肿。

临床表现为反复感染胞内真菌和细菌，患者在 1 ~ 2 岁即开始发生严重的化脓性感染，在淋巴结、肺、脾、肝、骨髓等多处形成化脓性肉芽肿。可采用粒细胞输入疗法或抗生素治疗。研究发现，IFN-γ 可刺激慢性肉芽肿患者体内吞噬细胞超氧化物的产生，被广泛用于 X 连锁 CGD 的治疗。

（二）白细胞黏附缺陷

白细胞黏附缺陷（leukocyte adhesion deficiency，LAD）是较少见的常染色体隐性遗传病，包括 LAD-1 和 LAD-2。

（1）LAD-1 发病机制是 CD18 基因突变使 β2 整合素表达缺陷，β2 整合素包括 LFA-1、Mac-1 和 p150/P95，是重要的黏附分子。此类黏附分子缺乏，造成白细胞与其他细胞间的相互作用障碍，导致白细胞与内皮组织的附着、中性粒细胞的聚集和趋化、吞噬和细胞毒作用。患者主要临床表现为反复的细菌和真菌感染，伤口愈合障碍。

（2）LAD-2 发病机制为岩藻糖转运蛋白基因发生突变，致使白细胞与内皮细胞之间黏附作用异常，不能进入感染局部，清除病原微生物。其临床表现与 LAD-1 相似。

五、补体缺陷

补体缺陷病是最为罕见的原发性免疫缺陷病。补体系统，包括固有成分、调节蛋白和补体受体均可发生遗传缺陷。不同的补体成分缺陷通常看到的临床表现见表 17-1。补体缺陷的典型表现为反复的细菌感染，易患自身免疫病。

遗传性血管神经性水肿是由 C1INH 缺陷引起，是一种常染色体显性遗传疾病。由于 C1INH 缺陷，C1 的活化得不到控制，导致 C4 和 C2 消耗增加，产生过量的 C4a 和 C2a。此外，C1INH 也是激肽释放酶抑制剂，可以抑制凝血激肽和纤溶系统。C1INH 缺陷时，凝血肌及激肽系统失去控制，所生成的激肽能增加血管通透性而引起水肿。临床表现为反复发作的皮下水肿及腹痛、呕吐或恶心，甚至发生喉头水肿导致窒息死亡。

表 17-1 补体缺陷有关的临床表现

缺陷的补体成分	临床表现
C1q、C1r、C2 或 C4	免疫复合物病多发
C3	反复化脓性感染
C5	反复奈瑟菌感染、SLE 高发
C6、C7、C8	反复奈瑟菌感染
C9	无症状
C1 酯酶抑制因子	遗传性血管神经性水肿

第三节 继发性免疫缺陷病

获得性免疫缺陷病是指出生后由非遗传因素所致免疫功能障碍而引起的临床疾病。引起获得性免疫缺陷病的诱因包括：①肿瘤，如霍奇金淋巴瘤、淋巴肉瘤、各类急慢性白血病以及骨髓瘤等免疫系统肿瘤；②病毒、细菌、真菌及原虫等感染，导致机体防御功能低下，使病情迁延；③射线、细胞毒性药物和免疫抑制剂等会损伤免疫系统，导致免疫功能遭受严重抑制甚至出现免疫缺陷；④营养不良常导致继发性免疫缺陷病；⑤衰老，老年人胸腺萎缩，T 细胞数量下降；⑥遗传学疾病等。

一、获得性免疫缺陷综合征

获得性免疫缺陷综合征（acquired immunodeficiency syndrome，AIDS）俗称艾滋病。AIDS 是由人类免疫缺陷病毒（human immunodeficiency virus，HIV）感染所引起的严重免疫缺陷病。HIV 分为 HIV-1 和 HIV-2 两型。HIV-1 广泛分布于世界各地，约 95% 的 AIDS 由 HIV-1 引起，HIV-2 型致病能力较弱，几乎仅局限于南非地区。AIDS 的广泛流行仍是严重威胁全世界公众健康的重要公共卫生问题。依据 2018 年联合国统计数据显示，全世界现有 3790 万名 AIDS 感染者，其中主要集中在非洲地区，自 1981 年发现首例 AIDS 临床病例至 2019 年底，全世界累计 7570 万人感染 HIV，全球已有 3270 万人死于与 AIDS 有关的疾病。

AIDS 是一种传染性疾病，HIV 主要存在于感染者的在外周血、组织液、精液、乳汁、脑脊液中。其主要传播途径有：①性接触；②母婴传播；③血液传播。

（一）HIV 的分子生物学特征

由于 HIV-1 分布较广泛且生物学特征明确，因此本章将重点阐述 HIV-1 的生物学特征。

HIV-1 属逆转录病毒，具有明确的基因组合结构。成熟的 HIV 颗粒大致成圆形。直径为 110 ~ 130nm。病毒颗粒由核心和外膜组成。外膜是子代病毒体出芽时源于宿主细胞膜的磷脂双分子层，上面镶嵌糖蛋白 gp120 和 gp41 组成的病毒包膜刺突。gp120 和 gp41 在 HIV 感染易感细胞时发挥关键作用。核心成圆锥形，由衣壳蛋白 p24 构成，内含 HIV 的遗传物质双股 RNA 链，并存整合酶和病毒蛋白酶。

（二）HIV 的致病机制

1. HIV 感染免疫细胞的机制

HIV 主要侵犯宿主的 $CD4^+$ T 细胞。HIV 通过其外膜糖蛋白 gp120 和 gp41 构成复合体，介导病毒颗粒与宿主细胞的融合。首先，HIV 通过外膜上的 gp120 与靶细胞膜表面 CD4 分子结合，导致 gp120 变构，暴露趋化因子受体结合区，与靶细胞膜表面的趋化因子受体 CXCR4 或 CCR5 结合，导致包膜刺突构象改变，暴露出被其掩盖的 gp41。gp41 的 N 端疏水序列直接插入靶细胞膜，介导 HIV 包膜与宿主细胞膜融合，使病毒核心进入靶细胞的细胞质（图 17-1）。

2. HIV 损伤免疫细胞的机制

（1）HIV 感染对 $CD4^+$T 细胞的损伤：①病毒颗粒从细胞释放，引起细胞膜损伤，胞膜通透性改变，导致细胞裂解或死亡；②病毒胞质内病毒 DNA 对细胞有毒性作用，干扰蛋白合成，导致细胞死亡；③ HIV 感染导致感染细胞和未感染细胞可通过 gp120-CD4 结合，融合为多核巨细胞，而这些巨细胞寿命短；④ HIV 反复促进未感染的 CD4$^+$ T 细胞活化而导致细胞凋亡。

（2）HIV 感染对 CD4$^+$T 细胞功能的损伤：① HIV 感染导致细胞对于 IL-2 等细胞因子分泌量下降，导致成熟 T 细胞数量减少；②患者体内正常 T 细胞由于 IL-2 受体表达降低，对各种抗原刺激的应答能力减弱；③ HIV 的 gp120 与 T 细胞 CD4 分子结合，使后者不能与 APC 细胞表面的 MHC Ⅱ类分子相互作用，致使 T 细胞对抗原的应答受阻；④ HIV 感染的 T 细胞与 APC 不能形成稳定的突触，其活化受阻；⑤ HIV 可抑制巨噬细胞表面 MHC Ⅱ类分子的表达，从而降低巨噬细胞抗原递呈能力。

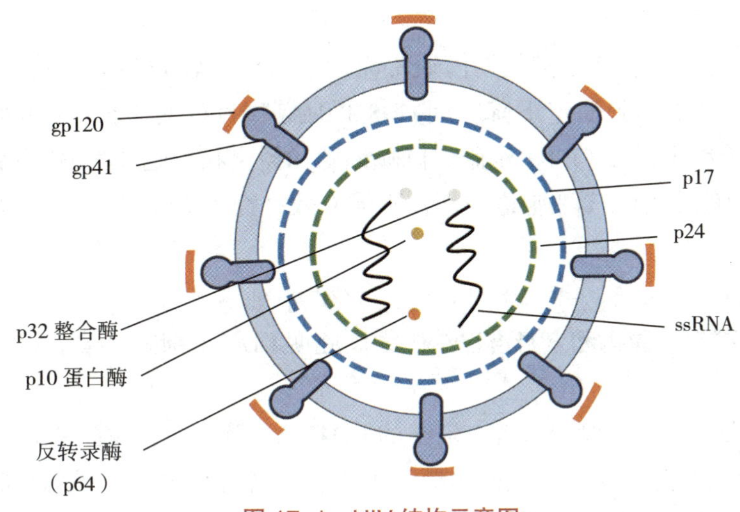

图 17-1　HIV 结构示意图

（3）CD8$^+$T 细胞与 HIV 感染：已有研究表明，CD8$^+$T 细胞减少是 HIV 感染的早期预测指标。机制可能为：在 HIV 存在的情况下，CD4 经常被表达于初始 CD8$^+$T 细胞表面，使得这些 CD8$^+$T 细胞成为 HIV 破坏的靶细胞。另外，在 HIV 感染的过程中，由于 Th1 细胞的缺失，使 Th1 细胞产生的 IL-2、IFN-γ 水平下降，直接影响 CD8$^+$T 细胞的活性。随着 Th1 细胞数量下降，Th2 数量升高，IL-4、IL-10 水平升高，而这些细胞因子将降低 CD8$^+$T 细胞的活性。

（4）HIV 损伤 B 细胞：HIV 虽不在 B 细胞内复制，但却严重影响 B 细胞的功能。HIV 的 gp41 能诱导多克隆 B 细胞激活，导致高丙种球蛋白血症，并产生多种自身抗体，但所产生的许多抗体并不能中和病毒。gp120 可非特异性活化多克隆 B 细胞，这些 B 细胞的最终克隆耗竭使免疫系统丧失了感染后期抵抗病原体的能力。

（5）HIV 损伤巨噬细胞功能：由于 CD4 及 CCR5 分子也可在巨噬细胞上低表达，因此巨噬细胞也是 HIV 感染对象。另外，巨噬细胞对 HIV 抵抗力较强，一般不会被病毒杀死，大量的 HIV 存在于巨噬细胞中，导致巨噬细胞成为病毒储存库，HIV 可随 Mφ 游走至全身广泛播散。由于巨噬细胞被 HIV 感染，细胞表面 MHC Ⅱ类分子表达减少，使其抗原提呈能力下降，并且细胞因子分泌数量减少。

（6）HIV 损伤 NK 细胞功能：HIV 感染后，NK 细胞分泌 IL-2 和 IL-13 等细胞因子的能力下降，将抑制 NK 细胞的天然毒性。这样，即使被感染的 T 细胞表面 MHC Ⅰ类分子表达下降，NK 细胞也无法完成有效杀伤，导致免疫逃逸产生。

（7）HIV 损伤滤泡树突状细胞功能：滤泡树突状细胞一般难以被 HIV 有效感染，但其表面 Fc 受体可结合形成病毒 – 抗体复合物，使树突状细胞成为 HIV 的储存库，不断感染淋巴结内 CD4$^+$T 细胞。同时，滤泡树突状细胞在免疫应答中的正常功能也受到损害。

（三）临床分期及免疫学特征

1. HIV 感染急性期

通常发生在初次感染 HIV 后 2 ~ 4 周左右，多数患者无明显症状或仅表现为流感样症状，可有肌肉疼痛、咽喉痛和皮疹。此时血浆可检测出大量 HIV 且血液中检测到有重要意义的 p24 抗原水平，$CD4^+T$ 细胞数量有一定降低但很快恢复正常。但由于临床症状较轻，被感染者忽视了可能感染 HIV 的情况，这时病毒传染性强。

2. 潜伏期

一般持续 6 个月至几年。患者在潜伏期内通常无症状或仅有轻微感染，表现为 HIV 逐渐损伤免疫系统，主要包括：① $CD4^+T$ 细胞稳定下降，而 $CD8^+T$ 细胞数目相对不变，CD4/CD8 比值降低甚至倒置（<1）；②外周淋巴组织中大量 $CD4^+T$ 细胞、巨噬细胞和树突状细胞成为 HIV 持续复制的场所，加剧 AIDS 病情进展，淋巴组织中 $CD4^+T$ 细胞遭破坏，不能有效补充外周血 $CD4^+T$ 细胞最终引起细胞免疫和体液免疫缺陷。

3. AIDS 相关综合征期（AIDS related complex，ARC）

表现为发热、体重减轻、腹泻和全身淋巴结肿大。此期 $CD4^+$ T 细胞持续下降，免疫功能极度衰退。

4. AIDS 期

AIDS 期是 HIV 感染的终末阶段。患者血液中的 $CD4^+$ T 细胞数目减少到 2×10^5/mL 以下，免疫功能严重缺陷，血浆中病毒滴度急剧攀升，此期主要表现为合并各种机会感染、恶性肿瘤及神经系统异常。机会性感染是 AIDS 患者死亡的主要原因。

（四）HIV 诱导的机体免疫应答

HIV 感染机体后，产生特异性的效应 T 细胞和抗体，血液和循环 T 细胞中的绝大多数病毒被免疫系统所清除。但 HIV 利用复制的机制使得它得以完成免疫逃逸又破坏免疫系统。

1. 体液免疫应答

HIV 特异性的抗体在感染 6 ~ 9 周后即可检出。HIV 的中和抗体一般靶向病毒包膜蛋白，可阻断病毒向淋巴器官播散。但体内中和抗体的效价一般较低。多数抗包膜抗体不能识别完整病毒，且中和抗体一般为毒株特异性，不具有广泛交叉反应性，一旦发生抗原表位突变，即丧失中和作用。抗 gp120 的中和性抗体在感染 2 ~ 3 个月后产生，具有一定的保护作用，但是病毒会迅速改变其优势表位，逃避抗体的打击。低效价抗体使 HIV 抗原表位逐渐变异。

gp120 和 gp41 是免疫原性最强的 HIV 抗原。绝大多数 HIV 患者体内有高滴度的抗 gp120 和 gp41 的抗体。但这些抗体在 HIV 感染的病理过程中的作用目前尚不确定。早期产生的抗体并不具有保护作用，对病毒感染及其细胞病理效应的抑制作用也很微弱。

2. 细胞免疫应答

机体主要通过细胞免疫应答阻遏 HIV 感染。

（1）$CD8^+T$ 细胞应答：HIV 特异性 $CD8^+$ T 细胞的扩增是早期获得性免疫应答的特征。HIV 感染特异性激活 $CD8^+T$ 细胞，杀伤 HIV 感染的靶细胞。急性期机体不断产生特异性抗体和 CTL，它们是急性期控制病毒感染的主力，但最终因 HIV 突变而失去作用；在疾病晚期，$CD8^+T$ 细胞数目不断下降，HIV 特异性 CTL 也下降，病毒数目大幅增加。

（2）$CD4^+T$ 细胞应答：$CD4^+$ T 细胞在控制感染方面也具有一定作用，HIV 刺激的 $CD4^+$ T 细胞可分泌各种细胞因子，辅助体液免疫和细胞免疫。在无症状期，AIDS 患者外周血淋巴细胞以分泌 IL-2、

IFN-γ 为主；出现临床症状后，以分泌 IL-4、IL-10 为主。提示 Th1 型细胞免疫对宿主有保护作用。$CD4^+$ T 细胞还可介导感染细胞裂解，抑制病毒产生。

（五）HIV 的免疫逃逸机制

HIV 感染机体后，可通过不同机制逃避免疫识别和攻击，以利于病毒在体内长期存活。

1. HIV 突变与免疫逃逸

HIV 的逆转录错配率高，HIV 表面抗原 gp120 可频繁发生变异，不断突变的病毒产生伴随新表位的突变株，而先前产生的抗体和 T 细胞无法识别新的突变株，需要越来越多的初始 $CD8^+$ T 细胞活化。而此时体内没有足够的 Th 细胞辅助，导致初始 $CD8^+$ T 细胞不能充分活化，从而使病毒得以逃逸机体的免疫攻击。

2. DC 与免疫逃逸

HIV 黏附到 DC 上并感染定居于直肠或阴道固有层的巨噬细胞和 $CD4^+$ T 细胞。携带病毒的 DC 和被感染的 T 细胞将病毒传播给局部淋巴结中其他 T 细胞，病毒以指数进行复制，从而提高 HIV 感染率。

3. 感染 $CD4^+$T 细胞与免疫逃逸

引起 AIDS 的主要原因是 HIV 对 $CD4^+$T 细胞的破坏。HIV 通过感染 $CD4^+$T 细胞复制子代病毒体，新的病毒体迅速散播全身，感染新的宿主细胞，而已支撑这些病毒体生存复制的 $CD4^+$T 细胞则发生死亡。另外，未被感染的 $CD4^+$T 细胞也会被 HIV 杀死。导致 Th 细胞大范围被破坏，导致细胞免疫应答及体液免疫应答均遭到打击。

4. 潜伏感染与免疫逃逸

HIV 潜伏感染细胞表面并不表达 HIV 蛋白，以此逃避免疫系统的识别。HIV 的 Nef 蛋白可下调表面 MHC Ⅰ类分子的表达，导致被感染细胞表面的 pMHC 减少，影响 CTL 识别和攻击，以逃避 CTL 的杀伤。另外，HIV 还可通过干扰细胞因子分泌及下调补体系统活性等方式，削弱机体的免疫防御作用。

（六）免疫学诊断

1. HIV 抗原检测

HIV 的核心抗原 p24 出现于急性感染期和 AIDS 晚期。但在潜伏期，该抗原检测常为阴性。酶联免疫吸附试验（ELISA）检测 p24，有助于缩短抗体“窗口期”和帮助早期诊断新生儿 HIV 感染。

2. 抗 HIV 抗体的检测

是 HIV 感染诊断的金标准，检测包括筛查试验（含初筛和复测）和补充试验。筛查方法包括 ELISA、化学发光或免疫荧光试验、快速检测（胶体金快速试验、明胶颗粒凝集试验、免疫层析试验）等。

3. $CD4^+$ T 和 $CD8^+$ T 细胞的数量

可评价 HIV 感染者免疫状况：HIV 感染的主要表现为 $CD4^+$ T 细胞数量减少和 CD4/$CD8^+$ T 细胞比例失调。如当 $CD4^+$ T 淋巴细胞数$< 2\times10^5$/mL 合并 HIV 抗体阳性，可诊断为 AIDS。

4. HIV 核酸检测

定性或定量检测 HIV 核酸可用于疾病早期诊断、疑难样本的辅助诊断、HIV 遗传变异监测及耐药性监测、病程监控及预测和指导抗病毒治疗及疗效判定。

（七）预防与治疗

1. 预防

HIV 感染的预防极为重要，是防止艾滋病在全球蔓延的重要途径。主要措施有：①广泛开展宣传教育，增强公众防范意识；②控制并切断传播途径，如禁毒、控制性行为传播、对血液及血制品进行严格检验和管理、控制母婴传播等；③防止医院交叉感染。

2. 治疗

在有效的 HIV 疫苗研制成功以前，临床治疗的主要策略是尽早采用抗逆转录病毒药物治疗，阻止 AIDS 的病理进程。目前有 4 类获得批准的、作用于病毒传播所必需的蛋白抗逆转录药物：①核苷类逆转录酶抑制剂，可干扰 HIV 的 DNA 合成；②非核苷类逆转录酶抑制剂；③蛋白酶抑制剂，可阻止病毒蛋白前体的加工而影响病毒成熟与组装；④融合抑制剂，可抑制病毒进入靶细胞，在感染的初始环节切断 HIV 的传播。但由于 HIV 极易突变，每次只用一种抗病毒药物会很快产生对该药物有抗性的 HIV 毒株，再次对免疫系统发动攻击。因此临床上往往使用高效抗逆转录病毒治疗（highly active anti-retroviral therapy，HAART），俗称“鸡尾酒疗法”，即选择来自两种不同类型的 3 种或 3 种以上抗病毒药物的联合使用。HAART 疗法可使血浆病毒量减少至极低水平，明显改变 AIDS 进程，极大地减少了严重机会性感染与肿瘤等的发病，延长生存时间，改善患者生活质量。

二、其他继发性免疫缺陷病

继发性免疫缺陷病病因复杂，归纳起来可以有两种病因学类型。一种为营养不良、肿瘤和感染等造成的免疫缺陷；另一种为药物治疗导致的医源性免疫缺陷。上述疾病均不同程度导致细胞免疫和体液免疫功能障碍，如人类嗜 T 细胞淋巴病毒 -1（human T-cell lymphotropic virus type-1，HTLV-1）和麻疹病毒皆可感染淋巴细胞，损害免疫应答；另外，肿瘤患者服用的各种放化疗制剂通常都具有细胞毒性，影响淋巴细胞、粒细胞和单核细胞的发育与成熟。

第四节　免疫缺陷病的实验室诊断与防治原则

一、实验室诊断

免疫缺陷病种类繁多，临床表现和免疫学特征复杂，实验室诊断应采取多方面，检测方法主要有：① Ig 测定，用单向免疫扩散法进行 IgG、IgM、IgA 和 IgE 检测；②补体测定，测定总补体效价或单个补体成分，如 CH50 活性、C3 和 C4；③外周血淋巴细胞计数，检测白细胞数和各类白细胞的百分数；④四唑氮蓝染料（NBT）试验检测中性粒细胞的吞噬杀菌功能；⑤淋巴结、直肠黏膜活检；⑥通过染色体 DNA 测序遗传检测基因突变。

二、治疗原则

（一）抗感染

免疫缺陷病的突出表现是免疫防御功能低下，易患各种感染性疾病，感染成为引起 IDD 患者死亡的主要原因，用抗生素、抗真菌、抗原虫、抗支原体和抗病毒药物控制和长期预防感染是治疗免疫缺陷患者的重要手段之一。

（二）免疫重建

免疫缺陷病患者往往表现为免疫系统成分缺陷或缺失，可通过重建免疫系统产生正常免疫细胞，有助于患者恢复免疫功能。根据 PIDD 的不同类型和致病机制，可进行胸腺、骨髓或干细胞移植，以实现免疫重建，对某些 PIDD 可达到长期甚至永久性治疗效果。其中骨髓移植已成功治疗 SCID、Wiskott-Aldrich 综合征、慢性肉芽肿及裸淋巴细胞综合征等免疫缺陷病。

（三）基因疗法

基因疗法是治疗遗传性免疫缺陷患者的理想方法。应用基因疗法最早获得成功的案例是 ADA 的基因疗法，可将正常腺苷脱氨酶（ADA）基因转染患者淋巴细胞，然后将转染的淋巴细胞输入患者体内。基因治疗已被成功应用于 SCID-X1，ADA-SCID、CGD 和 WAS 等疾病的治疗。

（四）免疫制剂及酶替代疗法

体液免疫缺陷患者可通过静脉输入免疫球蛋白进行治疗，如 X 连锁无丙种球蛋白血症患儿治疗主要采用输入正常人丙种球蛋白。也可采取细胞因子疗法进行治疗，如慢性肉芽肿患者可采用 IFN-γ 与 TNF-α 进行治疗。

临床案例

一名 6 月龄男婴，因发热和呼吸急促就诊。此前，患儿身体一直健康并按常规进行预防接种，未出现并发症。无家族史，患儿 3 岁的姐姐健康状况良好。胸片诊断为间质性肺炎，痰标本革兰染色有正常菌群，但银染色卡氏肺孢菌阳性。实验室检查结果：血红蛋白和白细胞计数均在正常范围内。血清 IgM 350mg/dL，IgG 25mg/dL，IgA 和 IgE 不能测出。抗破伤风抗体阴性。血型为 A 型，抗 B 效价为 1:256。根据临床表现和实验室检查情况，可初步诊断为哪种 PIDD？如果要确诊还需进行哪些检测?

分析：正常婴儿不会感染卡氏肺孢菌，这种类型肺炎的发生提示有一种免疫缺陷病的存在。IgM 升高，而 IgG、IgA 和 IgE 极低，这些结果可以排除 X- 性联无丙种球蛋白血症，因为在该病中应测不到 IgM。白细胞计数正常，可排除重症联合免疫缺陷病（SCID），因为 SCID 患者的淋巴细胞计数非常低。根据这些数据和临床表现，初步诊断为 X- 性联高 IgM 血症。若要确诊，应取血标本分离 B 淋巴细胞，在高 IgM 免疫缺陷症中，B 细胞只能被抗 IgM 和 IgD 荧光抗体染色。在正常婴儿中，除了 IgM^{+} 和 IgD^{+}B 细胞外，还有 IgA^{+} 和 IgG^{+} 染色 B 细胞。此外，血标本中的 PBMC 应用 PHA 刺激半小时后，细胞做抗 CD40L 染色，正常 T 细胞有 50% 的染色阳性，而高 IgM 免疫缺陷血症中，T 细胞不着色。

本章小结

机体免疫系统由于遗传基因缺陷、先天发育不全或后天遭受损害等因素而造成的免疫功能障碍称为免疫缺陷，由此而发生的一组临床综合征称为免疫缺陷病。可分为原发性免疫缺陷病（PIDD）和获得性免疫缺陷病（AIDD）两类。PIDD 由遗传因素或先天性免疫系统发育不全造成的免疫功能障碍所致，包括 B 细胞缺陷、T 细胞缺陷、联合免疫缺陷、吞噬功能缺陷及补体缺陷等。AIDD 由后天因素如营养不良、感染、药物、肿瘤、放射线等所造成的免疫功能障碍所致，本章主要介绍获得性免疫缺陷综合征（AIDS）。

AIDS 是由 HIV 感染所引起，传染源是 AIDS 患者及 HIV 携带者。传播途径主要为：性接触传播，血液传播，母婴垂直传播。HIV 感染使 $CD4^{+}$T 细胞数目不断减少，Mϕ、树突状细胞、B 细胞及 NK 细胞活性受损，淋巴组织结构逐渐被破坏，最终导致严重的细胞免疫和体液免疫缺陷。目前，HIV 疫苗研制正在深入，加强宣传教育、切断传播途径仍是预防 AIDS 的主要手段。

思考题

1. 简述免疫缺陷病的分类及其共同特点。
2. 常见联合免疫缺陷病有哪些？试分析其可能的发病机制。
3. 试述 AIDS 的主要特点和发病机制。
4. 试述可用于监测 HIV 感染过程的免疫学指标。

习　题

一、名词解释

1. 原发性免疫缺陷病（primary immuno deficiency disease，PIDD）
2. 获得性免疫缺陷病（acquired immunodeficiency disease，AIDD）

二、单项选择题

1. 免疫缺陷病是指（　　）。
   A. 免疫系统先天发育不全或后天受损所致免疫功能降低或缺失的一组临床综合征
   B. 应用免疫抑制剂导致的免疫无应答状态
   C. 由于过度而持久的自身免疫反应导致组织器官损伤的一类疾病
   D. 机体对某些抗原所产生的非正常生理性免疫应答
   E. 机体经某种抗原诱导后形成的特异性免疫无应答
2. 免疫缺陷病发生的可能原因不包括（　　）。
   A. 骨髓干细胞发育缺陷　　B. 胸腺发育不全
   C. 吞噬细胞功能缺陷　　D. 补体功能缺陷
   E. 以上均不是
3. 原发性免疫缺陷病中最常见的是（　　）。
   A. 体液免疫缺陷　　B. 细胞免疫缺陷
   C. 联合免疫缺陷　　D. 吞噬细胞缺陷
   E. 补体缺陷
4. 免疫缺陷病最主要的临床表现是（　　）。
   A. 对各种感染的易感性增加　　B. 恶性肿瘤的发病率增高
   C. 超敏反应的发病率增高　　D. 自身免疫病的发病率增高
   E. 营养不良
5. SCID 的主要表现是（　　）。
   A. 细胞免疫缺陷　　B. 体液免疫缺陷
   C. 吞噬细胞缺陷　　D. 补体缺陷
   E. 体液和细胞免疫均缺陷
6. 血清中免疫球蛋白的含量缺乏，一般应考虑哪种疾病（　　）。
   A. 轻链病　　B. 重链病

C. 免疫缺陷病
D. 免疫增殖病
E. 自身免疫病

7. 一个成年人不能对细胞内寄生菌或真菌产生抗感染免疫提示可能的原因是（ ）。
A. 巨噬细胞缺损
B. T 细胞缺陷
C. B 细胞不能产生抗体
D. 患结核病
E. 补体缺陷

8. AIDS 属于哪种免疫缺陷病（ ）。
A. 原发性免疫缺陷病
B. 体液免疫缺陷病
C. 联合免疫缺陷病
D. 获得性免疫缺陷病
E. 以上都不是

9. 诱发获得性免疫缺陷病的因素不包括（ ）。
A. 恶性肿瘤
B. 营养不良
C. 免疫抑制药物
D. 某些病毒感染
E. 以上都不是

10. 遗传性血管神经性水肿是由哪类补体缺陷引起（ ）。
A. C3 缺陷
B. C4 缺陷
C. C1INH 缺陷
D. C1q 缺陷
E. C9 缺陷

三、判断题（正确的划“√”，错误的划“×”）

1. 免疫缺陷病按病因不同，分为原发性免疫缺陷病和获得性免疫缺陷病。（ ）
2. 重症联合免疫缺陷病仅存在严重的细胞免疫缺陷。（ ）
3. T 细胞缺陷病以体内免疫球蛋白水平缺失或降低为主要特征。（ ）
4. HIV 主要传播途径有：①性接触；②母婴传播；③血液传播。（ ）

四、简答题

1. 试述免疫缺陷病的共同特征。
2. 阐述 HIV 逃避免疫攻击的机制。

参考答案

第十八章　肿瘤免疫

思维导图

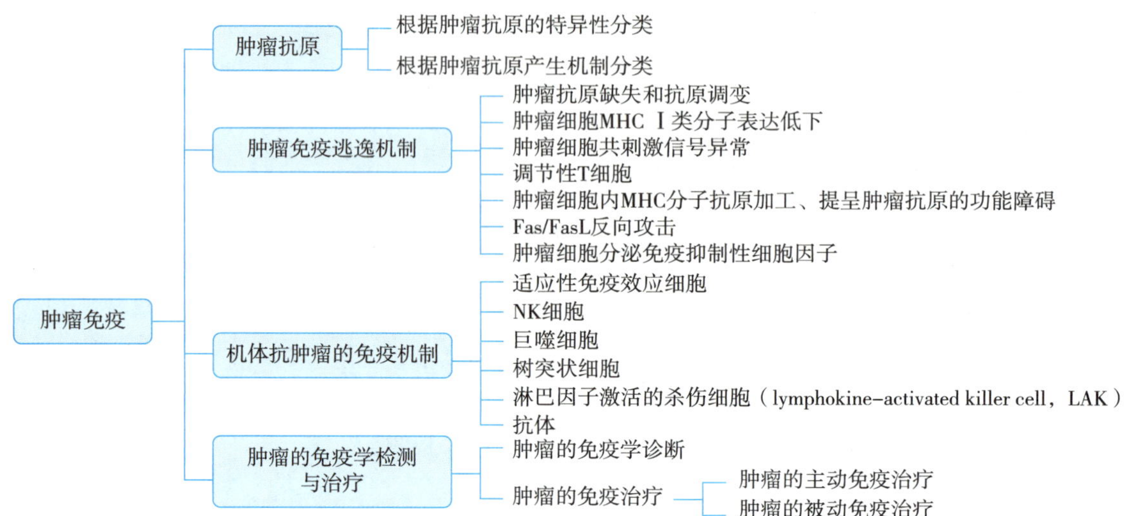

学习目标

知识目标　掌握肿瘤免疫的概念，熟悉重要的肿瘤抗原，能够了解肿瘤在现代医学的重要作用。

能力目标　掌握机体抗肿瘤免疫的机制与肿瘤免疫逃逸机制。培养学生临床思维、逻辑思维及分析问题能力。

思政目标　通过学习肿瘤的发病机制，树立学生健康的生活习惯与安全意识。

思政入课堂

2018年诺贝尔生理学或医学奖颁发给美国免疫学家James Allison（詹姆斯·艾利森）和日本免疫学家Tasuku Honjo（本庶佑），以表彰他们在“癌症疗法以及免疫负调控的抑制领域”的研究。过去几十年，我们对癌症的治疗走了很多弯路，治疗方法简单粗暴，目前最常见的3种方法就是手术、放疗和化疗。常规方法显然不能彻底解决癌症，尤其是手术过程可能导致病变部位没有切除干净，造成癌细胞扩散。科学家一直试图让免疫系统参与抗击癌症的斗争。两位获奖者的开创性发现——T细胞表面蛋白PD-1蛋白和CTLA-4蛋白，彻底改变了癌症的治疗方法，也从根本上改变了我们看待癌症的治疗方式。

从19世纪末威廉医生开创毒素疗法，到差不多一个世纪后艾利森和本庶佑在推动免疫疗法方面取得了突破性工作，其间每一步都伴有数不清的困惑和新产生的需要解决的难题。正是这些直面挑战的努力凸显了基础原创发现的意义；哪怕最初并不被完全理解，通过一代代科学家们持续不懈的努力，逐渐给身患绝症的广大肿瘤患者带来革命性的治愈可能，这就是科学的魅力。也因此，2018年诺贝尔奖授予给肿瘤治疗带来突破的免疫疗法的原创发现，其意义重大，影响也必将深远。

肿瘤免疫学（tumor immunology）即是研究肿瘤抗原的免疫原性、机体抗肿瘤免疫机制以及肿瘤的免疫逃逸、肿瘤的免疫诊断和免疫防治的科学。

肿瘤是严重危害人类健康的主要疾病。肿瘤是细胞的异常增生，可由原发部位向他处转移，侵犯器官引起器官衰竭，最后造成机体死亡。随着分子遗传学和分子生物学的迅速发展，肿瘤相关基础学科有了巨大的进步。20 世纪初，科学家提出“异常胚系”的概念，认为肿瘤细胞是机体内经常出现和存在的。但由于机体内免疫监视功能的存在，机体才避免了肿瘤的出现。免疫系统与肿瘤的发生具有十分密切的关系：一方面，免疫系统能通过多种免疫效应机制杀伤和清除肿瘤细胞；另一方面，肿瘤细胞也能通过多种机制使免疫功能发生改变。因此，肿瘤细胞如何通过表达的肿瘤抗原诱导抗肿瘤免疫应答以及肿瘤细胞如何实现免疫逃逸是肿瘤免疫研究的关键。基于对肿瘤免疫效应和免疫逃逸机制的认识，还可对肿瘤进行免疫诊断和免疫防治。本章分为肿瘤抗原、肿瘤免疫逃逸机制、机体抗肿瘤的免疫机制和肿瘤的免疫学检测与治疗四个方面。

第一节　肿瘤抗原

肿瘤抗原（tumor antigen）即指细胞癌变过程中出现的新生抗原（neoantigen）或肿瘤细胞异常过度表达的抗原物质的总称。肿瘤抗原可以诱导机体的细胞免疫应答及体液免疫应答，也可应用于肿瘤的免疫学诊断和肿瘤的靶向治疗。因此，肿瘤抗原是肿瘤免疫学的核心。肿瘤抗原产生的分子机制目前尚未完全清楚，可能涉及以下几种途径：①细胞癌变过程中合成的新的蛋白质分子；②由于糖基化异常等原因导致细胞产生独特的降解产物；③由于细胞癌变等使正常蛋白质分子的结构发生改变；④隐蔽的自身抗原表位暴露；⑤膜蛋白分子的异常聚集；⑥胚胎性抗原或分化抗原的畸变表达。目前，人们已在自发性和实验性动物以及人类肿瘤细胞表面发现了多种肿瘤抗原。肿瘤抗原的分类方法有多种，其中被普遍接受的有以下两类。

一、根据肿瘤抗原的特异性分类

1. 肿瘤特异性抗原

肿瘤特异性抗原（tumor specific antigen，TSA）指肿瘤细胞特有的或只存在于某种肿瘤细胞而不存在于正常细胞的一类抗原。这类抗原是 20 世纪 50 年代通过化学致癌剂诱发的肉瘤在同系小鼠移植与排斥的经典实验中发现的（图 18–1），一些放射性物质或化学致癌物质可诱发肿瘤细胞表达某些肿瘤抗原分子。例如应用化学致癌剂甲基胆蒽诱导近交系小鼠产生肿瘤，当肿瘤长至一定大小时切除肿瘤，若将此肿瘤细胞回输给原来经手术切除肿瘤的小鼠，或者植入预先用放射线灭活的此肿瘤细胞免疫过的同系小鼠，会产生肿瘤的特异性排斥反应。但将分离的肿瘤细胞移植给未经过上述处理的正常同系小鼠后可发生肿瘤。通过动物肿瘤移植排斥反应而证实的肿瘤特异性抗原又称为肿瘤特异性移植抗原（tumor specific transplantation antigen，TSTA）或肿瘤排斥抗原（tumor rejection antigen，TRA）。实验结果表明：肿瘤具有特异性抗原，免疫小鼠只对该种肿瘤细胞产生特异性的抵抗力，说明此种肿瘤特异性抗原诱导的排斥反应具有免疫应答的典型特点：特异性和记忆性。

免疫小鼠的抗肿瘤能力可通过细胞毒性 T 细胞（CTL）过继给同系小鼠，说明肿瘤特异性抗原诱导的主要是 T 细胞免疫，并能被诱导产生的特异性 CTL 所识别。应用肿瘤特异性 CTL 克隆结合分子生物学技术从基因水平上证实了肿瘤特异性抗原的存在。通过这种方式发现了很多肿瘤特异性抗原。1991 年

Boon 通过自体 CTL 识别法鉴定了第一个 T 细胞识别的人类肿瘤特异性抗原——黑色素瘤特异性抗原。

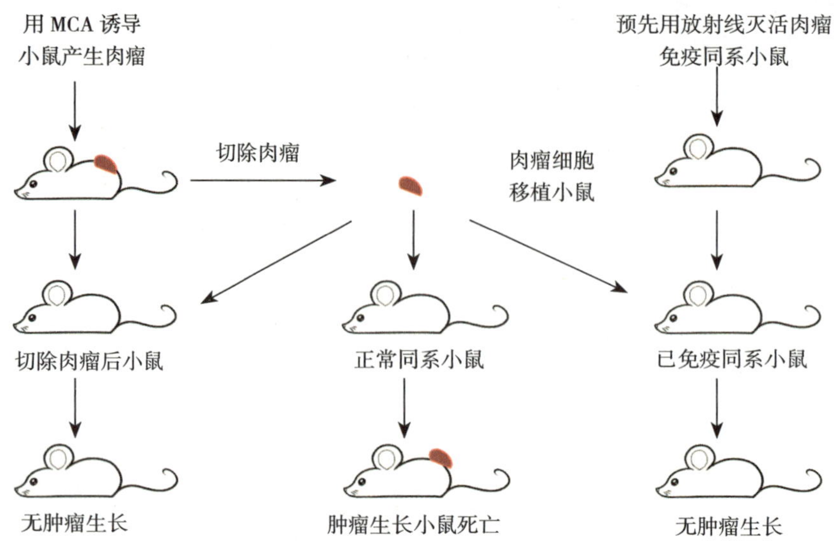

图 18–1 同系动物肿瘤移植排斥实验证明肿瘤特异性抗原的存在

2. 肿瘤相关抗原

肿瘤相关抗原（tumor associated antigen，TAA）是指并非肿瘤细胞所特有的，正常细胞或其他组织上也可表达的抗原物质，但其含量在细胞癌变时明显增高。此类抗原只表现出量的变化而无严格的肿瘤特异性，胚胎抗原、分化抗原等均属于此类抗原。由于 TAA 多为正常细胞的一部分，而且免疫原性较弱，故一般难以刺激机体产生有效的抗肿瘤免疫应答。TAA 不仅可用作肿瘤早期诊断的指标和治疗靶点，而且对复发概率及预后判断都有一定的指导意见。

（1）胚胎抗原（fetal antigen）：是在胚胎发育阶段由胚胎组织产生的正常成分，出生后逐渐消失。成年期几乎不表达。当有细胞癌变时，此类抗原又重新出现。该抗原可表达于肿瘤细胞表面，也可分泌或脱落到体液中，成为诊断肿瘤的重要标志物。一般情况下，由于此类抗原在胚胎期曾出现过，故宿主已对胚胎抗原产生免疫耐受，而胚胎抗原对异种动物具有很强的免疫原性，可借此制备抗体，用于临床诊断。在人类肿瘤中已发现多种胚胎抗原（表 18–1），其中研究最多的是甲胎蛋白（alpha–fetal protein，AFP）和癌胚抗原（carcinoembryonic antigen，CEA）。

（2）分化抗原（differentiation antigen）：又称组织特异性抗原（tissue–specific antigen），是机体组织细胞在正常分化、发育的不同阶段，出现或消失的细胞表面标志。恶性肿瘤细胞通常停留在细胞发育的某个幼稚阶段，其形态和功能均类似于未分化的胚胎细胞，称为肿瘤细胞的去分化（dedifferentiation）或逆分化（retro–differentiation）。某些恶性肿瘤细胞可以表达其他正常组织细胞特异性分化抗原，如胃癌细胞可表达 ABO 血型抗原；某些恶性肿瘤细胞可表达未分化的或幼稚细胞的分化抗原，如某些急性 T 细胞白血病细胞中可检出胸腺白血病抗原（TL 抗原），由于这些抗原是正常细胞的成分，因此亦不能刺激机体产生免疫应答。由于肿瘤细胞所表达的分化抗原的量与正常组织细胞有明显的差异，且某些分化抗原具有组织特异性，故该类抗原对肿瘤诊断和确定肿瘤组织来源有重要意义。各种类型的白细胞分化抗原可作为白血病的诊断标志即是典型应用实例。

二、根据肿瘤抗原产生机制分类

根据肿瘤的发生情况，可将肿瘤抗原分为理化因素诱发的肿瘤抗原、生物因素诱发的肿瘤抗原和自发性肿瘤抗原。

1. 物理或化学因素诱发的肿瘤抗原

物理因素、化学因素、病毒感染以及自发突变等均可导致基因突变，基因突变的机制包括点突变、DNA 碱基对缺失、染色体易位以及病毒基因的插入而导致的癌基因或抑癌基因的改变等。此种因理化因素在纯系动物诱发表达的肿瘤抗原的特点之一是肿瘤抗原具有个体特异性，同一因素诱发的肿瘤在不同种系、同一种系的不同个体，甚至是同一个体的不同部位发生的肿瘤都可能具有不同的抗原特异性，而且各个肿瘤抗原间很少有交叉反应，这使肿瘤治疗更加困难。另外，这类肿瘤抗原是细胞癌变过程中新合成的蛋白质分子，机体对其未形成自身耐受，可诱导机体产生一定程度的肿瘤抗原特异性免疫应答。

2. 生物因素诱发的肿瘤抗原

病毒通过其 DNA 或者 RNA 整合到宿主基因中，使细胞发生恶性转化并表达出新的肿瘤抗原，称之为病毒肿瘤相关抗原。目前已发现 600 多种动物肿瘤病毒。例如人乳头状瘤病毒（HPV）与人宫颈癌有关；EB 病毒（EBV）与 B 细胞淋巴瘤和鼻咽癌有关；乙型肝炎病毒（HBV）和丙型肝炎病毒（HCV）与原发性肝癌的发生有关；人类 T 淋巴细胞病毒 1（HTLV-1）诱发成人急性 T 细胞白血病。

3. 自发性肿瘤抗原

自发肿瘤是指无明确诱发因素的肿瘤，人类大部分肿瘤属于此类。这类抗原在正常细胞表达极低，未诱导机体免疫耐受，可能引起机体产生免疫应答。例如 Her2/Neu 是一种原癌基因，它表达的 Her2 蛋白在多种恶性肿瘤特别是乳腺癌细胞中过量表达，针对此类抗原的抗体对于高表达 Her2 的肿瘤具有较好疗效，已应用于临床治疗；肝癌细胞产生的甲胎蛋白（alpha-fetoprotein，AFP），以及结肠癌细胞表达的癌胚抗原（carcinoembryonicantigen，CEA），已作为肿瘤血清标志物成为肿瘤诊断、复发和预后判断的常规辅助性指标。常见的人类肿瘤抗原及产生机制详见表 18-1。

表 18-1 不同机制产生的常见人类肿瘤抗原

产生机制	肿瘤抗原	肿瘤
异常表达的胚胎抗原	甲胎蛋白（AFP）	肝癌
	癌胚抗原（CEA）	消化道肿瘤、乳腺癌等
基因突变产物	突变的 P53 蛋白	约 50% 人类肿瘤
	突变的 Ras 蛋白	约 10% 人类肿瘤
癌基因产物	过表达的 Her-2/neu	乳腺癌等
静止基因异常活化	黑色素瘤抗原（MAGE）-1、MAGE-3 等	黑色素瘤等
过表达的细胞蛋白	gp100，MART	黑色素瘤
糖基化蛋白异常	神经节苷脂 GM2 和 GD2 黏蛋白 MUC-1	黑色素瘤 黑色素瘤、腺瘤等
异常表达的组织特异	CD20	B 细胞淋巴瘤
性分化抗原	前列腺特异性抗原（PSA）、前列腺膜特异性抗原	前列腺癌

第二节　肿瘤免疫逃逸机制

尽管免疫监视功能可对随时发生恶性转化的肿瘤细胞发挥免疫应答效应并清除肿瘤，但是机体免疫系统不能够完全阻止恶性肿瘤的发生。肿瘤细胞逃避免疫系统攻击的过程称为肿瘤逃逸，逃逸的免疫机制十分复杂，肿瘤发生发展的过程取决于与免疫系统的相互作用，肿瘤细胞必须不断克服来自宿主的选择压力，才能在体内得以生存。肿瘤的形成与肿瘤细胞逃避机体免疫系统攻击的能力密切相关，这就是所谓的“免疫逃逸”（immune evasion）。

肿瘤免疫编辑学说（tumor immunoediting）是当前被认可的肿瘤免疫逃逸理论。该理论根据肿瘤的发展将其分为三个阶段：首先是清除期（elimination phase），此阶段机体通过抗肿瘤免疫效应机制发挥抗肿瘤作用，清除突变细胞，维持机体健康。其次是平衡期（equilibrium phase），在此阶段免疫系统和肿瘤细胞的斗争处于平衡，免疫系统选择性消灭一部分肿瘤细胞，另一部分肿瘤细胞通过肿瘤免疫编辑不断改变并重塑自身特点逃避免疫系统的杀伤。肿瘤细胞在此阶段通过不断改变重塑（reshape）自身特点的过程称为肿瘤免疫编辑（cancer immunoediting）。第三阶段即为免疫逃逸期（escape phase），此时肿瘤细胞具备了抵抗免疫系统清除的功能并发展为具有临床表现的肿瘤。肿瘤的免疫逃逸机制相当复杂，涉及肿瘤细胞自身、肿瘤生长的微环境和宿主免疫系统多个方面。

一、肿瘤抗原缺失和抗原调变

肿瘤细胞之间存在着免疫原性的差异。那些免疫原性较强的肿瘤细胞可以诱导有效的抗肿瘤免疫应答，易被机体消灭清除，肿瘤抗原与正常蛋白差别很小，免疫原性弱，无法诱发机体产生有效的抗肿瘤免疫应答，这一过程称为免疫选择，经过不断的选择，肿瘤的免疫原性越来越弱。由于宿主免疫系统攻击肿瘤细胞，肿瘤细胞表达的肿瘤抗原减少或丢失，从而使肿瘤细胞逃避免疫识别和杀伤，此为抗原调变（antigenic modulation）。免疫选择使免疫原性相对弱的肿瘤能逃脱免疫系统的监视而选择性的增殖。抗原调变使免疫系统不能识别免疫应答中减弱或消失的肿瘤细胞表面的抗原。

二、肿瘤细胞 MHC Ⅰ类分子表达低下

某些肿瘤细胞表面 MHC Ⅰ类分子表达降低或缺失，抗原提呈表达能力受限，使 CTL 不能获得肿瘤细胞表面足够的抗原信号，以至肿瘤细胞不能或弱提呈肿瘤抗原，无法诱导 CTL 以杀伤肿瘤细胞。MHC Ⅰ类分子表达缺失的原因可能有二，一是缺失编码 MHC Ⅰ类分子重链基因的第 6 号染色体。部分缺失 MHC Ⅰ基因或 MHC Ⅰ等位基因转录下调。这一机制已在一系列人类肿瘤，如黑色素瘤中得到证实；二是由于肿瘤细胞表面可异常表达某些非经典的 MHC Ⅰ类分子（如 HLA-G、HLA-E 等），NK 细胞表面抑制性受体可识别此类分子，从而启动抑制性信号，抑制 NK 细胞的肿瘤杀死作用。

三、肿瘤细胞共刺激信号异常

T 细胞表面的多种黏附分子如 CD28、LFA-1、LFA-2 等，分别可与肿瘤靶细胞表面相对应的配体 B7 、ICAM-1、LFA-3 等结合，可提供 T 细胞活化的共刺激第二信号。研究发现肿瘤细胞很少表达 CD80 和 CD86 等共刺激分子，却表达 PD-L1 等共抑制分子，因而不能为 T 细胞活化提供第二信号，无法有效诱导抗肿瘤免疫应答。研究还表明，淋巴瘤表面 ICAM-1 及 LFA3 均为低表达。肿瘤细胞可通过

其表面的 MHC 分子将肿瘤抗原直接提成给 T 细胞，由于缺乏共刺激信号，不能激活 T 细胞，相反却诱导产生了 T 细胞耐受。

四、调节性 T 细胞

调节性 T 细胞（regulatory T cell，Treg）是一群具有抑制其他免疫细胞功能的负调控细胞。研究表明，在实体肿瘤和血液恶性肿瘤患者中 Treg 数目增多。如在乳腺癌、卵巢癌、肺癌以及肝癌等多种实体肿瘤患者的外周血和肿瘤局部微环境中 Treg 比例增高，且数目与患者肿瘤进展程度和预后、生存率呈负相关。这些升高的 Treg 细胞能抑制抗肿瘤免疫、降低肿瘤免疫治疗的效果。除去 Treg 或封闭其抑制功能，可以增强抗肿瘤免疫反应，目前 Treg 在肿瘤治疗方面的应用成为研究的热点，如何清除或逆转 Treg 的抑制作用是肿瘤免疫治疗的一个关键问题。

五、肿瘤细胞内 MHC 分子抗原加工、提呈肿瘤抗原的功能障碍

导致肿瘤免疫逃逸的主要原因之一是 MHC Ⅰ类分子提呈功能的缺乏。可由 MHC Ⅰ类分子 mRNA 转录水平的降低、基因组的丢失、β2 微球蛋白基因的突变等引起。Restifo 等人研究了大量人肿瘤细胞系，发现肿瘤细胞内抗原加工和提呈所必须的 LMP-2、LMP-7、TAP-1、TAP-2 四种蛋白的 mRNA 表达低下或无法测出。恶性转移肿瘤 LMP 和 TAP 的丢失频率比原发肿瘤明显增高。同时转移性肿瘤 LMP 和 TAP 丢失频率的增高也反映出肿瘤细胞在克隆形成过程中经受住免疫选择，逃避了免疫细胞的监视。研究还表明，肿瘤宿主外周血获得的 DC 往往对抗原提呈有障碍。而取自肿瘤宿主骨髓细胞在体外与 DM-CSF、IL-4、TNF-α 共同培养诱导扩增的 DC 抗原提呈功能良好。表明肿瘤宿主的 DC 可能从骨髓释放到体外的成熟过程中受到肿瘤宿主体内某些因素的干扰而消减了对肿瘤抗原的提呈作用。

六、Fas/FasL 反向攻击

某些肿瘤细胞高表达多种癌基因产物（如 Bcl-2 等），这些分子能抵抗由活化 CTL 介导的肿瘤细胞凋亡，有利于肿瘤细胞异常增殖；某些肿瘤细胞内部分 Fas 信号传导分子缺陷，FasL/Fas 介导的细胞凋亡途径发生障碍，诱导肿瘤细胞逃避免疫攻击。

Fas 分子和其配体 FasL 属于 TNF 受体和配体家族跨膜糖蛋白。某些肿瘤细胞高表达 FasL，与肿瘤特异性 CTL 细胞表达的 Fas 相互作用，诱导肿瘤特异性 CTL 细胞凋亡，使肿瘤逃逸 CTL 发挥的特异性杀伤效应；肿瘤患者 Fas/FasL 系统的改变影响机体抗肿瘤免疫反应，研究肿瘤患者 FasL 表达程度可推测机体对肿瘤的免疫豁免程度。Fas/FasL 反击作为肿瘤逃避免疫系统攻击这一机制的阐明，也为肿瘤的免疫治疗提供了新策略：①阻断 Fas 介导的对抗肿瘤 T 细胞的杀伤作用；②为恢复肿瘤细胞对 Fas 的敏感性，肿瘤细胞增强表面 Fas 分子的表达；③封闭肿瘤细胞表达 FasL 或应用 Fas 抗体，以改善体内 T 细胞的免疫作用。同时肿瘤患者 Fas/FasL 系统的检测，也可用于肿瘤复发转移和预后的判断。

七、肿瘤细胞分泌免疫抑制性细胞因子

肿瘤细胞自身可分泌一系列免疫抑制性细胞因子。直接抑制机体产生抗肿瘤免疫应答。

1. IL-10

机体的免疫功能通过正向和负向调节两方面彼此协调、相互制约而取得自稳，正常机体产生抗肿瘤免疫应答应以 Th1 细胞介导的正向调节为主，但大多数肿瘤患者体内发生 Th1 向 Th2 细胞转移，表现为 Th2 细胞产生的细胞因子占优势的状态。Th2 细胞主要分泌具有负向调节功能的 IL-10。IL-10

在很多人类肿瘤中都有过量表达，如肾癌、结肠癌、乳腺癌、胰腺癌、黑色素瘤及神经母细胞瘤等。IL-10的过量分泌会降低炎性细胞因子的表达，也可影响APC的功能，导致负向调节功能增强，打破机体的平衡。

2. TGF-β

转化生长因子-β（transforming growth factor-β，TGF-β）可作用于细胞生长和分化。研究表明，TGF-β是可抑制肿瘤生长，但同时在肿瘤的发生、发展和转移过程中也有重要的作用。因此，普遍认为TGF-β在肿瘤的发生过程中起着双向调节作用。在肿瘤形成早期，TGF-β具有明显抑制肿瘤形成的作用；而在肿瘤发生、发展和转移过程中又起促进作用。TGF-β是迄今发现的最强的肿瘤诱导产生的免疫抑制因子，多种肿瘤细胞分泌TGF-β，在很多肿瘤的宿主血浆中也发现有TGF-β。TGF-β能拮抗IL-2、TNF和IFN等细胞因子的免疫调节作用，抑制NK细胞和单核细胞的杀伤活性，抑制部分免疫细胞的增殖。有些肿瘤分泌TGF-β的量还与它们的进展和预后有关，分泌TGF-β多的肿瘤患者预后较差。

3. PGE2

前列腺素E2（PGE2）是免疫反应的生理调节因子，活化的巨噬细胞和许多肿瘤产生前列腺素，如人的乳腺癌、头颈部癌。PGE2能诱导产生抑制性T细胞和抑制性巨噬细胞，抑制CD3单克隆抗体诱导的T细胞增殖等。肿瘤免疫逃逸的因素之一是肿瘤细胞表面的MHC分子表达的下降和缺失，而PGE2能下调肿瘤细胞表面的HLA-DR分子。通过实验证明，用PGE2合成的抑制剂可以增强抗肿瘤免疫反应。PGE2所产生的抑制作用与剂量相关，在高剂量时通常呈现免疫抑制作用，而低剂量的PGE2则参与抗体的产生、Th细胞的产生。

IL-10、TGF-β和PGE2等还可抑制树突状细胞（DC）向成熟DC转化，并抑制其表达MHC Ⅱ类分子和B7分子，导致DC诱导CTL对肿瘤抗原产生耐受。此外，其他细胞因子如IL-1、TNF-α和IFN-γ等既具有抗肿瘤作用，也促进肿瘤转移和发展的作用。

第三节　机体抗肿瘤的免疫机制

机体的免疫系统能识别和清除肿瘤细胞。机体的免疫系统可通过多种途径参与抗肿瘤免疫效应，包括固有免疫和特异性免疫抗肿瘤效应，两者共同参与抗肿瘤免疫，固有免疫应答发挥了第一线抗肿瘤作用，而适应性免疫应答发挥更为重要的特异性抗肿瘤作用。免疫系统抗肿瘤效应主要由细胞免疫介导，主要效应细胞包括T细胞、NK细胞、巨噬细胞等。抗体参与的体液免疫不是抗肿瘤的重要因素，体液免疫仅在某些情况下起协同作用，有时甚至能促进肿瘤的生长。机体对肿瘤抗原免疫原性不同的肿瘤所产生的免疫效应机制也不完全相同，对于免疫原性较强的肿瘤，以特异性免疫应答为主，对于免疫原性较弱的肿瘤，非特异性免疫应答可能具有更重要的意义。

适应性免疫效应细胞包括$CD8^+$CTL、$CD4^+$Th1，固有免疫细胞包括NK、巨噬细胞、NKT细胞等，均参与了机体的抗肿瘤作用。其中，CTL和Th1免疫应答发挥的抗肿瘤效应更为关键。

一、T细胞介导的特异性抗肿瘤免疫

抗肿瘤免疫应答，即免疫监视过程，以细胞免疫应答为主。T细胞介导的免疫应答对抗肿瘤免疫应答起很重要的作用。抗原活化的T细胞可特异性杀伤、溶解肿瘤细胞，或释放细胞因子直接或间接参与抗肿瘤免疫效应。

1. CTL 的抗肿瘤作用

$CD8^+$CTL 负责杀伤肿瘤细胞，是肿瘤免疫应答最主要的效应细胞。$CD8^+$CTL 是在双重信号作用下被活化和克隆增殖的。凋亡或坏死的肿瘤细胞释放抗原，抗原肽与 MHC Ⅰ类分子形成复合体，表达于细胞表面并呈递于 T 细胞表面与 TCR–CD3 复合物结合，$CD8^+$CTL 对肿瘤细胞的杀死方式主要有两种：CTL 与靶细胞接触产生脱颗粒作用，排出穿孔素插入细胞膜表面上，并使其形成通道，使颗粒酶（granzyme）、TNF、分泌性 ATP 等效应分子进入靶细胞，导致靶细胞死亡，其中穿孔素造成靶细胞膜损伤，颗粒酶使 DNA 断裂，引起程序性细胞死亡（PCD）；CTL 激活后表达 Fas 配体（FasL），它被释放到胞外与靶细胞表面的 Fas 分子结合，传导凋亡信号进入胞内，活化靶细胞内的 DNA 降解酶，引起靶细胞凋亡。另外，也可通过激活白介素 –1β 转换酶（ICE）或与 ICE 相关的蛋白酶，引起细胞凋亡。

2. $CD4^+$T 辅助细胞

在接受专职 APC 上的 MHC– 抗原肽复合物和共刺激分子双重信号后，$CD4^+$T 细胞发生克隆增殖，并释放出多种细胞因子趋化因子，其中主要为 IL–2、IFN–γ、TNF 等。这些因子在调节 CTL、NK 细胞、巨噬细胞和树突状细胞抗肿瘤效应中起重要作用。$CD4^+$T 细胞可增强 $CD8^+$CTL 抗肿瘤效应。随着肿瘤特异性 $CD4^+$T 细胞在许多肿瘤患者中的发现，人们已经找到了 $CD4^+$T 细胞所识别的 MHC Ⅱ类分子限制性肿瘤抗原 tyrosinasa、TPI、Eph 受体和 NY–ESO–1 等。此类肿瘤抗原的鉴定，对于全面理解 $CD4^+$T 细胞和 $CD8^+$T 细胞抗肿瘤的机制，以及肿瘤疫苗的开发及肿瘤的治疗均有着重要的意义。最好的肿瘤疫苗应该同时激活 $CD4^+$T 细胞和 $CD8^+$T 细胞，因此联合采用 MHC Ⅰ类和 MHC Ⅱ类限制性肿瘤抗原治疗肿瘤可能更为有效。

3. γδT 细胞

γδT 细胞由 γ 链和 δ 链组成 TCR 分子，多属 $CD4^-CD8^-$T 细胞，少数为 $CD8^+$T 细胞。在正常人外周血淋巴细胞中仅占 1% ~ 10%，但在肠道、呼吸道和泌尿生殖道黏膜组织中可达 20% ~ 50%。研究报道在各种实体肿瘤浸润淋巴细胞（TIL）中均发现 γTCR 的表达及抗肿瘤效应，因此多数学者认为 γT 细胞可能是肿瘤免疫监视作用的一道防线。γT 细胞杀伤肿瘤细胞等靶细胞的机制与 NK 细胞和 CTL 相似，即通过穿孔素 / 颗粒酶途径和 Fas/FasL 途径非特异性杀伤肿瘤细胞。γδT 细胞还可表达 NK 细胞抑制性受体，调控其对肿瘤细胞的杀伤活性，溶解 MHC Ⅰ类分子缺失的靶细胞。

4. NKT 细胞

NKT 细胞最早是从 C57BL/6 小鼠胸腺中检测出的一种特殊类型的 T 细胞，除表达 TCR 和 CD3 等 T 细胞特有标记外，同时可表达 NK 细胞系所特有的抗原受体 NK11、CD56 和抑制性受体 Ly49。NKT 细胞具有区别于常见 T 细胞 MHC 限制性的 CD1 限制性。在缺乏外来抗原的情况下，NKT 细胞可特异性识别 CD1 分子并活化，在短时间内分泌大量细胞因子，为免疫反应中某些效应细胞的活化提供早期帮助。NKT 细胞可通过表达穿孔素和颗粒酶介导广谱细胞毒性。NKT 细胞在肿瘤免疫中发挥重要的作用，已证明部分 NKT 细胞是 IL–12 相关的体内抗肿瘤免疫应答所必需的效应细胞亚群。在没有预先致敏的情况下，IL–12 活化的 NKT 细胞对多种肿瘤细胞系和自体肿瘤组织均有明显的细胞毒性，并且这种细胞毒性是 NKT 细胞本身的直接细胞杀伤，并非其分泌的细胞因子介导的间接反应。

二、NK 细胞

NK 细胞是淋巴细胞的一个亚群，约占外周血淋巴细胞的 5% ~ 10%，可直接杀伤某些肿瘤细胞，并且不受 MHC 限制。未活化的 NK 细胞抗肿瘤谱非常窄，只是对少数血液来源的肿瘤有效。如 K562（人红白血病细胞系）是人 NK 杀伤敏感细胞株，通常作为实验室测定 NK 活性的靶细胞。当 NK 细胞被

IL-2、IFN-γ 等细胞因子活化后，其抗肿瘤谱和杀伤效率大幅度提高。NK 细胞的活性受活化性和抑制性受体所调节。由于突变细胞或肿瘤细胞表面的 MHC Ⅰ类分子缺失或降低，不能与 NK 细胞表面的抑制性受体（killer inhibitory receptor，KIR）结合，不启动杀伤抑制信号；但其表面糖类配体可与 NK 表面的活化性受体（killer activation receptor，KAR）结合，从而激活 NK 细胞并发挥杀伤效应。NK 细胞可通过四种方式杀伤靶细胞，包括 ADCC、Fas/FasL 途径、穿孔素 - 颗粒酶途径和通过释放 TNF 等细胞因子杀伤靶细胞。NK 细胞释放的杀伤介质穿孔素、NK 细胞毒因子（NKCF）、TNF 等使靶细胞溶解破裂。NK 细胞还可以通过人抗肿瘤抗体 IgG1 和 IgG3 作为桥梁，其 Fab 端特异性识别肿瘤，Fc 段与 NK 细胞 FcγR 结合，产生抗体依赖的细胞介导的细胞毒（ADCC）作用，进而杀伤肿瘤细胞。

三、巨噬细胞

在抗肿瘤免疫中，巨噬细胞可作为专职性 APC 通过提呈肿瘤抗原诱导特异性抗肿瘤免疫应答，活化后作为效应细胞发挥非特异性杀伤和抑制肿瘤作用，可产生多种杀伤靶细胞的效应因子，其中包括过氧化氢（H_2O_2）、超氧离子（O_2）、一氧化氮（NO）、TNF 及溶酶体产物等。过度活化的巨噬细胞可抑制淋巴细胞的增殖，抑制 NK 细胞和 CTL 的抗肿瘤活性。近期还发现，肿瘤宿主中骨髓来源的粒细胞巨噬细胞的前体 $CD34^+$T 细胞具有天然的抑制活性。肿瘤产生的许多因子，如 IL-4、IL-6、IL-1、MDF、TGF-β、PGE2 和 M-CSF，能够逆转和抑制活化巨噬细胞的细胞毒活性，诱导巨噬细胞的抑制活性。

四、树突状细胞

树突状细胞为体内 APC 中一种，虽然在体内含量甚微，但分布广泛。目前普遍认为树突状细胞是体内功能最强的 APC。未成熟的树突状细胞可以通过表面受体识别和吞噬抗原或通过胞饮作用非特异性摄取抗原。随着树突状细胞的成熟，其吞噬能力下调；但呈递抗原的功能增强，使 T 细胞被激活。树突状细胞与 T 细胞结合后，可通过分泌大量的 IL-12 介导 Th1 型细胞免疫应答，有利于肿瘤的消除。

五、淋巴因子激活的杀伤细胞（lymphokine-activated killer cell，LAK）

具有肿瘤杀伤活性 LAK 细胞是在 IL-2 诱导下生成的，具有广谱的抗肿瘤作用，对肿瘤细胞发挥非特异性的杀伤。LAK 分为无 MHC 限制性的 NK-LAK 和具有 MHC 限制性的 T-LAK。NK-LAK 是由 NK 细胞衍生而来；而 T-LAK 细胞是由 T 细胞衍生而来。体内单纯输入 LAK 细胞抗肿瘤作用较弱，与 IL-2 联合应用效果较好。

六、抗体

1. 抗体依赖性细胞介导的细胞毒作用（ADCC）

抗肿瘤抗体（IgG）能与多种效应细胞如巨噬细胞、NK 细胞、中性粒细胞等表面 FcγR 结合，发挥 ADCC 效应，介导肿瘤细胞溶解。此类细胞介导型抗体在肿瘤形成早期即可在血清中检出，对防止动物肿瘤细胞的血型播散与转移具有一定作用。

2. 补体依赖的细胞毒性（CDC）

补体细胞毒性抗体和某些 IgG 亚类（IgG1 和 IgG3）与肿瘤细胞结合后，特异性抗体与肿瘤细胞表面抗原结合，通过激活补体经典途径，溶解肿瘤细胞，又称补体依赖的细胞毒作用（CDC），CDC 在一定程度上可防止肿瘤细胞转移。

3. 免疫调理作用

吞噬细胞可通过其表面的 Fc 受体与肿瘤细胞表面的某些抗体的结合而增强对肿瘤细胞的吞噬和杀伤作用。此外，抗肿瘤抗体与肿瘤抗原结合能活化补体，补体活化过程中所产生的 C3b 可与吞噬细胞表面 CR1 结合，促进其吞噬作用。具有这种调理作用的抗体多为 IgG 的某些亚类。

4. 抗体封闭肿瘤细胞表面某些受体

抗体可通过封闭肿瘤细胞表面的某些受体影响肿瘤细胞的生物学行为。例如转铁蛋白可促进某些肿瘤细胞的生长。其抗体可通过封闭转铁蛋白受体阻碍其功能，从而抑制肿瘤细胞的生长。抗肿瘤抗原 p158 的抗体能与肿瘤细胞表面 p185 分子结合，抑制肿瘤细胞增殖。

5. 干扰肿瘤细胞的黏附作用

某些抗肿瘤抗体与肿瘤细胞表面抗原结合后，可修饰其表面结构，阻断肿瘤细胞表面黏附分子与血管内皮细胞或其他细胞表面的黏附分子的配体结合，使肿瘤细胞黏附特性发生改变甚至丧失，从而有助于控制肿瘤细胞的生长和转移。

体液免疫在肿瘤免疫中具有双重作用。即可发挥抗肿瘤作用，又在某些情况下具有促进肿瘤生长的作用。如某些肿瘤特异性抗体可封闭抗原，它能与肿瘤细胞表面的肿瘤抗原结合而影响特异性细胞免疫对肿瘤细胞的识别与攻击，促进肿瘤细胞的继续生长。但是，针对肿瘤细胞表面抗原所制备的某些特异性单克隆抗体具有明显的抗肿瘤作用，部分已经在临床用于肿瘤的靶向治疗。

机体的免疫系统与肿瘤之间的关系相当复杂。非特异性免疫和特异性免疫抗肿瘤机制相互交错，细胞免疫与体液免疫机制相互协调和补充，从而清除肿瘤细胞，发挥抗肿瘤效应。

第四节 肿瘤的免疫学检测与治疗

一、肿瘤的免疫学诊断

肿瘤的免疫学诊断主要通过生化和免疫学技术检测肿瘤抗原、抗肿瘤抗体或其他肿瘤标记物，有助于辅助对肿瘤患者的诊断及肿瘤状态的评估。多数肿瘤释放到血液循环里的抗原大分子能够用于免疫检测。表 18-2 中，如癌胚抗原（CEA）的升高有助于诊断结直肠癌，甲胎蛋白（AFP）的升高有助于诊断原发性肝细胞肝癌，前列腺特异性抗原（PSA）用于前列腺癌患者的诊断，CA125 增高常见于卵巢癌、宫颈癌、子宫内膜癌、输卵管癌等，CA199 增高见于结肠癌、肝癌、胆管癌等。除了体液内肿瘤标志物外，对细胞表面肿瘤标志物的检测也在临床得到应用，如采用特异性单抗免疫组化或流式细胞术等对细胞表面肿瘤标志物的检测。可用于分析淋巴瘤和白血病细胞表面 CD 分子，这有助于淋巴瘤和白血病的诊断和分型。此外，将放射性核素标记的肿瘤相关抗原的抗体从静脉或腔内注射可将放射性核素导向肿瘤所在部位，是肿瘤定位显像最好的方法。体内显像分析可以准确定位肿瘤浸润的范围，已应用于肿瘤诊断。对肿瘤抗原、抗肿瘤抗体或其他肿瘤标记物水平的动态监测和评估还有助于对肿瘤患者预后的判断。

二、肿瘤的免疫治疗

肿瘤的免疫治疗是通过调动宿主的免疫防疫机制或给予某些生物活性物质，以达到控制和杀伤肿瘤细胞的目的。免疫疗法只能清除少量的、播散的肿瘤细胞，对于晚期的实体瘤疗效有限，常作为一种辅助疗法与手术、化疗、放疗等常规疗法联合应用。先用常规疗法清扫实体瘤后，再用免疫疗法清除残存的肿瘤细胞，可提高肿瘤综合治疗的效果，并有助于防止肿瘤的复发和转移。

表 18-2　肿瘤标记物分布

肿瘤标记物	主要肿瘤	其他部位组织相关恶性肿瘤
AFP	肝癌	胃、胆囊和胰腺
CEA	结直肠癌	胸、肺、胃、膀胱、胰腺、骨髓、甲状腺、头、颈部、子宫、肝脏、淋巴瘤、黑色素瘤
CA199	胆管癌、胰腺癌	结肠、食管和肝脏
CA125	卵巢癌	输卵管、子宫内膜、乳腺、肺、食管、胃、肝脏、胰腺
PSA	前列腺癌	—

根据机体抗肿瘤免疫效应机制，肿瘤免疫治疗主要分为主动免疫治疗和被动免疫治疗两大类。有些免疫治疗方法既可激发宿主抗肿瘤免疫应答，又可作为外源性免疫效应物质直接作用于肿瘤细胞。此外，一些免疫调节剂非特异性地增强宿主的免疫功能、激活宿主的抗肿瘤免疫应答，也具有一定的抗肿瘤效果。

（一）肿瘤的主动免疫治疗

用经过处理的肿瘤细胞或细胞提取物制备的疫苗或基因工程疫苗进行免疫接种，激发或增强肿瘤患者的特异性抗肿瘤免疫应答，可阻止肿瘤生长、扩散和复发，称为肿瘤主动特异性免疫治疗。

给肿瘤宿主注射具有免疫原性的瘤苗，例如灭活的瘤苗、异构的瘤苗、抗独特型抗体瘤苗等，有助于诱导抗肿瘤免疫应答。目前比较受到关注的有蛋白多肽瘤苗、基因修饰瘤苗和 DC 瘤苗等。蛋白多肽瘤苗是采用化学合成或基因重组的方法制备的肿瘤抗原多肽，或多肽与佐剂等融合蛋白。基因修饰瘤苗是将某些细胞因子基因、共刺激分子基因、MHC Ⅰ类抗原分子基因等转入肿瘤细胞后所制成的免疫原性增强的瘤苗。考虑 DC 具有很强的抗原加工与提呈能力，所以用已知的肿瘤抗原或肿瘤细胞甚至肿瘤组织的裂解物预先在体外致敏患者的 DC，然后将携带肿瘤抗原信息的 DC 疫苗免疫肿瘤宿主，诱导有效的抗肿瘤免疫应答，此类瘤苗已获准在临床应用。

主动免疫疗法应用的前提是肿瘤具有免疫原性和宿主有较好的免疫功能状态，以保证瘤苗免疫后能激发宿主产生抗肿瘤的免疫应答。该类方法对于清除手术后残留的微小转移瘤灶和隐匿瘤、预防肿瘤复发与转移有较好的效果。

（二）肿瘤的被动免疫治疗

肿瘤的被动免疫治疗是给机体输注外源性免疫效应物质，包括抗体、细胞因子、免疫效应细胞等，由这些外源性的免疫效应物质在宿主体内发挥抗肿瘤作用。该疗法不依赖于宿主本身的免疫功能状态，即使在宿主免疫功能低下状态仍能比较快速地发挥治疗作用。

1. 抗体导向化学疗法（antibody-guided chemotherapy）

以化学治疗药物（如阿柔比星、丝烈霉素 C、顺铂、长春新碱等）与抗肿瘤单克隆抗体交联，进行靶向治疗。还可将单克隆抗体与脂质体药物相联。结合了单克隆抗体的包裹了脂质体的化疗药进入人体内可减少药物对正常组织的毒性，延长药物释放的时间。

2. 免疫毒素疗法（immunotoxin therapy）

是指采用单克隆与蛋白质毒素之类生物制剂制备的交联物进行肿瘤治疗的方法，其交联物称为免疫毒素。所用的毒素有植物毒素和细菌毒素，主要包括美洲商陆病毒蛋白（PAP）、铜绿假单胞菌外毒素 A（PEA）、白喉毒素（DT）和破伤风毒素等。

3. 放射免疫疗法（radioimmuno therapy）

由放射性核素发挥肿瘤杀伤作用。在同位素中广泛应用的是放射粒子的 ^{131}I。很多用于放疗的药物也可用脂质体包裹。

4. 抗体 – 超抗原融合蛋白导向治疗

超抗原（super antigen，SAg）抗肿瘤是 20 世纪 90 年代出现的生物治疗模式，在众多方法中以单克隆抗体与超抗原偶联物或其融合蛋白导向治疗肿瘤的研究为主。研究者把抗肿瘤抗体与超抗原通过化学偶联或蛋白融合法融合成杂交分子，当杂交分子到达肿瘤灶时，其抗体部分与肿瘤细胞表面抗原特异性结合，而超抗原部分则可激活 T 细胞杀伤肿瘤细胞。

临床案例

患者，男，64 岁，右上腹疼痛 4 个月，逐渐加重，并向后背放射，食欲减退，体重明显减少，近日发现小便色棕黄。查体：皮肤发黄，巩膜黄，心音正常。肝右肋下 3cm，剑突下 4cm，边不规则，有叩击痛，脾未触及。B 超检查发现肝脏内有多个大小肿物。经病理学检测，诊断为原发性肝癌。你认为可采用哪些治疗措施？

分析：①靶向药物：用于癌细胞存在特定受体的肝癌治疗，主要有表皮生长因子受体（EGFR）抑制药物、血管内皮生长因子受体（VEGFR）拮抗药等；②免疫治疗：肝癌免疫治疗主要包括免疫调节剂、免疫检查点抑制剂、细胞免疫治疗。这类治疗可达到控制和杀灭肿瘤细胞的目的；③肝切除术：手术前需要对患者的全身情况及肝功能储备进行全面评价，只有符合手术指征的患者才可进行肝切除术。这些评估均由医生根据患者个体情况进行；④中医中药治疗：我国药监部门业已批准了若干种现代中药制剂用于治疗肝癌，能够改善症状，提高机体的抵抗力，减轻放化疗不良反应，提高生活质量。

本章小结

肿瘤免疫主要是研究肿瘤抗原，机体对肿瘤的免疫应答，机体的免疫状态与肿瘤的发生、发展的相互关系，以及肿瘤的免疫学诊断、预防和治疗等方面的内容。肿瘤抗原包括细胞在癌变过程中出现的新抗原及过度表达的抗原物质。根据肿瘤的抗原特异性，可将肿瘤抗原分为只存在于肿瘤细胞的肿瘤特异性抗原（TSA）和既存在于肿瘤细胞也以非常低的含量存在于一些正常细胞的肿瘤相关抗原（TAA）。肿瘤抗原在肿瘤的发生、发展和诱导机体抗瘤免疫效应中发挥重要作用。机体抗肿瘤免疫的机制包括细胞免疫和体液免疫两方面，它们相互协作共同杀伤肿瘤细胞。细胞免疫是抗肿瘤免疫的主要机制，体液免疫通常仅在某些情况下起协同作用。尽管肿瘤细胞具有抗原性，但是，肿瘤细胞可以通过多种机制逃逸免疫应答的监视，包括免疫选择及其本身抗原调变，细胞表面 MHC 分子、共刺激分子、调节性 T 细胞、抗原呈递功能障碍，Fas/FasL 反击，从而导致肿瘤的发生发展。肿瘤免疫治疗的基本思路是通过相关的技术方法调动宿主免疫系统的抗肿瘤免疫应答能力，消灭已经形成的肿瘤细胞或抑制其进一步生长与转移。肿瘤免疫治疗包括主动免疫治疗和被动免疫治疗，前者以各种肿瘤疫苗为代表，后者包括以抗体为基础的免疫疗法、细胞因子疗法以及 T 细胞过继免疫疗法等。

思考题

1. 试述肿瘤具有肿瘤特异性抗原的实验依据。
2. 试述肿瘤免疫治疗难以取得令人满意疗效的原因。
3. 试述机体抗肿瘤的免疫学机制。

习 题

一、名词解释

1. 肿瘤抗原（tumor antigen）
2. 肿瘤特异性抗原（tumor specific antigen，TSA）

二、单项选择题

1. 胚胎抗原是（　　）。
   A. 肿瘤特异性抗原　　B. 肿瘤相关抗原
   C. 化学因素诱发的肿瘤抗原　　D. 物理因素诱发的肿瘤抗原
   E. 病毒诱发的肿瘤抗原
2. 人乳头状瘤病毒（HPV）与下列哪种肿瘤的发生有关（　　）。
   A. 宫颈癌　　B. 乳腺癌
   C. 黑色素瘤　　D. 肝癌
   E. 前列腺癌
3. 人嗜 T 淋巴细胞病毒 1（HTLV-1）可导致下列哪种肿瘤的发生（　　）。
   A. 宫颈癌　　B. 乳腺癌
   C. 黑色素瘤　　D. 成人 T 细胞白血病
   E. 前列腺癌
4. 机体的抗肿瘤免疫效应机制中起主导作用的是（　　）。
   A. 体液免疫　　B. 细胞免疫
   C. 巨噬细胞杀伤肿瘤　　D. NK 细胞杀伤肿瘤
   E. 细胞因子杀瘤作用
5. 下列关于肿瘤免疫的叙述错误的是（　　）。
   A. 细胞免疫是抗肿瘤免疫的主要机制
   B. 抗体在抗肿瘤中并不发挥主要作用
   C. NK 细胞是抗肿瘤的第一道防线
   D. γδT 细胞一般不参与抗肿瘤免疫
   E. 嗜酸性粒细胞参与抗肿瘤作用
6. 以下对 NK 细胞杀瘤有关叙述，错误的是（　　）。
   A. 无特异性　　B. 无需预先活化，即可直接杀瘤
   C. 可依赖抗体通过 ADCC 方式杀瘤　　D. 依赖补体，通过 CDC 方式杀瘤

E. 无 MHC 限制性

7. 肿瘤发生的主要机制是（　　）。

A. 免疫防御功能的障碍　　B. 免疫监视功能的障碍
C. 免疫自稳功能的障碍　　D. 免疫调节功能的障碍
E. 免疫功能亢进

8. 抗肿瘤免疫的主要效应细胞是（　　）。

A. NK 细胞　B. 巨噬细胞　C. $CD8^{+}T$ 细胞　D. γδT 细胞
E. $CD4^{+}T$ 细胞

9. 参与 ADCC 杀肿瘤细胞的有（　　）。

A. CTL 细胞　B. 树突细胞　C. γδT 细胞　D. NK 细胞
E. 肥大细胞

10. 参与特异性抗肿瘤作用的细胞有（　　）。

A. CTL　　B. NK 细胞
C. 中性粒细胞　　D. 嗜酸性粒细胞
E. 巨噬细胞

三、判断题（正确的划“√”，错误的划“×”）

1. 根据肿瘤的发展将其分为三个阶段：首先是清除期，其次是平衡期，第三阶段即为免疫逃逸期。（　　）
2. 胚胎抗原、分化抗原属于肿瘤相关抗原。（　　）
3. 适应性免疫应答发挥了第一线抗肿瘤作用。（　　）
4. 肿瘤的被动免疫治疗是给机体输注外源性免疫效应物质。（　　）

四、简答题

1. 机体抗肿瘤免疫的效应机制有哪些?
2. 简述肿瘤细胞的免疫逃逸的机制。

参考答案

第十九章 移植免疫

思维导图

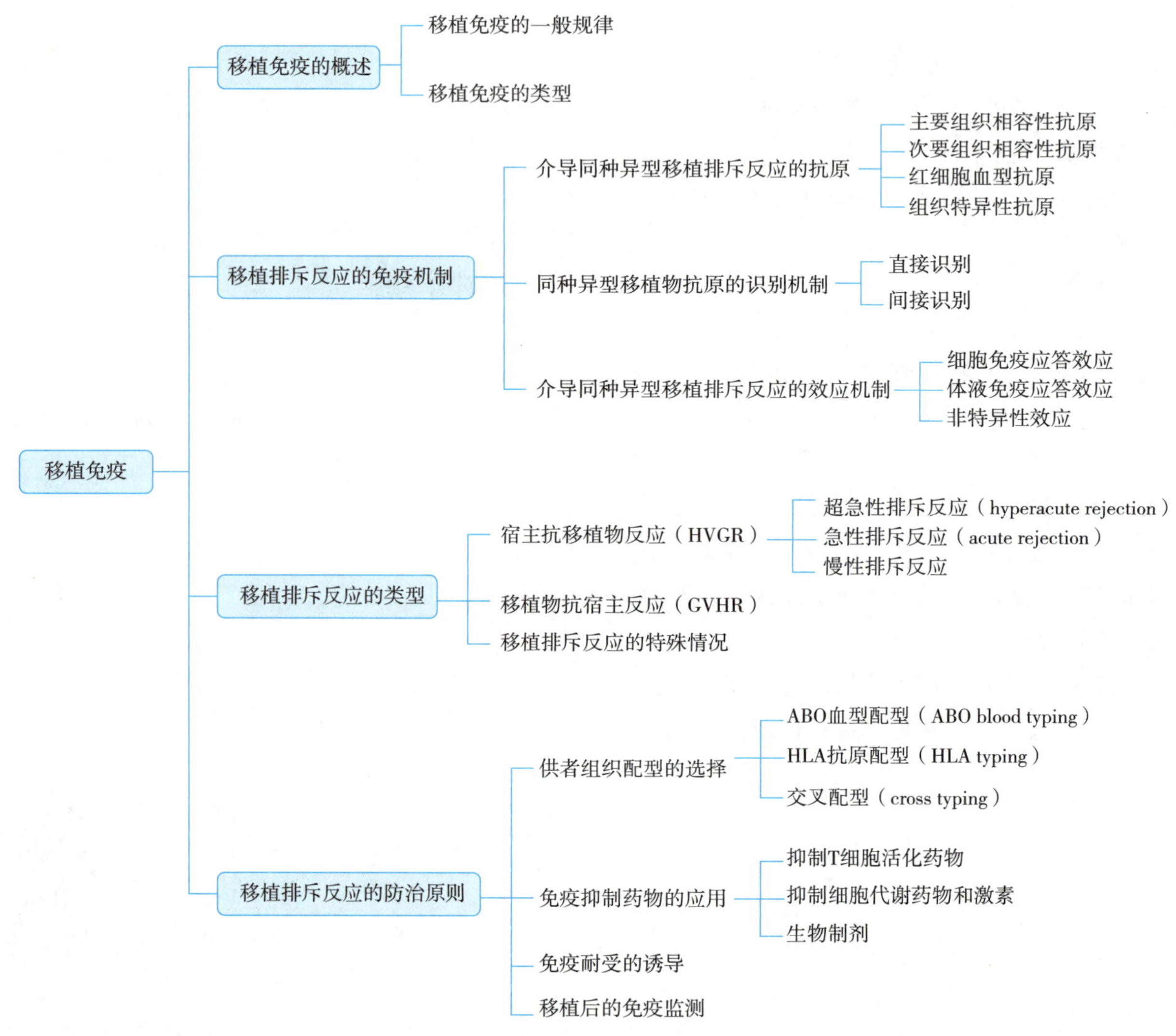

学习目标

知识目标 掌握移植免疫的概念与分类，理解移植免疫发生的免疫学机制，能够了解移植在生命科学、基础医学以及生活中的重要作用。

能力目标 通过学习移植免疫理论知识，结合案例分析讨论，培养学生独立思考、逻辑思维、分析问题以及团队协作能力，有助于解决日常生活中的实际问题。

思政目标 通过比较学习人体正常生理与病理活动，树立学生的健康意识，引导学生养成健康的生活习惯。

思政入课堂

移植是将细胞、组织和器官转移至身体某一部位，以恢复被破坏器官或组织的解剖结构、生理功能。而在移植中受者的免疫系统与供者的移植物相互作用会发生的免疫应答，称为移植免疫。这里介绍中国骨髓移植之父——陆道培院士。1964 年，陆道培院士为患者完成我国乃至亚洲首例同基因骨髓移植手术，1981 年，成功完成中国首例异基因骨髓移植。1991 年，完成我国首例 HLA 配型半相合的造血干细胞移植，1996 年建立我国首家脐带血库，2001 年创建血液病专科医院等。陆道培院士一生围绕着血液病患者，创造了多个第一。他的先进事迹启迪我们青年要用心做好每一件事情，用心尽好每一个责任，实现自我价值。

在细胞、组织或器官移植中，受者接受供者的移植物后，受者的免疫系统与供者的移植物相互作用而发生的免疫应答，称为移植免疫。研究移植免疫的主要目的是了解移植排斥反应发生的机制，以预防和控制排斥反应的发生，使移植物能在受体内长期存活。

第一节　移植免疫的概述

人类祖先在很早以前就幻想用更换器官的方法对某些疾病进行彻底治疗，以延长器官使用寿命。500 多年前西班牙的一位画家在油画中栩栩如生地描述了先知 St.Cosmos 和 Damian 在天使的帮助下为患者进行小腿移植的画面（图 19–1）。近百年来人类也开展了大量关于组织和器官移植的基础研究和临床实践，经历了从自体、异体及异种器官的移植，但一直未能解释移植物被排斥而导致移植失败的原因。直到 20 世纪 40 年代，英国学者 Medawar 用小鼠和家兔等动物进行了一系列皮肤移植实验，揭示移植排斥现象的本质是免疫应答，即宿主对移植物产生的免疫应答是导致移植物被排斥的根本原因。到 20 世纪 60 年代进一步研究发现，小鼠第 17 对染色体上有一组基因（H–2）编码的抗原是引起移植排斥反应的关键分子，而人类的移植抗原基因位于第 6 对染色体短臂上，从而奠定了移植排斥的免疫学基础，促进了临床器官移植突破性进展，使美国医生 Thomas 和 Murphy 首次完成肾移植手术获得成功。如今移植术是治疗组织、器官终末阶段衰竭最为有效的治疗措施，包括各种实质性脏器及骨髓干细胞的移植等。

图 19–1　天使帮助患者进行小腿移植的画面

移植（transplantation）是将正常细胞、组织或器官从一个体植入到另一个体（或同一个体的不同部位）的过程，以维持和重建机体正常生理功能。被移植的细胞、组织或器官称为移植物（graft）；而提供移植物的个体称为供者（donor）；接受移植物的个体称为受者或宿主（recipient or host）。若移植物植入在宿主的正常解剖位置称为原位移植（orthotopic transplantation）；若移植物植入在不同的解剖位置则称为异位移植（heterotopic transplantation）。移植术后，移植物是否在受者体内存活，与两者的遗传背景密切相关。若供、受者的遗传背景不同，受者免疫系统与供者移植物相互作用可发生免疫应答，导致移植物出现炎症反应和坏死，称为移植排斥反应（graft rejection）。而研究移植排斥反应的发生机制以及如何预防和控制排斥反应，以维持移植物长期存活的科学，称为移植免疫学（transplantation immunology）。移植术并非自然存在的现象，但目前移植术的最大障碍是移植抗原诱导的免疫应答，产生排斥反应。因此，阐明移植排斥反应的机制，寻找控制移植排斥反应的方法，提高移植物的成活率，一直是移植免疫学家急待攻克的堡垒。

一、移植免疫的一般规律

早在20世纪40年代，英国科学家Medawar用小鼠进行了一系列皮肤移植实验阐述了移植排斥（图19–2），结果总结发现一些规律性的现象：①同品系小鼠间皮肤移植不发生排斥反应；②如A、B、C不同品系小鼠之间皮肤移植，在7～10天后移植皮肤被排斥，称为初次排斥反应（first set rejection）。若再次接受同一品系小鼠的移植皮肤，则3～4天移植皮肤即被排斥，此次称为再次排斥反应（second set rejection）；③再次接受另一品系小鼠的移植皮肤，仅产生初次排斥反应；④如B系小鼠接受A系小鼠移植物后出现初次排斥反应，将该B系小鼠的淋巴细胞输注给另一只B系小鼠，输注后的B系小鼠再接受A系小鼠移植物时，被移植物将在3～4天即被排斥，出现再次排斥反应类型。以上实验结果表明移植排斥反应的实质是宿主免疫系统对移植器官产生的一种特异性免疫应答，与淋巴细胞相关，具有特异性和记忆性。

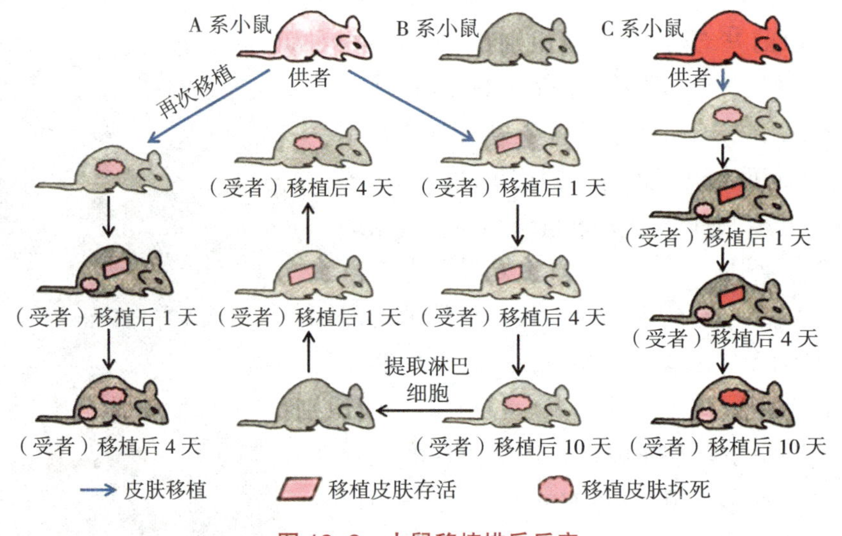

图19–2　小鼠移植排斥反应

二、移植免疫的类型

根据移植供、受者之间的遗传背景不同，可将移植分为四种基本类型（图19–3）。

自体移植（autologous transplantation）移植物来自受者本身，是将自身的组织移植于自体的另一部位，如烧伤后自体皮肤移植，这种移植不发生排斥反应。

同种同基因移植（syngeneic transplantation）又称同系移植。移植物来自遗传基因与受者完全相同

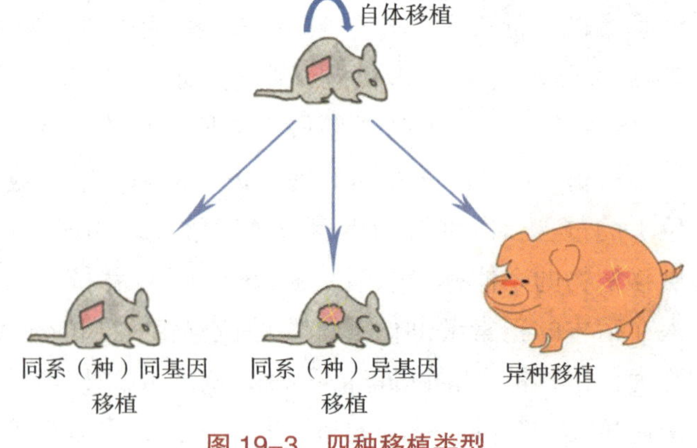

图19–3　四种移植类型

或非常相似的供者，如同卵双生的个体或近交系动物间的移植。这种移植一般不发生排斥反应。

同种异基因移植（allogeneic transplantation）又称同种异型移植。移植物来自同种但遗传基因不同的个体，这种移植常出现排斥反应，其反应的强弱取决于供、受者之间遗传差异的程度，差异越大，排斥反应越强。临床移植大多属于此类型。

异种移植（xenogeneic transplantation）是指不同种属个体之间的移植。如将动物的器官移植给人。由于供、受者间遗传背景差异甚大，移植后可产生强烈的排斥反应。目前，此类移植尚无长期存活的报道。

第二节　移植排斥反应的免疫机制

移植排斥反应在临床上主要指同种异型移植的排斥反应，其本质是受者机体免疫系统产生的针对移植物的特异性免疫应答。存在于移植物中的抗原，是刺激受者免疫系统发生免疫应答，导致排斥反应的根本原因。同时移植物中存留的抗原提呈细胞（如树突状细胞）和淋巴细胞也参与免疫应答。

一、介导同种异型移植排斥反应的抗原

移植抗原是指移植物表达的、引起宿主抗移植物免疫应答的抗原。在同种属个体间，由等位基因表达差异造成的多态性产物，均可成为同种异型移植抗原。

（一）主要组织相容性抗原

主要组织相容性抗原（major histocompatibility antigen，MH 抗原）是能引起强烈排斥反应的移植抗原，其是引起同种异型移植排斥反应的主要抗原，在人类最重要的是 HLA 抗原，即经典的 MHC Ⅰ类和Ⅱ类分子，所致的排斥反应强烈而迅速。由于编码 HLA 抗原的基因群（HLA 复合体）具有多基因性和多态性，因此，除了单卵双生外，在随机人群中很难找到 HLA 基因型或表型完全相同的供者和受者。供、受者间 HLA 型别差异是发生急性移植排斥反应的主要原因。

（二）次要组织相容性抗原

次要组织相容性抗原（minor histocompatibility antigen，mH 抗原）是能引起较弱排斥反应的移植抗原。实验研究及临床资料显示在主要组织相容性抗原完全相同的情况下，仍可发生较为缓慢且强度较弱的移植排斥反应。表明同种异型移植排斥反应还可由另一类抗原引起，此类抗原为非 MHC 编码的次要组织相容性抗原。mH 抗原表达于机体组织细胞表面，与性别相关的 mH 抗原，可通过 Y 染色体基因编码产生，如雄性小鼠的 H-Y 抗原，主要表达于精子、表皮细胞及脑细胞表面；也可由常染色体编码产生，表达于机体所有组织细胞表面。因此，即使供、受者 HLA 完全相配，也可发生移植排斥反应。

（三）红细胞血型抗原

人类的 ABO 血型抗原不仅分布于红细胞表面，也表达于肝、肾等组织细胞和血管内皮细胞表面。当供、受者 ABO 血型不合时，受者血清中血型抗体可与供者移植物血管内皮细胞表面 ABO 抗原结合，激活补体，引起移植物血管内皮细胞损伤和血管内凝血，导致超急性移植排斥反应。除 ABO 血型外，其他血型抗原如 Rh 血型抗原不表达于血管内皮细胞上，故在器官移植中可不考虑该类血型不合引起的移植物损伤。

（四）组织特异性抗原

组织特异性抗原是特异性地表达在某一器官、组织或细胞表面，是独立于 HLA 和 ABO 血型抗原之外的一类抗原。同种异型间不同组织器官移植后发生排斥反应的强度各异，从强到弱依次为皮肤、肾、心、胰、肝等，其原因可能与组织特异性抗原的免疫原性不同有关，如皮肤表达的 SK 抗原、血管内皮细胞（vascular endothelial cell，VEC）表达的 VEC 抗原等，均可诱导受者产生较强的细胞免疫应答，导致排斥反应的发生。

二、同种异型移植物抗原的识别机制

在器官移植实验中，发现对无胸腺裸鼠进行同种或异种移植，不产生排斥反应；新生小鼠去除胸腺，长大后接受同种异型移植物也产生同样的情况，但对上述小鼠，输注同系正常小鼠 T 细胞，则可发生正常排斥反应；将经历过初次排斥反应的小鼠 T 细胞输给同系小鼠，可以使后者过继获得再次排斥反应效果。这些结果证实同种异型移植排斥反应的发生与 T 细胞的存在密切相关。目前，认为受者 T 细胞对同种异型 MHC 分子抗原识别可分为直接识别和间接识别两种机制（图 19–4）。

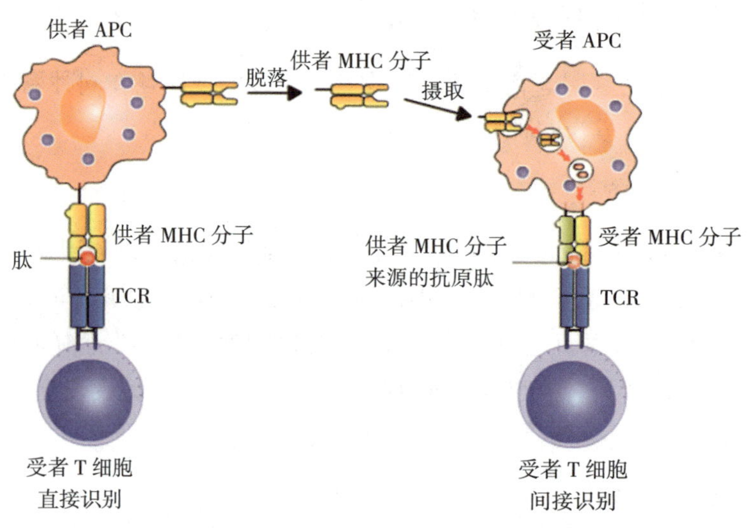

图 19–4　T 细胞对同种异型抗原的两种识别机制

（一）直接识别

移植物细胞表面完整的 MHC 分子不需要 APC 加工处理，直接被受者 T 细胞的 TCR 所识别，称为直接识别。通常受者 T 细胞只识别自身 MHC 分子和外来抗原肽形成的复合物，而在同种异型移植情况下，受者 T 细胞识别的对象是外来抗原肽 – 供者 MHC 分子复合物或供者自身抗原肽 – 供者 MHC 分子复合物。按照 MHC 限制性理论，若同种异型移植供者 APC 与受者 T 细胞间 MHC 型别不一致，两者不应发生相互作用，那么受者 T 细胞对移植抗原的识别是如何跨越 MHC 限制性而得以实现的呢？目前的观点认为，TCR 对抗原肽 –MHC 分子复合物的识别并非严格专一，而是识别带有特定共同基序的肽段，由此构成两者相互作用的包容性。在同种异型移植中，供者抗原肽 –MHC 分子与受者自身抗原肽 –MHC 分子的构象表位具有相似性，因此，TCR 对抗原肽 –MHC 分子复合物的识别具有交叉反应性。通过交叉识别，每个 TCR 可识别多种具有相似性的抗原肽 –MHC 分子复合物。对这种机制的认识也可解释受者体内为何存在为数众多的同种异型抗原反应性 T 细胞。

在移植物中的过客白细胞（passenger leukocyte）中，最重要的是成熟的树突状细胞和巨噬细胞，两者均高表达 MHC-Ⅱ类分子和包括 B7 在内的多种黏附分子，可通过直接识别机制激活受者 T 细胞。而参与直接识别的 T 细胞称为同种反应性 T 细胞。由直接识别机制引起的排斥反应具有发生快和强度大的特点，在急性排斥反应中起主要作用。反应发生快是因为它省略了抗原加工处理的时间，反应强度大是因为每一个体的 T 细胞库中都含有大量能识别同种异型 MHC 分子的 T 细胞。实验结果显示，参与直接识别的 T 细胞占 T 细胞库中总数的 1% ~ 10%。而针对一般特异性抗原反应的 T 细胞仅占 T 细胞库中总数的 1/（10^4 ~ 10^6）。由于移植物中的过客白细胞数量有限，并随时间推移而逐渐消失，因此，直接识别在急性排斥反应的中晚期和慢性排斥反应中作用不大。经直接识别所致的排斥反应对免疫抑制剂（如环孢素）敏感。

（二）间接识别

供者移植物的脱落细胞或 MHC 抗原经受者 APC 加工处理后，以供者抗原肽 - 受者 MHC 分子复合物的形式提呈给受者 T 细胞识别，称为间接识别。次要组织相容性抗原也通过间接识别机制提呈给受者 T 细胞。间接识别有赖于受者 APC 对同种异型抗原进行加工、处理，所引起的排斥反应比较缓慢且较弱，在急性排斥反应的早期与直接识别协同发挥作用，在急性排斥反应的中晚期和慢性排斥反应中起更重要的作用。此反应对免疫抑制剂相对不敏感。

直接和间接识别同种异型 MHC 抗原的比较见表 19-1。

表 19-1　直接和间接识别同种异型 MHC 抗原的比较

性质	直接识别	间接识别
被识别分子的形式	未经加工处理的同种异型 MHC 分子	经加工处理的同种异型 MHC 分子
抗原提呈细胞（APC）	供者 APC	受者 APC
被激活的 T 细胞	$CD8^+$ CTL、$CD4^+$ Th	以 $CD4^+$ Th 为主
排斥反应强度	非常强烈	较弱或未知
参与排斥反应的类型	急性排斥反应（早期）	急性排斥反应（中、晚期）、慢性排斥反应
对环孢素的敏感性	敏感	不敏感

同种异型移植排斥反应主要是受者 T 细胞所介导的。研究显示 $CD4^+$ T 和 $CD8^+$ T 细胞在移植排斥反应中表现出不同的作用。用鼠进行皮肤移植实验发现：①给裸鼠注射 $CD4^+$ T 细胞可获得急性移植排斥反应能力，而单独注射 $CD8^+$ T 细胞则无此作用；②给裸鼠同时注射 $CD8^+$ T 细胞和少量 $CD4^+$ T 细胞，或单独注射已接受同种抗原致敏的 $CD8^+$ T 细胞，则可获得同样结果；③给正常小鼠分别单独注射抗 $CD8^+$ T 和 $CD4^+$ T 细胞单克隆抗体以去除相应的细胞，则 $CD8^+$ T 细胞缺乏时对移植排斥反应无明显影响，而 $CD4^+$ T 细胞去除可使移植物存活时间明显延长。这些结果提示 $CD4^+$ T 细胞在排斥反应中占有更重要的地位。除 T 细胞外，其他免疫效应细胞（如巨噬细胞、NK 细胞等）和免疫效应分子（如抗体、补体等）也参与对移植物的损伤和炎症反应。

三、介导同种异型移植排斥反应的效应机制

（一）细胞免疫应答效应

T 细胞介导的细胞免疫应答在移植排斥反应机制中发挥关键作用。$CD4^+$ T 细胞是主要的效应细胞，Th1 细胞通过直接或间接途径识别移植抗原并被激活，活化的 Th1 细胞释放多种炎性细胞因子（如 IFN-γ、IL-2 等），使移植物中 Th1 细胞和巨噬细胞大量浸润，引起迟发型超敏反应性炎症，造成移植物

组织损伤。此外 $CD8^+$ CTL 在移植物的损伤机制中也发挥重要作用。

（二）体液免疫应答效应

移植抗原特异性 $CD4^+$ T 细胞被激活后，增殖分化的 Th2 可辅助 B 细胞分化为浆细胞而产生针对同种异型抗原的特异性抗体，通过免疫黏附、调理作用、ADCC 作用以及激活补体损伤血管内皮细胞，介导凝血、血小板聚集，溶解移植物细胞和释放促炎介质等，参与排斥反应。

（三）非特异性效应

在同种移植物中通常首先引发天然免疫效应，导致移植物炎症反应及相应组织损伤，随后才发生特异性免疫排斥反应。因此，非特异性效应机制是 T 细胞介导移植抗原特异性应答的前提。参与该效应的细胞主要有中性粒细胞、NK 细胞、NKT 细胞等，效应分子主要有组织损伤相关分子、促炎介质、自由基等，体液中的补体、凝血、纤溶酶、激肽等，也可从多方面造成移植物组织早期损伤。

第三节　移植排斥反应的类型

同种异型器官移植后，由于供、受者之间的组织相容性抗原不同，可引起移植排斥反应。根据排斥反应发生机制分为宿主抗移植物反应（host versus graft reaction，HVGR）和移植物抗宿主反应（graft versus host reaction，GVHR）两类。前者一般见于实质器官移植，后者主要发生在骨髓移植或其他免疫细胞移植。

一、宿主抗移植物反应（HVGR）

HVGR 是由于受者免疫细胞在移植物抗原刺激下活化，产生针对移植物抗原的特异性免疫应答。由 HVGR 发生而产生的疾病称为宿主抗移植物病（host versus graft disease，HVGD）。根据排斥反应发生的时间、强度、病理变化及其机制不同，大致分为超急性排斥反应、急性排斥反应和慢性排斥反应三类。

同种异型移植排斥反应的类型及效应机制见表 19-2。

表 19-2　同种异型移植排斥反应的类型及效应机制

排斥反应类型	效应机制	病理变化
超急性排斥反应	受者体内的预存抗体与移植物中血管内皮细胞表面的相应抗原结合，激活补体系统和凝血系统，造成血管内皮细胞损伤、血管内凝血	血管内凝血
急性排斥反应	$CD8^+$ CTL 的细胞毒作用是主要的效应机制；炎症性 $CD4^+$ T 细胞 / 巨噬细胞也导致间质细胞的损害	急性间质炎、急性血管炎
慢性排斥反应	急性排斥反应所致的细胞坏死的延续和结果；炎症性 $CD4^+$ T 细胞 / 巨噬细胞介导慢性炎症；抗体或效应细胞介导反复多次内皮细胞损害，致血管壁增厚和间质纤维化	间质纤维化、血管硬化

（一）超急性排斥反应（hyperacute rejection）

超急性排斥反应是由体液免疫介导的，一般发生在移植器官与受者血管接通后的数分钟或数小时内，也有发生在术后 24 ~ 48 小时内。多见于受者反复多次接受输血、长期血液透析、多次妊娠或再次器官移植等。其发生机制是在移植前受者体内预先存在着抗移植物抗体，包括抗供者 HLA 抗原、ABO 血型抗原及 VEC 抗原的抗体等，这种抗体称为预存抗体。当移植物恢复血供，预存抗体即可与移植物细胞表面相应抗原结合，激活补体而直接破坏靶细胞；同时，补体活化所产生的活性片段引起血管通透性增高、中性粒细胞浸润、血小板聚集、纤维蛋白沉积、血管内凝血和血栓形成，从而使移植物发生不可逆性缺血、变性和坏死。此外，移植物灌流不畅或缺血时间过长等非免疫因素，也可导致超急性排斥反应。超急性排斥反应一旦发生，不可逆转，任何免疫抑制剂药物治疗均无效，终将导致移植失败。在移植前，通过 ABO 血型及 HLA 组织配型可筛除不合适的供体器官，以预防发生超急排斥反应。

（二）急性排斥反应（acute rejection）

急性排斥反应是临床上最常见的一类排斥反应，一般于移植后数天至 2 周左右出现，80% ~ 90% 发生于移植术后 1 个月内。该类反应主要是细胞免疫应答介导的Ⅳ型超敏反应所致，是急性移植排斥的主要原因。病理学检查可见移植物组织中出现大量淋巴细胞和巨噬细胞浸润，提示 T 细胞发生活化和增殖，$CD4^{+}$ T 细胞（Th1）和 $CD8^{+}$ T 细胞（CTL）是主要的效应细胞。受者的 CTL 细胞可以直接识别并杀伤表达同种异型 MHC Ⅰ类抗原的移植物血管内皮细胞和实质细胞。Th1 细胞活化后分泌 IL-2、IFN-γ 和 TNF-α 等多种细胞因子，引发迟发型超敏反应性炎症；此外，活化的单核巨噬细胞、NK 细胞可以发挥非特异性杀伤作用和 ADCC 作用。受者可产生针对供者 MHC 分子的抗体和抗血管内皮细胞表面同种异型抗原的抗体，这些抗体与相应抗原结合，通过补体依赖的细胞毒作用，导致血管内皮细胞损伤。发生急性排斥反应的快慢和强度轻重，与供、受者 HLA 抗原差异程度、免疫抑制剂使用情况以及受者的免疫功能状态有关。一般地讲，急性排斥反应发生越早，其临床表现也越严重，而后期发生的急性排斥反应大多临床症状较轻。及早给予适当的免疫抑制剂治疗，此类排斥反应大多可获得缓解。

（三）慢性排斥反应

慢性排斥反应发生于术后数周、数月至数年，多发生于 1 年左右。一般认为涉及的机制有以下两种：①免疫性损伤，包括 $CD4^{+}$T 细胞持续性间断活化，Th1 介导的迟发型超敏反应性炎症，Th2 辅助 B 细胞产生抗体，通过 ADCC 效应或激活补体损伤移植物血管内皮细胞等；血管内皮细胞持续性轻微损伤，导致多种生长因子分泌，刺激血管平滑肌细胞增生、动脉硬化、血管壁炎性细胞浸润等变化。②非免疫性损伤，包括移植手术中局部缺血 - 再灌注损伤、术后免疫抑制剂毒性作用以及并发的高血压、感染等。此外，移植组织器官退行性变性与供者年龄差异、某些并发症等有关。不同的移植物表现为不同的病理变化：肾移植物的主要病变表现为间质纤维化和动脉狭窄、纤维样变性；心脏移植物主要表现为广泛的心肌增生、冠状动脉纤维化；肺移植物的慢性排斥反应主要影响细支气管，引起进行性气道狭窄，并导致细支气管炎性闭塞。慢性排斥反应的发生机制迄今尚不完全清楚。慢性排斥反应病程进展缓慢，临床症状不明显，往往呈隐匿性，移植物功能逐渐减退，应用抗排斥反应药物无效，是目前移植物不能长期存活的主要原因。

二、移植物抗宿主反应（GVHR）

GVHR 是由移植物中抗原特异性淋巴细胞在识别受者同种异型抗原后活化，产生针对受者同种异型抗原的特异性免疫应答。GVHR 的发生依赖于下列一些特定的条件：①移植物中含有足够数量具有免疫功能的免疫细胞，尤其是成熟的 T 细胞；②受者处于免疫无能或免疫功能极度低下状态；③供、受者之间存在 HLA 配型不符。GVHR 主要见于骨髓移植后，此外，富含淋巴细胞的器官如胸腺、脾脏等移植以及新生儿接受大量输血也可能发生。GVHR 损伤机制主要是移植物中成熟 T 细胞被受者特异性抗原激活，增殖分化为效应 T 细胞，并随血循环游走至受者全身，对受者组织或器官产生免疫应答，导致多器官的损伤。由 GVHR 损伤受者而产生的疾病称为移植物抗宿主病（graft versus host disease，GVHD）。根据病程及累及器官情况可分为急性 GVHD 和慢性 GVHD。

急性 GVHD 多见于移植术后数天至两个月内发生，主要引起多个靶器官上皮细胞的坏死，由于皮肤和肠道表达更高的 MHC 分子，易诱发 $CD4^+$ T 细胞产生免疫损伤，以累及皮肤、肝脏、肠道等多见，出现发热、厌食、恶心、腹泻、皮肤痛痒性斑丘疹等症状和体征；而慢性 GVHD 则出现一个或多个器官的纤维化和萎缩，最终导致累及的器官功能丧失。因此，去除供者骨髓中成熟 T 细胞，可预防 GVHR 发生，但可能降低移植物（骨髓）的存活率，对于因白血病而接受骨髓移植的患者，可能会增加白血病复发的概率。GVHR 一旦发生，往往难以逆转，不仅导致移植失败，而且给患者造成严重损伤，甚至危及受者生命。

三、移植排斥反应的特殊情况

机体某些解剖部位尤其是免疫赦免区（immuno-logically privileged site）接受组织器官移植，往往不发生或仅发生轻微排斥反应，如角膜、眼前房、软骨、脑、胎盘滋养层、某些内分泌腺等。其机制可能是：①这些部位缺少输入血管和淋巴管，故血循环中的淋巴细胞难以到达并识别移植物抗原；②体内特有的生理屏障，如血 - 脑屏障能阻止抗体和免疫细胞进入脑组织与之接触；③某些组织如软骨组织的免疫原性较弱，不易引起免疫应答，所以软骨移植一般不引起排斥反应；④某些组织可分泌免疫抑制性的细胞因子如 IL-10、TGF-β，使受者 T 细胞在局部活化受抑制，而不产生对移植物的免疫应答，如人工受精卵的植入；⑤某些免疫赦免区组织细胞高表达 FasL，移植后即使受者 T 细胞突破组织结构屏障而进入赦免区，识别移植抗原后活化而高表达 Fas，可通过 Fas/FasL 途径而发生 T 细胞凋亡，导致对移植物的免疫耐受，如同种异型胰岛移植于胸腺中不易被排斥。

第四节　移植排斥反应的防治原则

移植排斥反应是决定移植成功与否的关键。同种异型移植术成败很大程度上取决于针对移植排斥反应的防治措施，目前临床上预防移植排斥反应的主要原则为：严格选择与受者 HLA 相匹配的供者移植物，以降低移植物的免疫原性；使用药物抑制受者对移植物的免疫应答；诱导受者对移植物的免疫耐受，以及加强移植后的免疫检测等。

一、供者组织配型的选择

移植前的组织配型或组织相容性试验是对某一个体的表型和基因型的特异性鉴定。通过组织配型选择与受者组织相容性抗原相同或相近的供者，可降低急性排斥反应发生的概率和强度，从而延长移植物的存活。

（一）ABO 血型配型（ABO blood typing）

人类红细胞血型抗原不仅表达于红细胞表面，也表达于多种实质性脏器组织细胞和血管内皮细胞表面。若 ABO 血型抗原不符，可导致如输血反应的超急性排斥反应。因此，供、受者的血型必须相配，符合输血原则。同时还要测定受者血清中是否预存 HLA 抗体，尤其对再次接受移植受者更为重要，以防止超急性排斥反应发生。

（二）HLA 抗原配型（HLA typing）

HLA 抗原是引起同种异型移植排斥反应的主要抗原，供、受者 HLA 抗原的匹配程度决定了排斥反应的强度，在很大程度上决定移植的成功与否。因此，在器官移植前，一定要进行供者和受者 HLA 配型，选择合适的供者。HLA 配型一般是鉴定供、受者的 HLA 表现型，即检查 HLA 抗原。临床上，供、受者间 HLA 等位基因相合数目越多，移植排斥反应越弱，移植物存活率越高。一般有亲缘关系供、受者之间 HLA 型别相近的机会大得多。不同 HLA 基因座位产物对移植排斥的影响各不相同，其中 HLA-A 和 -B 相配的位点越多，则移植物存活率越高；而 HLA-DR 相配更重要，因为 HLA-DR 和 DQ 基因有很强的连锁不平衡，通常 HLA-DR 相配者，HLA-DQ 多能相配，如 HLA-DR 配型不合，则器官存活率明显降低。同时 HLA-DR 还是免疫应答基因，参与 T 细胞应答的调控。

（三）交叉配型（cross typing）

由于目前受 HLA 分型技术限制，尚难以检测某些同种抗原的差异。因此，有必要进行交叉配型，在骨髓移植中尤其重要。其原理是将供者外周血单个核细胞与受者血浆混合或受者外周单个核细胞与供者血浆混合相互反应，即做两组单向混合淋巴细胞培养，无论哪一组淋巴细胞被杀伤溶解均为交叉配型试验阳性，提示供受者不匹配。

二、免疫抑制药物的应用

受者免疫应答功能正常存在是导致同种异型移植物被排斥的关键。因此，在移植术前对移植物或受者进行预处理，可有效地预防或减轻 HVGR 和 GVHR 的发生。目前常采用的方法有：①尽可能清除移植物中的淋巴细胞；②借助血浆置换去除受者体内天然抗体；③通过脾脏切除和使用免疫抑制剂或放射照射等方法，使受者的免疫系统功能处于抑制或低下状态，以利于移植物存活。目前，临床上终生使用免疫抑制药物已成为同种异型器官移植术患者的常规治疗方案。常用的免疫抑制药物主要有抑制 T 细胞活化药物、抑制细胞代谢药物、激素、抗体和其他生物制剂等。

（一）抑制 T 细胞活化药物

目前临床上最常用的是环孢素 A（cyclosporin，CsA），它主要通过抑制 T 细胞活化过程中 IL-2 基因转录，最终阻断 IL-2 依赖性的 T 细胞生长和分化。其主要优点是无骨髓抑制，缺点是有效治疗剂量与肾毒性剂量十分接近。FK506 和西罗莫司（rapamycin）是一类大环内酯类药物，作用机制与 CsA 相似，但免疫抑制作用更强，体外活性约为 CsA 的 100 倍，且对肾毒性明显小于 CsA，故应用范围较广。另一种主要抑制淋巴细胞内鸟嘌呤合成从而抑制淋巴细胞增殖的药物霉酚酸酯也有良好的抑制效果。

（二）抑制细胞代谢药物和激素

常用的是硫唑嘌呤（azathioprine）和环磷酰胺（cyclophosphamide）。此类药物为抗肿瘤药物，可杀伤快速增殖的细胞，不仅抑制受抗原刺激而增殖、分化的 T 细胞，也对造血干细胞等具有毒性作用。糖皮质激素也是临床常用药物，可降低移植物炎症反应，减轻排斥反应造成的组织损伤。但是，使用激素具有副作用，如诱发或加重感染，类肾上腺皮质功能亢进综合征，骨质疏松或肌肉萎缩，可引起孕妇胎儿畸形，抑制生长激素的分泌以及影响中枢神经系统等。

（三）生物制剂

针对 T 细胞表面抗原而生产的特异性抗体等生物制剂也能有效地抑制排斥反应的发生。抗 CD3 抗体与T细胞表面的CD3分子结合后，通过激活补体溶解T细胞，或促进吞噬细胞吞噬杀灭T细胞。另外，抗CD25（IL-2Ra链）抗体可阻断IL-2与IL-2R结合，从而发挥抗排斥反应作用。因CD25仅短暂表达于活化的T细胞表面，所以抗CD25抗体能选择性地清除经同种异型抗原激活的T细胞。其他抗体，如抗ICAM抗体、抗TNF抗体等，均能有效地抑制急性排斥反应的发生。

三、免疫耐受的诱导

尽管免疫抑制药物的应用，可大大地延长移植物的存活期，但免疫抑制药物治疗仍然存在着许多问题，如免疫抑制药物在抑制排斥反应的同时，可导致感染和肿瘤的发生；多数免疫抑制药物本身具有严重的毒副作用等。理论上，诱导受者免疫系统产生针对移植物抗原的免疫耐受是防治排斥反应的最佳方案。

临床上对接受器官移植而长期存活个体进行分析，发现受者皮肤、淋巴结、胸腺等组织中有来自供者的遗传物质（DNA）和淋巴细胞。再将这些受者的淋巴细胞与供者的淋巴细胞在体外进行混合培养，出现无反应状态，提示受者对移植物产生了免疫耐受，这种现象称为微嵌合状态。微嵌合状态的存在是移植物在受者体内长期存活的关键。

目前已有许多诱导移植耐受成功的实验方案，有些方案已进入临床前试验阶段。多数方案主要围绕阻断或防止T细胞活化而设计。如根据供者MHC分子多态区顺序合成多肽或可溶性MHC分子，通过大剂量输入受者，阻断受者特异性TCR识别功能而诱导同种异型反应性T细胞耐受。又如，给受者输入大剂量可溶性CTLA-4和抗CD40L单抗分别阻断B7和CD40/CD40L协同刺激通路，诱导同种反应性T细胞进入免疫无能状态；利用细胞因子IL-4、IL-2等定向调控Th细胞亚群分化，从而诱导发生免疫耐受等。

四、移植后的免疫监测

临床上，对接受同种异型移植的患者进行术后免疫监测极为重要，针对排斥反应做出早期诊断和鉴别诊断，可及时采取有效的防治措施，对患者预后具有重要指导意义。

目前常用的免疫监测内容包括：①患者血清各种免疫分子水平测定，如细胞因子、细胞表面黏附分子、补体、抗供者HLA抗体和抗B细胞抗体等；②患者淋巴细胞亚群的百分比和功能测定等。事实上这些监测的实验指标灵敏度不高，特异性不强，但存在有一定的参考价值，因此，一般需要结合多项指标来评价受者的免疫学功能，结合患者的临床表现，尤其是移植器官的功能状态进行综合分析。

临床案例

患者，女，41岁。4年前因反复关节痛和间断发热在当地误诊为类风湿关节炎，治疗无效，病程中伴口腔溃疡。3年前就医时查WBC 3.7×10^9/L，抗核抗体（++），补体 <50U（偏低），免疫球蛋白亚群IgG和IgM正常，IgA 0.07g/L（参考值0.76 ~ 3.9），诊断为系统性红斑狼疮合并选择性IgA缺乏症，开始接受泼尼松等抗炎药物治疗。但患者仍有间断低热、咳嗽、易感冒、腹泻等症状，始终未能得到改善。现患者接受自体外周血干细胞移植术，从血中分选出CD34阳性细胞在体外扩增后回输到大剂量放疗化疗后的患者体内。术后患者类风湿因子和抗核抗体等指标恢复正常，红斑狼疮症状缓解，意外的是其血清IgA水平也逐渐到了0.8g/L，属于正常范围。请分析该移植术的免疫学机制，如果发生排斥反应会发生哪种排斥反应？

分析：造血干细胞移植是指对患者进行全身照射、化疗和免疫抑制剂预处理后，将正常供体或自体的造血干细胞注入患者体内，使之重建正常的造血与免疫功能，达到修复、替换以及治愈疾病的目的。由于大剂量放疗化疗后破坏了机体自身的免疫系统，所以在这个过程当中发生排斥反应，主要发生移植物抗宿主排斥反应，进一步分急性和慢性排斥反应。

本章小结

根据移植供受者之间的遗传背景不同，可将移植分为自体移植、同基因移植、异基因移植与异种移植四种类型。对于同种异体移植可引发移植排斥反应，分为宿主抗移植物排斥反应（HVGR）和移植物抗宿主排斥反应（GVHR）两种。而 HVGR 又分为超急性、急性和慢性排斥反应，GVHR 分为急性和慢性排斥反应。延长移植物存活的主要措施是组织配型，然后使用免疫抑制剂以及诱导免疫耐受。

思考题

1. 简述移植排斥反应的抗原，移植免疫的类型。
2. 移植排斥反应的类型以及免疫学机制是什么？
3. 同种异体移植排斥反应的基本防治原则是什么？

习　题

一、名词解释

1. 宿主抗移植物排斥反应
2. 移植物抗宿主排斥反应

二、单项选择题

1. 人体进行器官移植时引起排斥反应的多数类型抗原是（　　）。

A. 同种异型抗原　B. 异种抗原　C. 异嗜性抗原　D. 自身抗原
E. 隐蔽抗原

2. GVHR 主要见于（　　）。

A. 肾脏移植　B. 心脏移植　C. 骨髓移植　D. 肺脏移植
E. 脾脏移植

3. 根据移植方式不同，下列肾移植存活率最高的是（　　）。

A. 同卵双胞胎供体肾　B. 父母双亲的供体肾
C. 亲属供体肾　D. 同种供体肾
E. 异种供体肾

4. 能引起强烈而迅速的，针对同种异体移植物排斥反应的抗原是（　　）。

A. 白细胞分化抗原　B. 超抗原
C. 次要组织相容性抗原　D. 主要组织相容性抗原
E. 以上均不正确

5. 反复输血的个体进行实体器官移植时易发生的现象是（　　）。

A. 异种移植排斥反应　B. 超急性排斥反应

C. 急性排斥反应
D. 慢性排斥反应
E. 自体移植排斥反应

6. 一存活多年的同种异体肾移植接受者的体内虽有供体抗原表达却未发生明显的排斥反应，其原因可能是（　　）。

A. 移植物已失去了免疫原性
B. 移植物的免疫细胞功能活跃
C. 受者的免疫细胞功能活跃
D. 移植物对受者发生了免疫耐受
E. 受者对移植物发生了免疫耐受

7. 女，46 岁。确诊急性白血病 1 年，拟进行异基因造血干细胞移植。有利于提高移植物存活最重要的措施是（　　）。

A. HLA 配型成功
B. 血型相同
C. 输注血液制品前辐照
D. 输注间充质干细胞
E. 适时应用免疫抑制药物

8. 男，18 岁。因终末肾脏病进行肾脏移植手术，其母亲为其供肾者，这种移植类型正确的是（　　）。

A. 同基因移植
B. 同系移植
C. 异种移植
D. 自体移植
E. 同种异体移植

9. 男，18 岁。因终末肾脏病进行肾脏移植手术，其同卵双生的哥哥为其供肾者，这种移植类型正确的是（　　）。

A. 同基因移植
B. 异基因移植
C. 异种移植
D. 自体移植
E. 同种异体移植

10. 男，35 岁，为肾脏移植患者，术后一切正常，3 个月后出现体温升高。肾移植一侧胀痛，尿量减少，病人可能是（　　）。

A. 迟发排斥反应
B. 急性排斥反应
C. 慢性排斥反应
D. 移植物抗宿主反应
E. 严重感染

三、判断题（正确的划“√”，错误的划“×”）

1. 根据移植供、受者之间的遗传背景不同，可将移植分为自体移植、同种同基因移植、同种异基因移植和异种移植四种基本类型。（　　）

2. GVHR 可分为 3 种类型：超急性移植排斥反应，急性移植排斥反应和慢性移植排斥反应。（　　）

3. 间接识别需要供者的 APC 将移植物以供者抗原肽 –MHC 分子复合物的形式提呈给受者 T 细胞识别。（　　）

4. HLA 是能引起强烈排斥反应的移植抗原。（　　）

四、简答题

1. 同种异型移植排斥反应发生的免疫学机制是什么？

2. 简述超急性排斥反应的机制。

参考答案

第二十章　免疫预防

思维导图

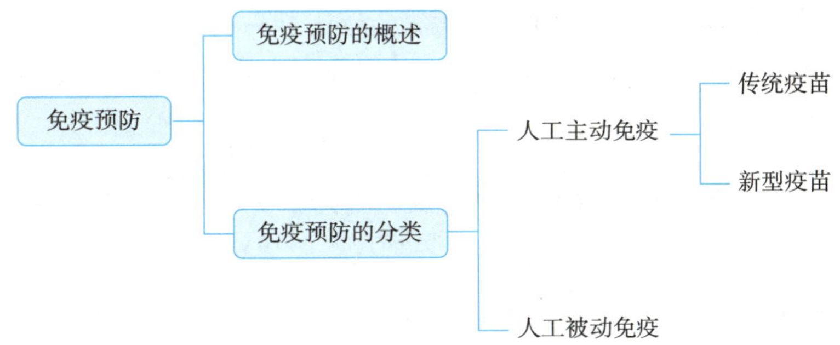

学习目标

知识目标　掌握免疫预防的概念与分类，理解免疫预防的免疫学机制，能够了解现实生活中计划免疫接种的目的与意义。

能力目标　通过学习免疫预防理论知识，结合案例分析讨论，培养学生独立思考、逻辑思维、分析问题以及团队协作能力。

思政目标　通过比较学习人工、自然、主动与被动免疫，树立学生接种疫苗的健康意识，引导提高学生解决实际问题的能力。

思政入课堂

2019年底发生的新型冠状病毒感染为急性传染性疾病。其病原体是一种先前未在人类中发现的新型冠状病毒，即COVID-19，其在复制过程中不断适应宿主而产生突变。一般情况下，传染病流行的三个基本条件是传染源、传播途径和易感人群。通过接种新冠疫苗，预防病毒进入人体内，使机体获得免疫力，同时较大程度地降低了感染后的重症比例和死亡风险。通过学习本章内容，使同学们有机地将理论知识与实践相结合，从而更好地激发同学们的发散思维，为今后的生产生活更好地应用和转化。

人类利用免疫的方法预防传染病有着悠久的历史。从中国人接种人痘苗预防天花到英国医生Edward Jenner发明了更为安全的牛痘苗，这是人类首次利用免疫接种的方法预防传染性疾病。由于这项发明，使人类成功消灭了天花。随着免疫学理论和技术的飞速发展，高效安全疫苗的成功研制与使用，人类已经能够预防多种传染性疾病。如今，免疫预防已经超越传染病的预防范畴，扩展到自身免疫性疾病、肿瘤和移植排斥的防治以及计划免疫等方面。

第一节　免疫预防的概述

免疫预防是指通过人工主动或被动免疫刺激机体产生或输入免疫活性物质，从而特异性清除致病因子，达到预防疾病的目的。人工免疫是有计划、有目的地给人体接种抗原或输入抗体使机体获得某种特异性抵抗力，从而达到预防或治疗某些疾病的方法。

机体获得特异性免疫的方式主要有两种：自然免疫，即机体通过感染病原体之后获得的特异性免疫和胎儿或新生儿从母体获得的抗体以及通过乳汁获得的抗体，分别称为自然主动免疫和自然被动免疫；而人工免疫，即免疫预防，同样分为两种，人工主动免疫和人工被动免疫。

第二节　免疫预防的分类

一、人工主动免疫

人工主动免疫是指应用人工接种免疫原性物质的方法，刺激机体产生特异性免疫应答。因机体的免疫力由自身免疫系统产生，故发挥免疫功能比较晚，但维持时间较长。用于人工主动免疫的接种物质称为生物制品，其中疫苗最为重要，包括菌苗、瘤苗和类毒素等。理想的疫苗应具有安全、有效和实用的特点。疫苗的种类很多，可根据研制特点分为传统疫苗和新型疫苗；可根据疫苗的成分分为灭活疫苗、减毒活疫苗、类毒素、亚单位疫苗、结合疫苗、合成肽疫苗以及基因工程疫苗；根据预防疾病的种类分为单一疫苗和联合疫苗等。

（一）传统疫苗

1. 灭活疫苗

灭活疫苗是选用免疫原性强的病原体，经人工大量培养后用理化方法灭活制成的死疫苗。死疫苗的作用主要是诱导机体产生特异性抗体，维持血清抗体水平，常需要多次接种。由于灭活的病原体不能进入宿主细胞内增殖，难以通过内源性抗原加工提呈诱导产生 CTL，故细胞免疫较弱，免疫效果具有一定的局限性，再者存在作为传播疾病工具的可能性。但是，灭活疫苗的优点是易于制备、较稳定、易于运输与保存。目前应用较广的灭活疫苗有伤寒疫苗、鼠疫疫苗、霍乱疫苗、狂犬病疫苗、流感病毒疫苗、乙脑病毒疫苗以及新冠病毒疫苗等。

2. 减毒活疫苗

减毒活疫苗是用减毒或无毒性的活病原微生物制备而成。传统的制备方式是将病原体在培养基或动物细胞中反复传代培养，使其降低毒性或失去毒性，但保留其免疫原性。如利用牛结核杆菌在人工培养基上多次传代后制成卡介苗，用脊髓灰质炎病毒在猴肾细胞中反复传代后制成活疫苗。减毒病原体在体内有一定的生长繁殖能力，一般只需接种一次。活疫苗接种类似轻症感染，除诱导机体产生体液免疫外，还可产生细胞免疫，经过自然感染途径接种还可产生黏膜局部免疫。其不足之处是疫苗可能在体内有回复突变的危险性，但在实践中比较罕见。免疫缺陷者和孕妇一般不宜接种减毒活疫苗。目前常应用的减毒活疫苗包括脊髓灰质炎疫苗、卡介苗、风疹疫苗、腮腺炎疫苗、麻疹疫苗以及水痘疫苗等。灭活疫苗和减毒活疫苗的比较见表 20–1。

表 20-1　灭活疫苗与减毒活疫苗的比较

不同点	灭活疫苗	减毒活疫苗
制剂特点	死，强毒株	活，弱毒或无毒
接种剂量及次数	较多，2 ~ 3 次	较少，1 次
副作用	较大	较小
保存及有效期	易保存，有效期约 1 年	不易保存，4℃冰箱保存数周
免疫效果	较差，维持半年至 2 年	较好，维持 3 ~ 5 年或更长

3. 类毒素

类毒素是用细菌的外毒素经 0.4% 甲醛处理后制成的失去毒性，但保留免疫原性的疫苗，接种后可诱导机体产生抗毒素。常用的类毒素有白喉类毒素和破伤风类毒素。其可与死疫苗混合制成联合疫苗，比如百白破疫苗。

（二）新型疫苗

1. 亚单位疫苗

将病原体中与诱导保护性免疫无关的或者有害的组分除去，仅用有效的免疫原组分制成的疫苗为亚单位疫苗。亚单位疫苗效果好、安全性高、不良反应小。如用乙型肝炎病毒表面抗原制备的乙肝亚单位疫苗，霍乱弧菌 B 亚单位制备的霍乱弧菌亚单位疫苗，百日咳杆菌的丝状血凝素保护性抗原成分制备的百日咳疫苗等。

2. 结合疫苗

将 TI-Ag 与蛋白载体交联成为 TD-Ag，比如将细菌荚膜多糖与蛋白载体交联称为 TD-Ag，能产生免疫球蛋白的类别转化和记忆性 B 细胞，明显增强其免疫效果。目前已批准使用的结合疫苗有脑膜炎奈瑟菌疫苗、肺炎球菌疫苗以及 B 型流感杆菌疫苗等。

3. 合成肽疫苗

依据有效免疫原的氨基酸序列，设计以及合成的免疫原性多肽，又称为抗原肽疫苗。目的是以最小的免疫原性肽单位来激发机体产生最有效的特异性免疫应答。合成肽疫苗的优点是可以针对多个抗原表位进行合理组合，合成后可以大量生产，无需培养微生物。但是由于人工合成的抗原肽分子量小，免疫原性较弱，因此需要计入载体或者佐剂一起使用。

4. 基因工程疫苗

基因工程疫苗是指利用 DNA 重组技术，将病原的保护性抗原编码基因片段克隆定向插入细菌、酵母菌、植物或哺乳动物细胞中，使之充分表达经纯化后制得的疫苗。基因工程疫苗主要包括亚单位疫苗、重组载体疫苗、DNA 疫苗以及转基因植物疫苗。

重组载体疫苗又称为重组减毒活疫苗，是将编码病原体有效免疫原的基因插入载体基因中，接种后抗原得到大量表达。可构建出针对多个免疫原的多价疫苗，随着载体的感染途径进入机体，载体无毒或减毒，因此安全性较高。

DNA 疫苗又称为核酸疫苗或基因疫苗，是用编码病原体有效免疫原的基因与细菌质粒构建的载体直接免疫机体，重组质粒转染宿主细胞，使其表达蛋白而产生具有特异性免疫的疫苗。目前在研的 DNA 疫苗有 HBV 疫苗、HIV 疫苗以及流感病毒疫苗等。DNA 疫苗可以在体内持续表达，诱导机体发生体液免疫和细胞免疫，持续时间长，是疫苗发展方向之一。

转基因植物疫苗借助基因编辑技术将编码某一抗原的基因导入植物细胞中，通过植物生长使其表达。当机体食入含有该抗原的转基因植物，可以激发肠道免疫屏障发生免疫应答。转基因植物疫苗的抗原在植物中普遍表达量不高，口服容易被破坏，但是具有接种不需要注射、接种方便、价格低廉以及易于保存运输等特点。常用的植物有番茄、马铃薯和香蕉。目前已经在研的植物疫苗的病原基因主要有HBV 表面抗原、霍乱弧菌 B 亚单位基因、牛瘟病毒的血凝素抗原以及狂犬病毒的表面糖蛋白等。

计划免疫是免疫学在现实生活中的应用，指有计划地进行预防接种。具体是指根据某些传染病的发生规律，将有关疫苗，按科学的免疫程序，有计划地给人群接种，使人体获得对这些传染病的免疫力，从而达到控制、消灭传染源的目的。我国儿童计划免疫常用的疫苗有乙肝疫苗、卡介苗、百白破疫苗、脊髓灰质炎疫苗、麻疹活疫苗、乙脑疫苗、风疹疫苗、流脑多糖疫苗、腮腺炎疫苗、炭疽疫苗以及不同地区对重点人群进行相关疫苗的接种，表 20–2 为我国免疫规划疫苗免疫程序。

表 20–2　我国免疫规划疫苗免疫程序

月（年）龄	疫苗名称										
	乙肝疫苗	卡介苗	脊灰疫苗	百白破疫苗	白破疫苗	麻风疫苗	麻腮风疫苗	乙脑减毒活疫苗	A 群流脑疫苗	A 群 C 群流脑疫苗	甲肝减毒活疫苗
出生时	第 1 剂	1 剂									
1 月龄	第 2 剂										
2 月龄			第 1 剂								
3 月龄			第 2 剂	第 1 剂							
4 月龄			第 3 剂	第 2 剂							
5 月龄				第 3 剂							
6 月龄	第 3 剂										
8 月龄						1 剂		第 1 剂			
6 ~ 18 月龄									第 1–2 剂		
18 月龄											1 剂
18 ~ 24 月龄				第 4 剂			1 剂				
2 周岁								第 2 剂			
3 周岁										第 1 剂	
4 周岁			第 4 剂								
6 周岁					1 剂					第 2 剂	

二、人工被动免疫

人工被动免疫是指应用人工的方法直接给机体输入免疫效应细胞或分子，使机体获得特异性免疫力，以达到紧急预防和治疗的目的。用于人工被动免疫的效应分子有抗血清与抗毒素、人免疫球蛋白制剂、细胞因子以及单克隆抗体等。

1. 抗血清与抗毒素

抗血清即免疫血清，指含有对某一抗原表位起作用的抗体的血清，是抗毒素、抗细菌和抗病毒血清的总称，用于紧急预防和治疗相应的细菌或病毒感染，亦可用于免疫诊断。抗毒素是用细菌外毒素或类毒素免疫动物制备的免疫血清，内含针对外毒素的抗体，具有中和作用。常见的抗毒素有破伤风抗毒素、白喉抗毒素、肉毒抗毒素等。因抗血清或抗毒素通常是通过免疫大动物获得，对人而言具有免疫原性，使用时应注意超敏反应的发生。

2. 人免疫球蛋白制剂

人免疫球蛋白制剂是从大量混合血浆或胎盘血中分离提纯免疫球蛋白而制成的免疫球蛋白浓缩制剂。临床上常用的是人丙种球蛋白，可用于麻疹、甲型肝炎、丙型肝炎、脊髓灰质炎等病毒性疾病的紧急预防。特异性免疫球蛋白则是针对某种抗原具有高效价抗体的血浆制品，可用于特定病原微生物感染的预防，如乙型肝炎免疫球蛋白；有的用于新生儿溶血病，如抗 Rh 免疫球蛋白。

3. 细胞因子制剂

细胞因子制剂是近年来研制的新型免疫治疗试剂，促进细胞因子活化表达、阻断或者拮抗等，可望成为治疗肿瘤或者艾滋病的有效手段。

4. 单克隆抗体

免疫细胞表面的一些分子在免疫过程中发挥重要作用。采用抗 CD3、CD4 单克隆抗体可以预防移植排斥反应或类风湿关节炎等疾病。采用抗细胞因子单克隆抗体，可以中合体液中相应的细胞因子，减轻或延缓炎症反应。PD-1 和 PD-L1 结合使用可抑制 T 细胞杀伤肿瘤细胞的活性，针对 PD-1 或 PD-L1 设计的抗 PD-1 或抗 PD-L1 抗体会阻止 PD-1 和 PD-L1 识别过程，促进 T 细胞识别和杀伤肿瘤细胞。

临床案例

2023 年 4 月 10 日据媒体报道，广西一名 8 岁的男孩小佳（化名）被村里的狗抓伤，并没有当回事，伤口也没有第一时间处理。抓伤当天小狗死亡，5 天后小佳出现了发热、幻听、四肢抖动等症状，最终经救治无效死亡。请分析，如果第一时间清洗消毒伤口，注射狂犬病疫苗或抗狂犬病血清是否能够阻止不发病，狂犬病疫苗注射和抗血清各属于哪种人工免疫方法？

分析：注射狂犬病疫苗或抗体都是有时效性的。一旦病毒与神经细胞结合或进入，抗血清的特异性抗体就无法发挥中和作用，故抗狂犬病血清必须在人暴露于病毒后的 24 小时内使用，越早越好。注射狂犬病疫苗是人工主动免疫，目前国内常用的是 Vero 细胞纯化苗，为一种死疫苗，其作用是诱导机体自主产生抗体；而注射抗狂犬病血清是人工被动免疫。

本章小结

根据机体获得免疫力的方式不同，分为自然主动免疫、自然被动免疫、人工主动免疫、人工被动免疫等四种方式。人工免疫即为免疫预防，分为主动与被动免疫。人工主动免疫是给机体抗原性物质，刺激机体主动产生特异性免疫应答，其疫苗种类分为传统疫苗和新型疫苗。人工被动免疫是直接给机体注入抗体或细胞因子等生物制剂，常用的人工被动免疫制剂有抗血清、抗毒素、人免疫球蛋白制剂、细胞因子制剂以及单克隆抗体等。

思考题

1. 简述什么是免疫预防，免疫预防的分类有哪些？
2. 人工主动免疫的疫苗分类有哪些？
3. 人工被动免疫制剂包括哪些？

习　题

一、名词解释

1. 免疫预防
2. 人工主动免疫

二、单项选择题

1. 下列哪种属于自然被动免疫的是（　　）。

A. 从母体经胎盘获得的抗体　　B. 注射抗毒素血清

C. 注射丙种球蛋白　　D. 接种类毒素产生的抗体

E. 接种疫苗产生的抗体

2. 下列属于人工被动免疫的是（　　）。

A. 注射菌苗　　B. 注射免疫球蛋白

C. 接种 BCG　　D. 口服麻痹糖丸

E. 注射类毒素

3. 目前多省市未在成年人中推广使用甲肝疫苗的主要原因是（　　）。

A. 目前尚无可用于成人接种的甲肝疫苗

B. 成人感染甲肝病毒后症状较轻

C. 目前大部分成人已通过自然感染获得甲肝抗体

D. 甲肝病毒增殖能力弱

E. 成人有良好的卫生习惯，不易感染甲肝病毒

4. 被野狗咬伤的患者，需要及时注射狂犬病抗毒血清，注射的物质和措施分别是（　　）。

A. 抗原，消灭传染源　　B. 抗体，控制传染源

C. 抗原，保护易感者　　D. 抗体，保护易感者

E. 抗原，切断传播途径

5. 下列措施中，不属于预防接种的是（　　）。

A. 婴幼儿注射百白破疫苗　　B. 幼儿口服脊髓灰质炎糖丸

C. 青少年注射乙肝疫苗　　D. 成年人注射 HPV 疫苗

E. 肝炎患者注射胎盘球蛋白

三、判断题（正确的划“√”，错误的划“×”）

1. 水痘一次感染可以获得终身免疫。（　　）
2. 同种疫苗既有一类又有二类疫苗，接种医生可以替家长做出选择。（　　）
3. 接种乙肝疫苗第 1 剂与第 2 剂的间隔时间对免疫效果有明显影响。（　　）
4. 疫苗只是用于免疫预防，不能用于治疗。（　　）

参考答案

第二十一章　免疫治疗

思维导图

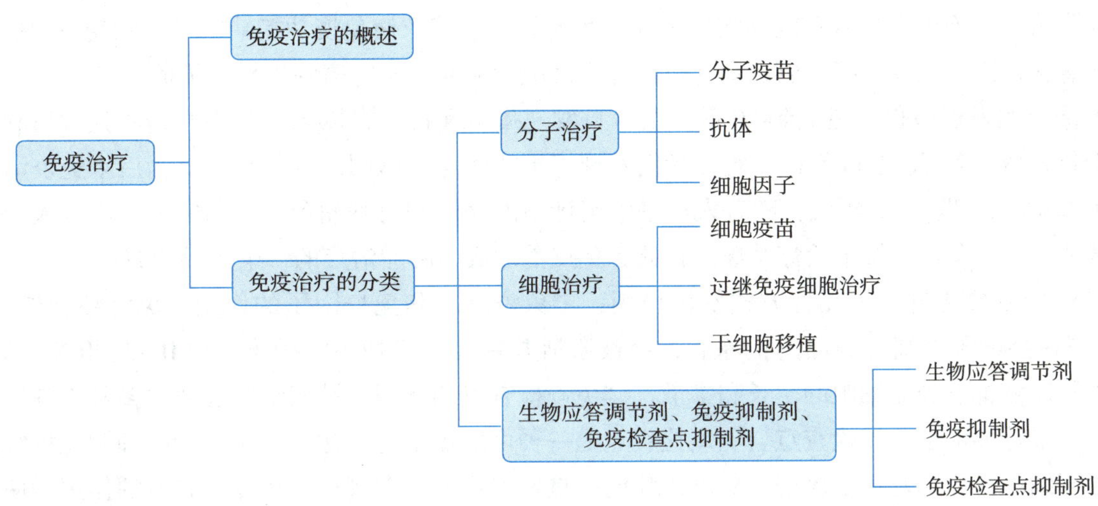

学习目标

知识目标　掌握免疫治疗的概念与分类，了解免疫治疗的发展历程。

能力目标　理解免疫治疗的机制，引导基础科研能力。

素质目标　联系多学科基础知识，培养学生逻辑思维能力，锻炼辩证思维和创新思维，有助于增强解决实际问题的能力。

思政入课堂

免疫治疗是指利用免疫学原理，针对疾病的发生机制，人为地干预或调整机体的免疫功能，达到治疗疾病目的所采取的措施，是利用免疫系统的力量来对抗疾病的一种治疗方法。自发现疫苗和抗生素以来，人们开始研究如何利用免疫系统来抵抗疾病。近 100 多年，一直试图让免疫系统参与抗击肿瘤的斗争。免疫检查点治疗现在已经彻底改变了肿瘤治疗方法，从根本上改变了我们对肿瘤治疗方式的看法。2018 年，被称为中国免疫治疗元年，以针对 PD-1/PD-L1 为代表的免疫检查点治疗药物在我国上市以后，对肿瘤的临床治疗产生了巨大影响。免疫治疗不仅能够与手术、放疗、化疗、靶向等治疗方法同步联合应用，还可以序贯交替应用。未来，在精准医学的背景下，随着检测技术与肿瘤免疫治疗药物研发的飞速发展，随着对于免疫治疗机制与免疫微环境研究的不断深入，免疫治疗将进一步细分人群，精准筛选有效人群与长期获益人群，增效减毒，通过药物组合延缓耐药的发生。我们有理由相信，免疫疗法在不远的未来会继续取得更多突破和进展，造福更多患者。

第一节　免疫治疗的概述

免疫治疗（immunotherapy）是指利用免疫学原理，针对疾病的发生机制，人为地干预或调整机体的免疫功能，达到治疗疾病目的所采取的措施，是利用免疫系统的力量来对抗疾病的一种治疗方法。免疫系统是一个由多种细胞和分子组成的复杂系统，它可以通过识别和清除外来物质、突变细胞和病原体来保护人体。免疫治疗在免疫相关疾病中起着重要的作用，比如炎症、感染、肿瘤、过敏、移植排斥，免疫应答异常或过强而引发自身免疫性疾病，免疫系统结构缺陷致使免疫功能缺陷等，尤其在肿瘤治疗中具有重要意义，因为免疫系统可以识别和攻击肿瘤细胞，从而控制肿瘤的生长和扩散。

免疫治疗的发展历程可追溯到 20 世纪初。自发现疫苗和抗生素以来，人们开始研究如何利用免疫系统来抵抗疾病。20 世纪 50 年代，研究者们发现了干扰素等细胞因子的作用，这为后来免疫治疗的发展奠定了基础。20 世纪 90 年代，随着人类基因组计划的完成和对肿瘤免疫学研究的深入，人们开始探索如何调节患者的免疫系统来治疗肿瘤。自此，免疫治疗成为肿瘤治疗的一个重要领域。

免疫治疗主要通过以下几种方式发挥作用：①免疫细胞和免疫因子的作用：免疫细胞如 T 细胞、NK 细胞等在接触肿瘤细胞表面的抗原后，会被激活并释放出多种免疫因子（如 IL-2、IFN-γ 等），这些免疫因子能够抑制肿瘤细胞的生长和扩散；②免疫检查点的作用：肿瘤细胞会通过多种机制逃避免疫攻击，其中最重要的是免疫检查点。免疫检查点是一种由肿瘤细胞表达的分子，能够抑制免疫细胞的活性，使肿瘤细胞得以逃避免疫攻击。免疫治疗的一重要目标就是抑制这些免疫检查点的作用，使免疫细胞能够更好地攻击肿瘤细胞。下面将从免疫系统、免疫疗法种类、免疫细胞、免疫应答、肿瘤免疫治疗、免疫治疗策略、免疫检查点、免疫治疗药物和免疫治疗挑战等方面对免疫治疗进行概述。

1. 免疫系统

免疫系统是人体抵御外界病原体和有害物质的重要防线，它由一系列免疫细胞和分子组成，包括淋巴细胞、巨噬细胞、抗体和细胞因子等。免疫系统的功能主要包括识别和清除外来抗原、对自身抗原进行耐受以及调节免疫应答等。

2. 免疫疗法种类

免疫疗法主要包括细胞免疫治疗、基因免疫治疗和抗体免疫治疗等。细胞免疫治疗利用调动患者自身的免疫细胞来攻击肿瘤细胞。基因免疫治疗通过基因工程技术修饰免疫细胞，增强其抗肿瘤能力。抗体免疫治疗则是通过使用抗体来调节免疫应答，间接抑制肿瘤生长。

3. 免疫细胞

免疫细胞包括 T 细胞、B 细胞、NK 细胞等。T 细胞通过特异性识别肿瘤抗原，引发免疫应答来攻击肿瘤细胞。B 细胞通过产生抗体来中和肿瘤抗原，NK 细胞则可直接杀伤肿瘤细胞。

4. 免疫应答

免疫应答是指免疫系统识别和清除外来抗原的过程，包括固有免疫和适应性免疫应答。固有免疫应答是免疫系统对各种病原体普遍的防御反应，而适应性免疫应答则是在固有免疫应答的基础上，对特异性的病原体产生特殊的防御反应。

5. 肿瘤免疫治疗

肿瘤免疫治疗是利用人体免疫系统的功能来对抗肿瘤，通过刺激或抑制机体免疫反应，提高机体的免疫应答能力，从而达到治疗肿瘤的目的。肿瘤免疫治疗的方法包括肿瘤抗原的识别、CTL 细胞的杀伤和巨噬细胞的调理等。

6. 免疫治疗策略

免疫治疗策略包括多种方法，如激活 T 细胞、提高抗体反应和干扰素 -γ 分泌等。激活 T 细胞可采用疫苗、抗 CD3 单克隆抗体或细胞因子等方法。提高抗体反应可通过使用抗体药物、CAR-T 细胞疗法或 TIL 疗法等实现。干扰素 -γ 分泌则可以通过使用 Sonic Hedgehog 信号通路抑制剂等方法调节。

7. 免疫检查点

免疫检查点是指参与调节免疫应答的分子或细胞，包括 CTLA-4、PD-1 和 PD-L1 等。这些分子与 T 细胞上的受体结合，抑制 T 细胞的活化和增殖，从而防止过度免疫应答对身体造成损伤。通过使用免疫检查点抑制剂，可以增强机体的免疫治疗效果。

8. 免疫治疗药物

目前已有多种免疫治疗药物在临床应用，包括单克隆抗体、干扰素和白细胞介素等。单克隆抗体如针对 CTLA-4 的 Ipilimumab 和针对 PD-1 的 Nivolumab 等，用于解除对 T 细胞的抑制，增强其杀伤肿瘤细胞的能力。干扰素如 IFN-α 和 IFN-γ 等，可激活 T 细胞和 NK 细胞，直接或间接抑制肿瘤生长。白细胞介素如 IL-2 和 IL-15 等，可刺激 T 细胞的生长和分化，增强其抗肿瘤作用。

9. 免疫治疗挑战

免疫治疗在肿瘤治疗中取得了一定的进展，但仍存在一些问题和挑战。首先，并非所有患者都适合接受免疫治疗，个体差异可能导致不同的治疗效果。其次，部分患者可能出现严重的副作用，如炎症反应和自身免疫性疾病等。此外，肿瘤细胞的异质性可能导致抵抗免疫治疗的机制发生，使肿瘤细胞得以逃避免疫攻击。针对这些问题和挑战，未来的研究方向是优化治疗方案，提高个体化治疗的精准度和效果，同时探索联合治疗策略以克服肿瘤细胞的异质性。

综上所述，免疫治疗作为一种新型的治疗方法，在多种疾病的治疗中具有广泛的应用前景。随着科学技术的发展和新药研发的进展，免疫治疗的未来发展将更加多元化和个体化。同时，联合其他治疗方法（如化疗、放疗和手术等）进行综合治疗将是未来免疫治疗发展的重要趋势。相信在未来的研究中，免疫治疗将为患者带来更多的获益和希望。

第二节　免疫治疗的分类

免疫治疗是一种利用患者自身的免疫系统，通过增强或者抑制免疫系统功能从而达到治疗疾病的目的。其分类较多，根据不同的分类方法可以分为：①根据对免疫应答水平的影响，分为免疫增强疗法和免疫抑制疗法，其中免疫增强疗法用于治疗感染、肿瘤、免疫缺陷等跟免疫功能低下有关的疾病，免疫抑制疗法用于治疗过敏、自身免疫性疾病、移植排斥、炎症等由于免疫功能亢进引起的疾病；②根据治疗手段的针对性，可将免疫治疗分为非特异性免疫治疗和特异性免疫治疗，其中非特异性免疫治疗是指不针对任何特异性的致病因素，只在整体水平上增强或者抑制机体的免疫应答水平，特异性免疫治疗是指采用可引起特异性免疫应答的措施，主要包括接种疫苗，输注特异性免疫应答产物和利用抗体特异性地剔除免疫细胞亚群或进行靶向治疗；③根据治疗制剂的特点，可将免疫治疗分为主动免疫治疗和被动免疫治疗，主动免疫治疗是指疾病发生之前给机体输入抗原性物质，激活机体的免疫应答，使机体自身产生抵抗疾病的能力，被动免疫治疗是指将对疾病有免疫力的供者的免疫应答产物转移给受者，或将自体的免疫细胞在体外活化处理后回输自身，以治疗疾病；④根据作用机制不同，又可分为分子治疗、细胞治疗、生物应答调节剂与免疫抑制剂及免疫检查点抑制剂治疗。以下将根据作用机制进行阐述。

一、分子治疗

分子治疗指给机体输入分子制剂，以调节机体的免疫应答，例如使用抗体、细胞因子以及微生物制剂等。

（一）分子疫苗

分子疫苗包括治疗性疫苗和预防性疫苗。治疗性疫苗是指在已感染病原微生物，或已患有某些疾病的机体中，通过诱导特异性免疫应答，治疗或防止疾病恶化。治疗性疫苗包括肿瘤抗原疫苗和微生物抗原疫苗等。预防性疫苗主要用于疾病的预防，是将病原微生物及其代谢产物，经过人工减毒、灭活或利用转基因等方法，制成用于预防疾病的自动免疫制剂。预防性疫苗包括灭活疫苗、减毒活疫苗、蛋白结合疫苗等。

（二）抗体

1. 多克隆抗体

用传统方法将抗原免疫动物制备的血清制剂，包括以下两类。

（1）抗感染的免疫血清：抗毒素血清主要用于治疗和紧急预防细菌外毒素所致疾病；人免疫球蛋白制剂主要用于治疗丙种球蛋白缺乏症和预防麻疹、传染性肝炎等。

（2）抗淋巴细胞丙种球蛋白：用人T细胞免疫动物制备免疫血清，再从免疫血清中分离纯化免疫球蛋白，将其注入人体，在补体的参与下使T细胞溶解破坏。该制剂主要用于器官移植受者，阻止移植排斥反应的发生，延长移植物存活时间，也用于治疗某些自身免疫病。

2. 单克隆抗体（单抗）

1986年，美国FDA批准了第一个治疗用的抗CD3鼠单抗进入市场，但鼠源性的抗体不仅不能很好地激活人体的效应系统，而且会促使人体产生人抗鼠抗体，影响治疗。随着分子生物学技术的发展，实现了对抗体的人源化改造，使得治疗性单抗的制备及应用进入了新的阶段。目前美国FDA已批准了多个治疗性抗体，用于治疗肿瘤、自身免疫病、感染性疾病、心血管疾病和抗移植排斥等（表21-1）。

（1）抗细胞表面分子的单抗：这类抗体能识别表达该分子的免疫细胞，在补体的参与下使细胞溶解。例如，抗CD20单抗可选择性破坏B细胞，已用于治疗B细胞淋巴瘤。近年来，应用针对免疫细胞检测点（immune checkpoint）分子PD-1、CTLA-4的单抗，阻断它们对免疫应答的抑制效应，已成为有效的抗肿瘤免疫治疗手段，在晚期黑色素瘤、非小细胞肺癌、头颈鳞状细胞癌等实体瘤治疗方面取得了显著的疗效。

（2）抗细胞因子的单抗：TNF-α是重要的炎症介质。抗TNF-α单抗可特异阻断TNF-α与其受体的结合，减轻炎症反应，已成功用于治疗类风湿关节炎等慢性炎症性疾病。

（3）抗体靶向治疗：以肿瘤特异性单抗为载体，将放射性核素、化疗剂以及毒素等细胞毒性物质靶向携带至肿瘤病灶局部，可特异地杀伤肿瘤细胞，而对正常细胞的损伤较轻。

3. 抗体药物偶联物（ADC）

通过将抗体与化疗药物或放射性核素等结合，形成ADC药物，从而实现对肿瘤细胞的特异性和高效攻击。常用的药物包括针对肿瘤细胞的ADC和针对生长因子的ADC等。

（1）针对肿瘤细胞的ADC：这类药物通常将抗体与化疗药物或放射性核素等结合，形成针对肿瘤细胞的ADC药物，从而实现对肿瘤细胞的特异性和高效攻击。

（2）针对生长因子的ADC：这类药物通常将抗体与抑制肿瘤细胞生长的因子结合，形成针对生长因子的 ADC 药物，从而实现对肿瘤细胞的特异性和高效攻击。

表 21-1　美国 FDA 已批准生产和临床使用的单克隆抗体（2017 年 11 月）

治疗性抗体名称（括号内为商品名）	适应证（肿瘤）
抗 CD20（Rituxan，Zevalin，Bexxar，Arzerra）	非霍奇金淋巴瘤
抗 HER2/CD340（Herceptin）	转移性乳腺癌
抗 CD33（Mylotarg）	急性髓样白血病
抗 CD52（Campath）	B 细胞白血病、T 细胞白血病和 T 细胞淋巴瘤
抗 EGFR（Erbitux，Vectibix）	转移性结肠直肠癌和头颈部肿瘤
抗 RANKL（Prolia/Xgeva）	预防已经转移并损害骨质的肿瘤患者的骨骼相关事件
抗 PD-1（Keytruda/Opdivo）	黑色素瘤、非小细胞肺癌、头颈鳞状细胞等
抗 PD-L1（Tecentriq）	膀胱癌、非小细胞肺癌
抗 CTLA-4（Yervoy）	晚期黑色素瘤
治疗性抗体名称（括号内为商品名）	适应证（急性移植排斥反应）
抗 CD3（Orthoclone OKT3）	肾移植后急性排斥反应
抗 CD25（Zanapax，Simulect）	肾移植后急性排斥反应
治疗性抗体名称（括号内为商品名）	适应证（自身免疫病和过敏性疾病）
抗 TNF-α（Remicade，Humira，Simponi）	Crohn 病、类风湿关节炎、银屑病性关节炎、溃疡性结肠炎、强直性脊柱炎
抗 IgE（Xolair）	持续性哮喘
抗 CDⅡa（Raptiva）	斑状牛皮癣
抗 α4 整合素（Tysabri）	多发性硬化症
抗 VEGF（Lucentis）	年龄相关性黄斑病变
抗 CD45RO（Amevive）	银屑病及其他自身免疫紊乱疾病
抗 TNF（Cimzia）	类风湿关节炎
抗 IL-1β（Ilaris）	自身炎症性疾病

（三）细胞因子

1. 细胞因子治疗

重组细胞因子已用于肿瘤、感染、造血障碍等疾病的治疗。例如，IFN-α 对毛细胞白血病的疗效显著；G-CSF 和 GM-CSF 用于治疗各种粒细胞低下等。

2. 细胞因子及其受体的拮抗疗法

通过抑制细胞因子的产生、阻止细胞因子与相应受体结合或阻断结合后的信号转导，拮抗细胞因子发挥生物学效应。例如重组Ⅰ型可溶型 TNF 受体（rsTNFRⅠ）可减轻类风湿关节炎的炎症损伤，也可缓解感染性休克。

二、细胞治疗

细胞治疗指给机体输入细胞制剂，以激活或增强机体的特异性免疫应答，例如使用细胞疫苗、干细胞移植、过继免疫细胞治疗等。

（一）细胞疫苗

1. 肿瘤细胞疫苗

灭活肿瘤细胞疫苗是用自体或同种肿瘤细胞经射线、抗代谢药物等理化方法处理，抑制其生长能力，保留其免疫原性。异构肿瘤细胞疫苗则将肿瘤细胞用过碘乙酸盐或神经氨酸酶处理，以增强瘤细胞的免疫原性。

2. 基因修饰的瘤苗

将肿瘤细胞用基因修饰方法改变其遗传性状，降低致瘤性，增强免疫原性。例如，将编码 HLA 分子、共刺激分子（如 CD80/CD86）、细胞因子（如 IL2、IFN-γ、GM-CSF）的基因转染肿瘤细胞，注入体内的瘤苗将表达这些免疫分子，从而增强抗瘤效应。

3. 树突状细胞疫苗

使用肿瘤提取物抗原或肿瘤抗原多肽等体外刺激树突状细胞，或用携带肿瘤相关抗原基因的病毒载体转染树突状细胞，再回输给患者，可有效激活特异性抗肿瘤的免疫应答，目前临床已经批准使用的是荷载有前列腺抗原 PSA 的自体树突状细胞疫苗。大部分基于树突状细胞疫苗的治疗处于临床前试验阶段。

（二）过继免疫细胞治疗

过继免疫细胞治疗是指自体淋巴细胞经体外激活、增殖后回输患者，直接杀伤肿瘤或激发机体抗肿瘤免疫效应，是基于适应性免疫应答理论的被动免疫疗法。近年来发展迅猛，以 TIL、CAR-T、TCR-T 以及 BiTE 为代表，已在临床试验中显现出可喜效果，其中针对白血病抗原 CD19 分子的 CAR-T 治疗已经被批准应用于临床。

1. 肿瘤浸润淋巴细胞（tumor-infiltrating lymphocyte，TIL）治疗

指分离患者肿瘤组织中的淋巴细胞，经体外不同细胞因子刺激，以培养扩增大量抗肿瘤活性 T 细胞，再回输患者治疗肿瘤。TIL 的治疗必须满足以下因素：①须有够量的肿瘤组织，常用实体瘤为治疗对象；②能获得一定数量的 TIL，并且以效应细胞为主；③能体外高效扩增。

2. TCR-T（T cell receptor-engineered T）

是指通过基因工程技术，用已识别特定肿瘤抗原的 TCR 修饰 T 细胞，可使 T 细胞拥有预设抗原特异性，赋予 T 细胞识别并杀伤肿瘤细胞的能力。但是，由于功能性 TCR-T 过继转输体内后可能会通过各种胸腺耐受机制被清除或失能，现有的一个策略是鉴定出功能性 T 细胞克隆，进而克隆其异二聚体 TCR，将其表达于异种来源 T 细胞表面，使之既可识别自身 TCR 又可识别外源转入 TCR。

3. 嵌合抗原受体修饰的 T 细胞（chimeric antigen receptor T cell，CAR-T）

是直接将可以识别肿瘤抗原的抗体片段基因与 T 细胞活化所需信号分子胞内段基因结合，构建成嵌合抗原受体（CAR），通过基因转导的方式导入 T 细胞，赋予了 CAR-T 识别肿瘤抗原并迅速活化杀伤肿瘤细胞的能力，同时又规避了 MHC 限制性。目前，CAR-T 主要应用于非实体瘤的治疗。

4. 双特异性 T 细胞特接子（bispecific T cell engagers，BiTE）

是把针对肿瘤抗原的单链抗体（single chain antibody fragment，ScFv）与针对 T 细胞表面分子（一般选择 CD3）的 ScFv 串联起来，表达成具有双特异性的抗体组分，拉近了 T 细胞与肿瘤细胞之间的距离，有效激活了 T 细胞，使其对肿瘤细胞产生直接杀伤。

过继性免疫疗法还包括调节 T 细胞，是一种负调节细胞，可抑制机体的免疫应答，以减轻自身免疫病的症状，如自体或异体 Treg 细胞等以及自然杀伤细胞（Natural kiler cell，NK），无需特异性抗原识别，可直接杀伤肿瘤细胞和病毒感染细胞，发挥抗病毒和抗肿瘤作用。

（三）干细胞移植

干细胞是具有多种分化潜能、自我更新能力很强的细胞，在适当条件下可被诱导分化为多种细胞组织。因此，干细胞的研究在基础领域和临床应用中具有重要的理论和实践意义。干细胞移植已经成为肿瘤、造血系统疾病、自身免疫病等的重要治疗手段。移植所用的干细胞来自于 HLA 型别相同的供者，可采集骨髓、外周血或脐血，分离 $CD34^{+}$ 干 / 祖细胞，也可进行自体干细胞移植。

三、生物应答调节剂与免疫抑制剂及免疫检查点抑制剂

（一）生物应答调节剂

生物应答调节剂（biological response modifier，BRM）指具有促进免疫功能的制剂，通常对免疫功能正常者无影响，而对免疫功能异常，特别是免疫功能低下者有促进作用。自 1975 年提出 BRM 的概念以来，BRM 的研究发展迅速，在免疫治疗中占有重要地位，已广泛用于肿瘤、感染、自身免疫病、免疫缺陷病等的治疗。制剂包括治疗性疫苗、单克隆抗体、细胞因子、微生物及其产物、人工合成分子等（表 21–2）。某些化学合成药物以及中药制剂也具有免疫促进作用。例如，左旋咪唑原为驱虫剂，后来发现其能激活吞噬细胞的吞噬功能，促进 T 细胞产生 IL–2 等细胞因子，增强 NK 细胞的活性。西咪替丁和中药提取物如黄芪多糖、人参多糖等可促进淋巴细胞转化，增强细胞的免疫功能。

1. 微生物制剂

包括卡介苗（BCG）、短小棒状杆菌、丙酸杆菌、链球菌低毒菌株、金葡菌肠毒素超抗原、伤寒杆菌脂多糖等，具有佐剂作用或免疫促进作用。例如 BCG 能活化巨噬细胞，增强其吞噬杀菌能力，促进 IL–1、IL–2、IL–4、TNF 等细胞因子的分泌，增强 NK 细胞杀伤活性；革兰阳性菌细胞壁成分脂磷壁酸、食用菌香菇以及灵芝多糖则可促进淋巴细胞的分裂增殖，促进细胞因子的产生，已作为传染病、肿瘤的辅助治疗药物。

2. 胸腺肽

是从小牛或猪胸腺提取的可溶性多肽混合物，包括胸腺素、胸腺生成素等，对胸腺内 T 细胞的发育有辅助作用。因其无种属特异性及无明显副作用，常用于治疗细胞免疫功能低下的患者，如病毒感染、肿瘤等。临床上主要应用的是胸腺五肽和胸腺素 α1。

表 21–2　主要生物应答调节剂

种类	举例	主要作用
细菌产物	卡介苗、短小棒状杆菌、胞壁酰二肽、二霉菌酸酯海藻糖	活化巨噬细胞、NK 细胞
合成性分子	吡喃共聚物、马来酐二乙烯醚（MRV）、嘧啶、聚肌胞苷酸	诱导产生 IFN
细胞因子	IFN–α、IFN–β、IFN–γ、IL–2	活化巨噬细胞、NK 细胞
激素	胸腺素、胸腺生成素	增强胸腺功能

（二）免疫抑制剂

免疫抑制剂能抑制机体的免疫功能，常用于防止移植排斥反应的发生和自身免疫病的治疗。

1. 抗代谢药

抗代谢药通过干扰核酸的代谢而抑制免疫细胞的增殖。例如：环磷酰胺、氟尿嘧啶等。

2. 烷化剂

烷化剂是一类化学药物，可干扰DNA的复制和转录，从而抑制免疫细胞的增殖。例如：氮芥、苯丁酸氮芥等。

3. 皮质激素类

皮质激素类通过抑制免疫细胞的活化和增殖来发挥免疫抑制作用。例如：泼尼松、地塞米松等。

4. 抗肿瘤抗生素

抗肿瘤抗生素通过干扰DNA的复制和转录，从而抑制免疫细胞的增殖。例如：环孢素A、他克莫司等。

5. 霉酚酸酯

霉酚酸酯是一种选择性抑制T淋巴细胞增殖的药物。例如：吗替麦考酚酯等。

6. 单克隆抗体

单克隆抗体通过与特定细胞表面的抗原结合，从而抑制免疫细胞的活化和增殖。例如：抗CD25单克隆抗体等。

（三）免疫检查点抑制剂

免疫检查点抑制剂是一类能够抑制免疫检查点分子的药物，这些药物能够阻断这些检查点分子与肿瘤细胞上的配体相互作用，从而激活T细胞，使其能够更好地识别和攻击肿瘤细胞。免疫检查点抑制剂目前已经广泛应用于多种癌症的治疗，如黑色素瘤、肺癌、肾癌等。目前临床上最常用的免疫检查点抑制剂是针对PD-1/PD-L1和CTLA-4的检查点抑制剂。

1. PD-1/PD-L1抑制剂

PD-1是一种表达在T细胞上的免疫检查点分子，而PD-L1是表达在肿瘤细胞上的配体。PD-1/PD-L1抑制剂通过阻断PD-1和PD-L1的相互作用，从而激活T细胞，使其能够更好地识别和攻击肿瘤细胞。

2. CTLA-4抑制剂

CTLA-4是一种表达在T细胞上的免疫检查点分子，它可以抑制T细胞的活化和增殖。CTLA-4抑制剂通过阻断CTLA-4的作用，从而激活T细胞，使其能够更好地识别和攻击肿瘤细胞。

免疫治疗是目前各系统治疗领域的研究热点，包括许多不同的策略和技术，其分类之间相互交叉。这些方法在多种疾病治疗中均具有广泛的应用前景，但同时也面临着许多挑战，如个体差异、耐药性、治疗成本等问题。未来，随着免疫治疗技术的不断发展和完善，相信会为更多的患者带来更好的治疗效果和生存质量。

临床案例

患者，男，69岁，因咳嗽、咳痰、咯血1个月入院。查体：左肺少许湿啰音，胸部+腹部CT：左肺下叶可见高密度影，约4.8cm×3.9cm，纵隔淋巴结肿大，肝实质内多发、形态不规则环状强化占位性病变。气管镜检查：（左主支气管）恶性肿瘤，病理：鳞状细胞癌。基因检测：EGFR（-），ALK（-），TMB 11.8个/Mb，PD-L1 TPS 51%。诊断为肺癌（T2bN2M1），下一步治疗方案首选是什么？其作用机制是什么？

解析：Ⅳ期肺癌首选系统治疗，该患者为鳞癌，TMB 11.8个/Mb，PD-L1 TPS 51%，可应用PD-1抑制剂联合紫杉醇类及铂类治疗。机制：PD-1是一种表达在T细胞上的免疫检查点分子，而PD-L1

是表达在肿瘤细胞上的配体。PD-1/PD-L1 抑制剂通过阻断 PD-1 和 PD-L1 的相互作用，从而激活 T 细胞，使其能够更好地识别和攻击肿瘤细胞。

本章小结

免疫治疗是一种利用患者自身的免疫系统，通过增强或者抑制免疫系统功能从而达到治疗疾病的目的。根据不同的分类方法可以分为：①根据对免疫应答水平的影响，分为免疫增强疗法和免疫抑制疗法；②根据治疗手段的针对性，可将免疫治疗分为非特异性免疫治疗和特异性免疫治疗；③根据治疗制剂的特点，可将免疫治疗分为主动免疫治疗和被动免疫治疗；④根据作用机制不同，又可分为分子治疗、细胞治疗、生物应答调节剂与免疫抑制剂治疗。

思考题

1. 简述免疫治疗的作用机制。
2. 简述免疫抑制剂分类并举例说明。

习 题

一、名词解释

1. 免疫治疗
2. 过继免疫细胞治疗
3. 免疫检查点抑制剂

二、单项选择题

1. 可采用免疫增强治疗的是（ ）。
   A. 超敏反应
   B. 移植排斥
   C. 炎症
   D. 自身免疫性疾病
   E. 肿瘤
2. 属于被动免疫治疗的是（ ）。
   A. 接种肿瘤疫苗
   B. TIL
   C. 使用卡介苗
   D. 接种狂犬疫苗
   E. 应用短小棒状杆菌疫苗
3. 下列哪种属于免疫抑制剂（ ）。
   A. 左旋咪唑
   B. 转移因子
   C. 卡介苗
   D. 西咪替丁
   E. 氮芥
4. 免疫治疗中，具有同时特异性结合 Tc 和肿瘤细胞的抗体是（ ）。
   A. 单链抗体
   B. 人源化抗体
   C. 双价抗体
   D. 嵌合抗体
   E. 双特异性抗体

5. 作为治疗和紧急预防的制品是（　　）。

A. 胎盘丙种球蛋白　　B. 白喉抗毒素
C. 单克隆抗体　　D. 单链抗体
E. 以上均错

6. 骨髓移植的主要作用是（　　）。

A. 抑制实体肿瘤生长　　B. 治疗自身免疫病
C. 重建造血和免疫系统　　D. 治疗病毒感染
E. 治疗排斥反应

三、简答题

1. 简述免疫治疗的分类。
2. 简述临床上常用免疫检查点抑制剂分类及作用机制。

参考答案

第二十二章　免疫学检测技术及应用

思维导图

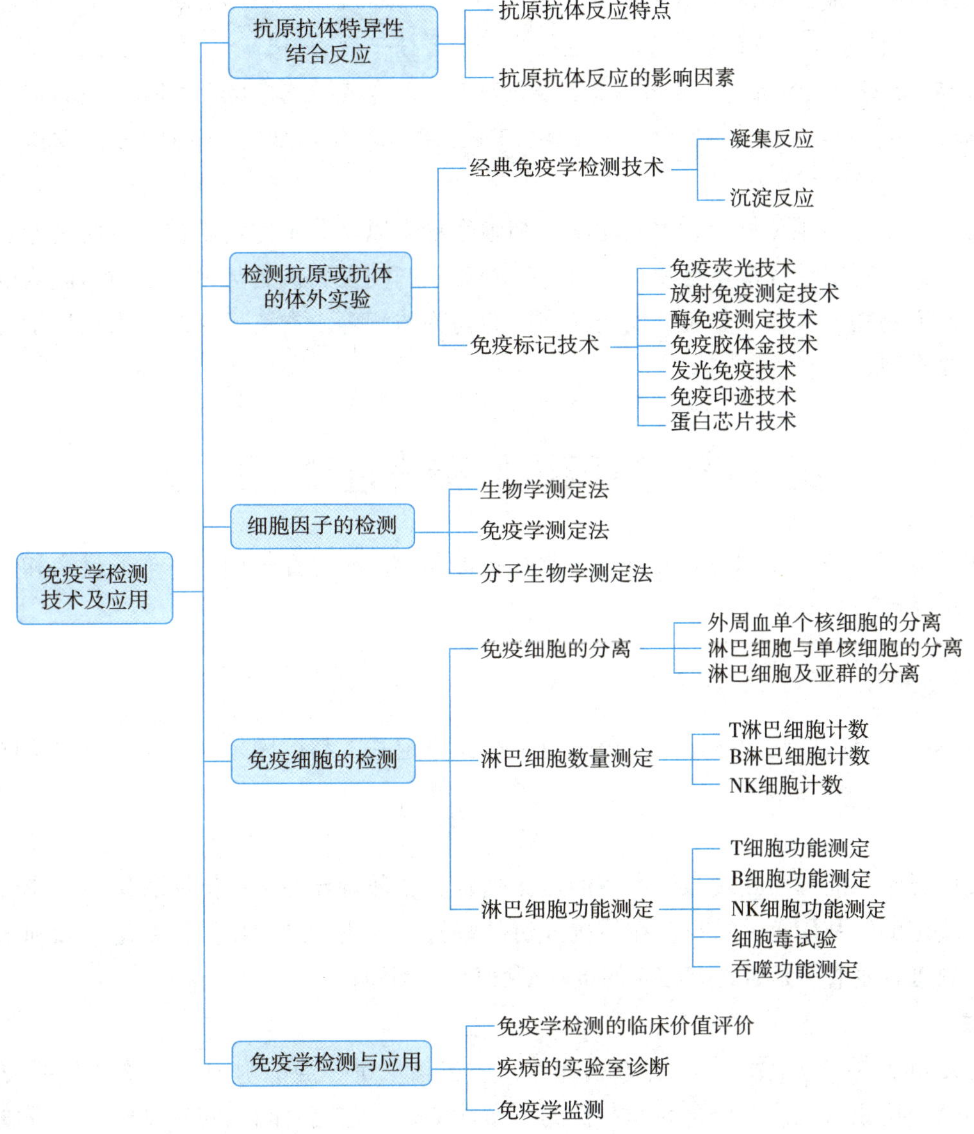

学习目标

知识目标　掌握免疫学检测技术的原理与步骤，理解免疫学检测的结果，能够运用免疫学知识进行免疫学诊断。

能力目标　通过学习免疫学检测技术及应用，引导学生树立正确的世界观、价值观。

思政目标　培养具有创新精神的应用型人才。

思政入课堂

酶联免疫吸附测定是把抗原－抗体的免疫反应与酶的催化反应相互结合而发展起来的一种综合性技术，它的灵敏度高、特异性强。基本原理是将已包被在聚苯乙烯板上的固相包被的抗原或抗体与过量待检测的抗体或抗原反应，一部分结合形成固相抗原抗体复合物，另一部分为多余的游离抗体或抗原，通过洗板，保留固相抗原抗体复合物，洗去多余游离抗体或抗原，再加入酶标记的抗体，形成固相抗原抗体酶标记抗体复合物，洗去多余酶标抗体，加入底物后酶催化底物显色，颜色的深浅与待测的抗体或抗原含量成正比或反比。目前成功地应用于食品以及多种病原微生物所引起的传染病、寄生虫病及非传染病等各方面的免疫诊断，也已应用于大分子抗原和小分子抗原的定量测定，如检测结核抗体、EB病毒抗体、HIV抗体、乙肝病毒抗原、破伤风抗毒素、流感病毒的抗原、梅毒抗体等。通过学习免疫学检测技术将生命科学与医学以及实践应用联系起来，可以启发同学们的创新意识和实践能力。

免疫学检测技术是指用免疫学、生物化学、细胞生物学以及分子生物学技术，对抗原、抗体、免疫细胞及细胞因子等进行定性或定量检测，探讨免疫相关疾病的发病机制与诊断、病情监测以及疗效评价等，也可用于研究药物的吸收、分布、代谢和临床的药物监测等。本章仅介绍常用免疫学检测技术的基本原理以及主要应用。

第一节　抗原抗体特异性结合反应

抗原抗体反应（antigen-antibody reaction）是指抗原与相应抗体在体内或体外通过亲和性结合形成可逆性复合物的特异性结合反应。

一、抗原抗体反应特点

抗原与抗体结合反应的物质基础是抗原表位（抗原决定基）与抗体超变区（互补决定区）的空间结构互补。

1. 特异性

即一种抗原通常只能与由它刺激所产生的抗体结合。这种特异性是由抗原表位与抗体分子中的超变区互补结合所决定的。利用这一特点，在体内外对某些特定物质可进行特异性鉴定。如利用已知的乙型肝炎病毒来检测患者血清中是否含有相应的抗乙型肝炎病毒抗体。

2. 可逆性

抗原抗体之间的结合力除了空间构象互补外，还包括氢键、静电引力、范德瓦耳斯力和疏水键等非共价方式结合。抗原与抗体的结合为非共价的可逆性结合，它们之间空间构型的互补程度不同，结合力强弱也不一样。抗原抗体结合力的大小，常用亲和力（affinity）来表示。亲和力指单一的抗原表位与抗体分子上单一抗原结合点之间的结合强度。因此，抗原抗体结合形成免疫复合物的过程是一种动态平衡，在一定的条件下可以解离，解离程度除环境因素影响外，主要视抗原抗体的互补程度而定。若抗体与抗原的互补性好，结合就牢固，解离倾向就弱，这类抗体称为高亲和力抗体，反之为低亲和力抗体。

3. 比例性

抗原抗体结合后能否出现肉眼可见的反应取决于两者适当的浓度和比例。在反应体系中，若抗原与抗体的浓度和比例适当时，则抗原抗体复合物体积大、数量多，即抗体分子的两个Fab段分别结合两个抗原分子，相互交叉连接成网格状复合体，反应体系中基本无游离的抗原或抗体，出现肉眼可见的反应。而当抗原抗体比例超过此范围时，反应速度和沉淀物量都会迅速降低，甚至不出现抗原抗体反应。因此在具体实验过程中要适当稀释抗原或抗体浓度，以调整两者浓度比例，使其出现免疫复合物沉淀最多、最大。

4. 阶段性

抗原抗体反应可分为两个阶段，第一个阶段为抗原抗体的特异性结合阶段，此阶段是抗原与抗体间互补的非共价结合，反应迅速，可在数秒钟至数分钟内完成，一般不出现肉眼可见的反应现象。第二个阶段为可见反应阶段，是小的抗原抗体复合物间靠正、负电荷吸引形成较大复合物的过程。此阶段反应慢，需要时间从数分钟、数小时至数日不等，且易受多种因素和反应条件的影响。

二、抗原抗体反应的影响因素

1. 电解质

适当浓度的电解质是抗原抗体出现可见反应的条件。抗原和抗体通常为蛋白质分子，等电点分别为 pI 3 ~ 5 和 pI 5 ~ 6 不等，在中性或弱碱性的环境中，表面均带负电荷，适当浓度的电解质会使他们失去一部分负电荷而相互结合，出现肉眼可见的凝集块或沉淀物。因此，在抗原抗体反应中，常用 0.85% 的氯化钠溶液作为稀释液，以提供适当浓度的电解质。

2. 温度

适宜的温度可增加抗原抗体分子的碰撞机会，加速抗原抗体复合物的形成。在一定范围内，温度越高，形成可见反应的速度越快。但若温度高于 56℃，可导致抗原抗体变性或破坏，影响抗原抗体的生物学活性。通常 37℃是抗原抗体反应的最适温度。

3. 酸碱度

抗原抗体反应的最适酸碱度为 pH 6 ~ 8，pH 过高或过低都将影响抗原抗体的理化性质。此外，当抗原抗体反应液的 pH 接近抗原或抗体的等电点时，抗原抗体所带正、负电荷相等，由于自身吸引而出现凝集，导致非特异性反应，即假阳性反应。

第二节　检测抗原或抗体的体外实验

抗原和抗体在一定条件下发生特异性结合，出现肉眼可见或通过仪器可检测的现象可以判断是否有相应的抗原或抗体存在。基于抗原和抗体的结合具有高度特异性，人们可以通过已知的抗原检测未知的抗体，相反也可以通过已知的抗体检测未知的抗原。

免疫标记技术（immunolabelling technique）采用高度敏感的酶或示踪物质作为标记物，将酶或示踪物质标记在抗原或抗体分子上，抗原抗体反应后形成的免疫复合物同样携带酶或示踪物质，最后通过底物显色或检测示踪物质来判断试验结果。由于选择高敏感度的物质作为标记物，使免疫标记技术具有较高的灵敏度，是目前应用较为广泛的免疫学检测技术。

一、经典免疫学检测技术

（一）凝集反应

细菌、红细胞等颗粒性抗原或者吸附有可溶性抗原的非免疫颗粒，与相应抗体在适宜的电解质浓度参与下相互作用，形成肉眼可见的凝集团块，称为凝集反应（agglutination reactions）。凝集反应分为直接凝集反应和间接凝集反应两种。

1. 直接凝集反应（direct agglutination reactions）

将细菌或红细胞等颗粒性抗原与相应抗体直接反应，出现如细菌凝集或红细胞凝集的现象。直接凝集反应可分为玻片法和试管法。玻片法为定性试验，常用于菌种鉴定或人 ABO 血型的鉴定等（图 22-1）。试管法是半定量试验，常用于检测抗体的滴度或效价，如诊断伤寒或副伤寒所用的肥达反应。

2. 间接凝集反应（indirect agglutination reactions）

将可溶性抗原（或抗体）先吸附或偶联在与免疫无关颗粒性载体的表面，形成颗粒性抗原（或抗体），然后再与相应抗体（或抗原）进行特异性结合，在适宜的电解质存在的条件下，出现特异性凝集的现象，称间接凝集反应（图 22-1）。以乳胶颗粒作为载体的间接凝集称之为乳胶凝集。如用变性 IgG 包被的乳胶颗粒，与待检血清反应，检测类风湿患者血清中的类风湿因子。以绵羊红细胞作为载体的间接凝集称为血球凝集。如用抗乙型肝炎表面抗原的特异抗体包被绵羊红细胞，与待检血清反应，可检测乙型肝炎表面抗原。

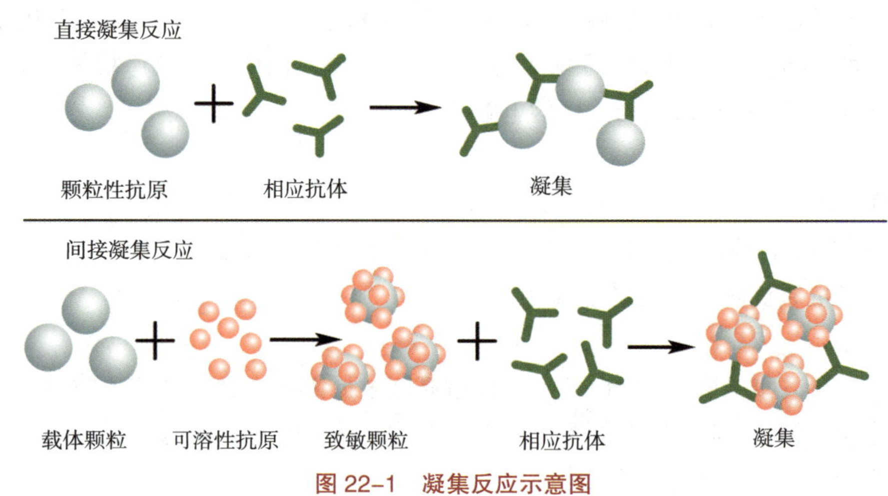

图 22-1 凝集反应示意图

（二）沉淀反应

可溶性抗原（血清蛋白、细胞或组织浸出液等）与相应抗体特异性结合后，在一定条件下出现的沉淀现象，称为沉淀反应（precipitation reactions）。该反应多用半固体琼脂凝胶作为介质，可溶性抗原与抗体在凝胶中扩散并相遇，在比例适宜处形成可见的白色沉淀。

1. 单向免疫扩散（single immunodiffusion）

本试验是在琼脂凝胶中混入一定量已知抗体，制备成凝胶板，在适当位置打孔后加入待测抗原，孔内抗原向四周呈环状扩散，在抗原与凝胶中抗体的量达到一定比例时即可形成肉眼可见的沉淀环。在一定条件下，沉淀环的直径与抗原含量成正比关系。单向免疫扩散为定量试验，可用于测定血清免疫球蛋白（IgG、IgM、IgA）、补体 C3 和 AFP 等。

2. 双向免疫扩散（double immunodiffusion）

将抗原与抗体分别加入琼脂板相对应的小孔中，两者自由向四周扩散，在相遇且比例适宜处形成可见的沉淀线。观察沉淀线的位置、数量、形状，可对抗原或抗体进行定性分析，常用于抗原和抗体的纯度鉴定；可溶性抗原或抗体的检测、免疫血清效价的半定量测定。

3. 免疫比浊（immunonephelometry）

是抗原抗体结合反应的动态测定方法，将液相内的沉淀试验与现代光学仪器和自动分析技术相结合的一项分析技术。在一定浓度的电解质存在条件下，可溶性抗原与定量抗体特异性结合，形成不溶性的免疫复合物，使反应液出现浊度。在一定范围内，免疫浊度与待测抗原含量呈正相关。该方法简便、快速，是近年来定量测定微量抗原物质并广泛使用的免疫分析技术，已基本取代单向免疫扩散用于测定血清免疫球蛋白（IgG、IgM、IgA）和补体 C3 等物质。

二、免疫标记技术

免疫标记技术极大地提高了抗原抗体反应检测的灵敏度，不但能对抗原或抗体进行定性和精确定量测定，而且结合光镜或电镜技术，能观察抗原、抗体或抗原抗体复合物在组织细胞内的定位与分布情况。常用的标记物有荧光素、酶、放射性同位素、化学发光物质以及胶体金等。

（一）免疫荧光技术

免疫荧光技术（immunofluorescence technique）是以荧光素作为标记物的免疫标记技术。用已知的荧光抗体与标本中待检的抗原反应，通过检测特异性荧光，对标本中的抗原进行定性或定位。目前常用的荧光素有异硫氰酸荧光素（fluorescein isothiocyanate，FITC）和藻红蛋白（phycoerythrin，PE）等，前者发黄绿色荧光，后者发红色荧光。试验中可单独使用一种荧光素，也可同时使用两种以上荧光素标记的不同抗体，作双荧光标记实验，检查两种或多种抗原。根据反应的方式不同，可分为直接法和间接法。

1. 直接法

荧光素直接标记特异性抗体，对标本进行检测（图 22-2A）。此法可检测不同的抗原，常用于细菌和病毒等病原微生物的快速检测，也可用于检测细胞表面的分化抗原（表面标志），进而对免疫细胞及亚群进行鉴定。

2. 间接法

用一抗与标本中抗原结合，再用荧光素标记的二抗（抗抗体）检测标本中的抗原或血清中的抗体（图 22-2B）。该法的灵敏度比直接法高，制备一种荧光素标记的二抗可用于多种抗原的检测。

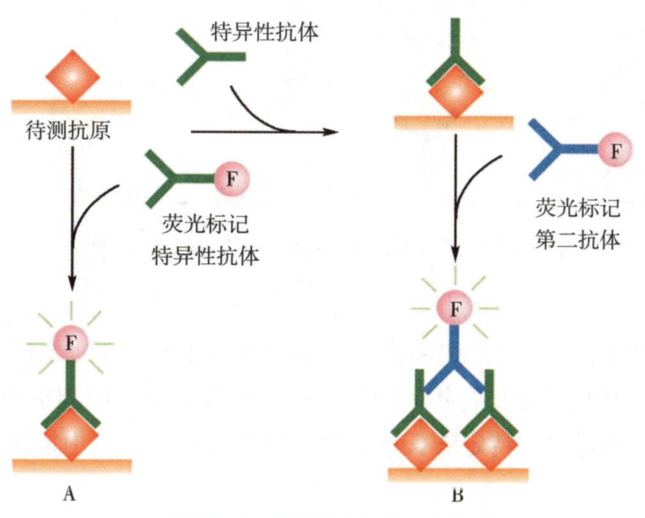

图 22-2　免疫荧光反应示意图

（二）放射免疫测定技术

放射免疫测定技术（radioimmunoassay technique）是以放射性同位素为示踪物的标记免疫分析技术。由于此项技术结合了放射性核素分析的高灵敏度和抗原抗体反应的高特异性，使检测的灵敏度达到 pg/mL 水平。常用的标记物为 ^{14}C、^{32}P、^{131}I 等。放射免疫技术常用于微量物质，特别是小分子物质的测定，如胰岛素、生长激素、甲状腺素、孕酮等激素，吗啡、地高辛等药物以及 IgE 等，在内分泌学、免疫学、药物学、微生物学、生物化学等多个领域得到过广泛应用。

（三）酶免疫测定技术

酶免疫测定（enzyme immunoassay，EIA）是用酶标记抗体或抗原进行的抗原抗体反应。它将酶催化作用的高效性与抗原抗体反应的特异性相结合，通过酶作用于底物后显色，用酶标仪测定光密度（OD）值以反映抗原或抗体含量。常用的标记物有辣根过氧化物酶（horseradish peroxidase，HRP）和碱性磷酸酶（alkaline phosphatase，AP）等。常用的方法有酶联免疫吸附试验（enzyme linked immunosorbent assay，ELISA）和酶免疫组化技术（enzyme immunohistochemistry technique），前者用于测定体液中可溶性抗原或抗体，后者用于测定组织或细胞表面的抗原。

ELISA 是酶免疫测定中应用最广的技术。其基本原理是将已知的抗原或抗体吸附在固相载体（聚乙烯微量反应板）表面，使抗原抗体反应在固相表面进行，用洗涤法去除液相中的游离成分。ELISA 的操作方法较多，以下主要介绍几种基本方法。

1. 双抗体夹心法

用于检测血清、脑脊液、胸水、腹水等各种液相中的可溶性抗原。将已知特异性抗体包被于固相载体表面，洗去未吸附的抗体；然后加入待检标本，孵育后洗涤；再加入酶标抗体，形成固相抗体–抗原–酶标记抗体复合物（图 22–3）；洗去过剩的酶标记抗体，加底物后显色；抗原含量与颜色呈正相关，通过测定特定波长下的光密度值来计算标本中抗原含量。一般而言，包被抗体和酶标抗体是识别同一抗原上的不同抗原表位的两种单克隆抗体。

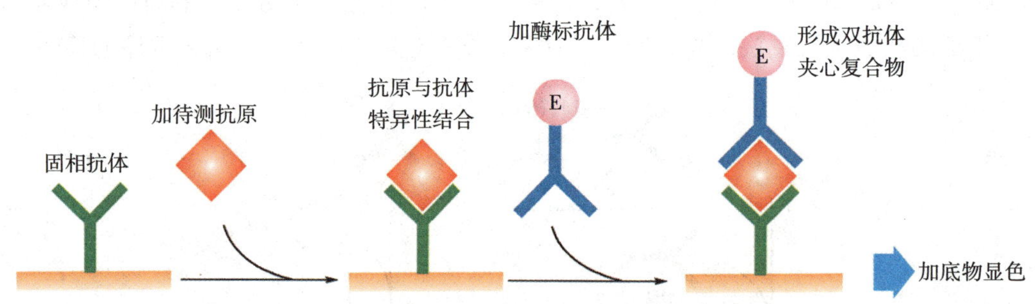

图 22–3　双抗体夹心 ELISA 试验原理示意图

2. 间接法

先将抗原包被到固相载体上，加入待检抗体，样品中待检抗体与抗原结合成固相抗原–受检抗体复合物；再加酶标第二抗体，并与免疫复合物中的第一抗体结合，形成固相抗原–受检抗体–酶标第二抗体复合物；加底物后显色，通过测定特定波长下的光密度值来计算标本中抗体含量（图 22–4）。

3. 竞争法

可用于抗原或半抗原的定量测定，也可用于抗体测定。以测定抗原为例，将特异性抗体包埋在固相载体表面，同时加入酶标记抗原和被检测抗原的混合液，加入底物显色的深浅与被检测抗原含量呈反比例关系。

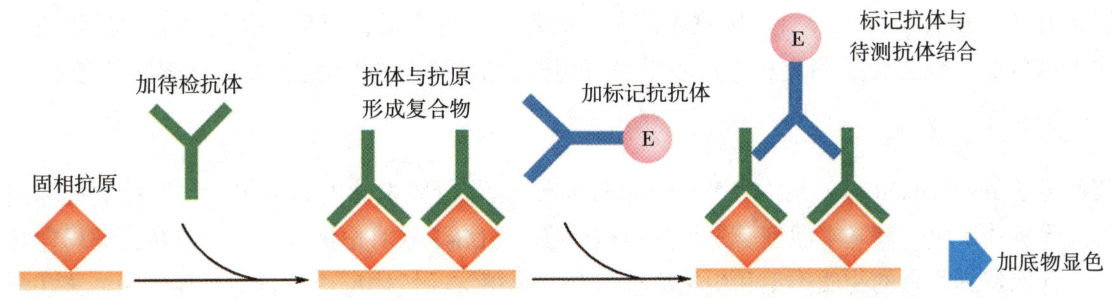

图 22-4　间接法 ELISA 试验原理示意图

（四）免疫胶体金技术

免疫胶体金技术（immunological colloidal gold signature，ICS）是用胶体金颗粒标记抗体或抗原检测未知抗原或抗体的方法称免疫胶体金技术。氯金酸在还原剂的作用下，可聚合成特定大小的金颗粒，使溶液因静电作用呈稳定的胶体状态，故称胶体金。在碱性条件下，带负电荷的胶体金颗粒与带正电荷的蛋白质靠静电引力结合，金颗粒电子密度高，紧密聚集后呈红色，可用于标记多种大分子。

免疫层析法（immunochromatography）是近年兴起的一种快速诊断技术，其原理是将各种反应试剂分点固定在测试板相应区域，检测标本加在试纸条的一端，通过毛细管作用使样品溶液在层析材料上泳动，在移动过程中被分析物与固定于载体膜上某一区域的抗体或抗原结合而被固相化，无关物则越过该区域而被分离，然后通过胶体金的呈色条带来判定实验结果。以夹心法检测尿液 HCG 为例，其反应原理如图 22-5 所示。目前主要应用于病原菌抗原（或抗体）、毒品类药物、激素和某些肿瘤标志物的检测。

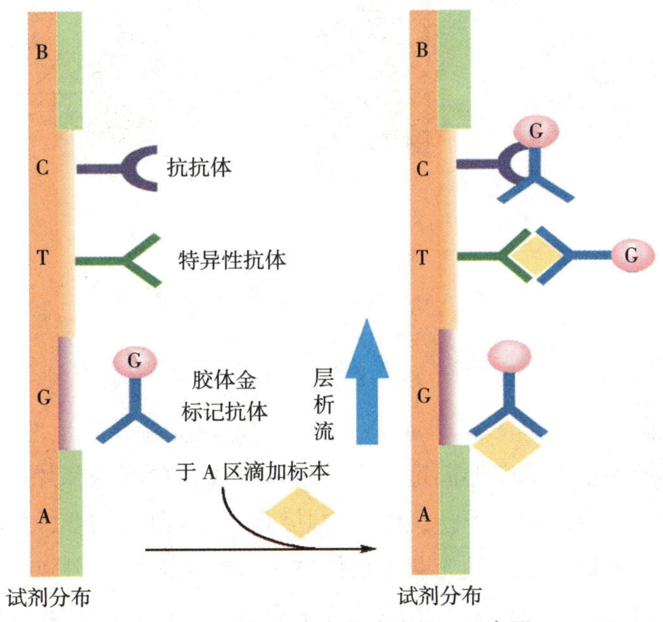

图 22-5　免疫胶体金试验原理示意图

（五）发光免疫技术

发光免疫技术（luminescence immunoassay，LIA）是将发光分析和免疫反应相结合而建立的一种新的免疫分析技术，包括发光酶免疫分析、化学发光免疫分析、生物发光免疫分析和电化学发光免疫分析。这里简单介绍化学发光免疫分析，是将化学发光物质（如吖啶盐类化合物、鲁米诺等）标记抗原或抗体，发光物质在反应剂（如过氧化阴离子）激发下生成激发态中间体，当激发态中间体回到稳定的基态时发射出光子，用自动发光分析仪接收光信号，测定光子的产量，以反映待检样品中抗体或抗原的含量。该法灵敏度高于放射免疫测定法，常用于血清超微量活性物质的测定，如甲状腺素等激素。

（六）免疫印迹技术

免疫印迹（immunoblotting）又称为 Western blotting，是将凝胶电泳的高分辨力与固相免疫标记技术结合而成的抗原抗体反应。其基本原理是先将蛋白质样品经 SDS-PAGE 电泳分离，再经蛋白质转印技术至固相介质上，并保持其原有的物质类型和生物活性不变，应用抗原抗体反应进行特异性检测。该法能分离分子大小不等的蛋白质，并对其组分进行特异性分析和鉴定，常用于检测多种病毒的抗体或抗原（图 22-6）。

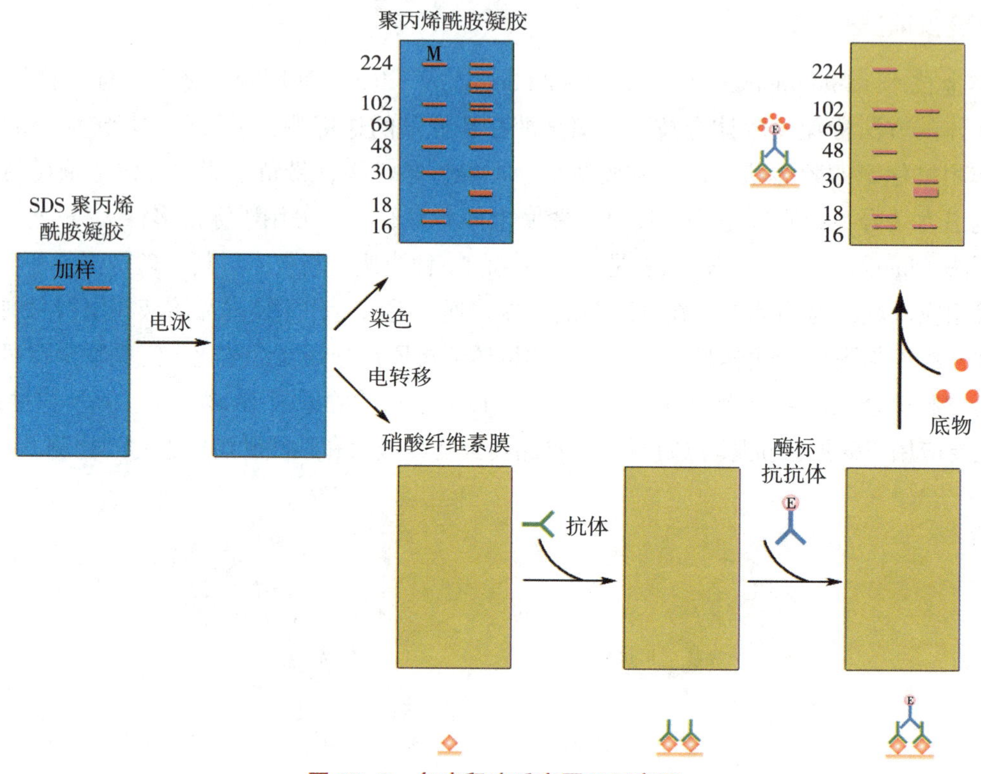

图 22-6　免疫印迹反应原理示意图

（七）蛋白芯片技术

蛋白芯片又称蛋白微阵列（protein microarray）是指固定在支持介质上的大量蛋白质构成的微阵列。蛋白芯片的基本原理是将各种蛋白有序地固定于介质载体上成为检测的芯片，再用标记特定荧光物质的抗体与芯片作用，与芯片上的蛋白相匹配的抗体将与其对应的蛋白质结合，再将未与芯片上的蛋白质结合的抗体洗去，然后利用荧光扫描仪或激光共聚扫描技术，测定芯片上各点的荧光强度。抗体上的荧光将指示对应的蛋白质及其相互结合的程度。抗体芯片是指将抗体固定在芯片表面，利用其特异性结合能力，检测相应的抗原。抗原、抗体芯片在微生物感染检测和肿瘤抗原初筛中具有广泛的应用价值。

第三节　细胞因子的检测

在临床医学的研究中，人体当发生某些疾病时，体内细胞因子含量及受体表达可发生异常，这些异常与机体免疫功能异常或发生病理损伤有关。因此，检测患者细胞因子表达水平在临床疾病诊断、病程观察、疗效判断及细胞因子治疗监测方面具有重要价值。细胞因子的检测主要有生物学测定法、免疫学测定法和分子生物学测定法。

一、生物学测定法

细胞因子生物学测定法是根据细胞因子特定的生物活性而设计的检测方法。由于各种细胞因子具有不同的活性，因此选择某一细胞因子独特的生物活性，即可对其进行检测。生物活性测定法又可分为以下几类：

1. 细胞增殖法

许多细胞因子具有细胞生长因子活性，特别是白细胞介素，如 IL–2 刺激 T 细胞生长、IL–3 刺激肥大细胞生长、IL–6 刺激浆细胞生长等。利用这一特性，现已筛选出一些对特定细胞因子起反应的细胞，并建立了只依赖于某种因子的细胞系，即依赖细胞株（简称依赖株）。这些依赖株在通常情况下不能存活，只有在加入特定因子后才能增殖。例如 IL–2 依赖株 CTL 在不含 IL–2 的培养基中很快死亡，而加入 IL–2 后则可在体外长期培养。在一定浓度范围内，细胞增殖与 IL–2 量呈正比，因此通过测定细胞增殖情况鉴定 IL–2 的含量。除依赖株外，还有一些短期培养的细胞，如胸腺细胞、骨髓细胞、促有丝分裂原刺激后的淋巴母细胞等，均可作为靶细胞来测定某种细胞因子活性。

2. 靶细胞杀伤法

根据某些细胞因子（如 TNF）能在体外杀伤靶细胞而设计的检测方法。通常靶细胞多选择体外长期传代的肿瘤细胞株，利用同位素释放法或染料染色等方法判定细胞的杀伤率。

3. 细胞因子诱导的产物分析法

某些细胞因子可刺激特定细胞产生生物活性物质，如 IL–2、IL–3 诱导骨髓细胞合成胺，IL–6 诱导肝细胞合成抗糜蛋白酶等。通过测定所诱生的相应产物，可反映细胞因子的活性。

4. 细胞病变抑制法

病毒可造成靶细胞的损伤，干扰素等则可抑制病毒所导致的细胞病变，因此可通过染料染色方法测得存活细胞的相对数量，进而检测这类细胞因子的活性。

二、免疫学测定法

细胞因子均为蛋白或多肽，具有较强的抗原性。随着重组细胞因子的出现，可较方便地获得细胞因子特异性抗血清或单克隆抗体。因此，可利用抗原抗体特异性反应的特性结合免疫学技术定量检测细胞因子。常用的方法包括 ELISA、RIA 及免疫印迹法。此外，还可利用酶标或荧光标记的抗细胞因子单克隆抗体，原位检测细胞因子在细胞内的合成及分布情况，如细胞内染色法和酶联免疫斑点（ELISPOT）技术等。免疫学测定法可直接测定样品中特定细胞因子的含量（用 ng/mL 表示），为大规模检测临床患者血清中细胞因子的含量提供了便捷。

三、分子生物学测定法

这是一类利用细胞因子的基因探针检测特定细胞因子基因表达的技术。目前所有公认的细胞因子的基因均已克隆化，故能较容易获得某一细胞因子的 cDNA 探针或根据已知的核苷酸序列人工合成寡聚核苷酸探针。利用基因探针检测细胞因子 mRNA 表达的方法多种多样，常使用斑点杂交、Northern blot、逆转录 PCR，细胞或组织原位杂交等。实验的关键在于制备高质量的核酸探针和获得合格的待测物（提取的 mRNA 样品或细胞 / 组织标本）。核酸探针是指一段用放射性同位素或其他标记物（如生物素、地高辛等）标记并与目的基因互补的 DNA 片段或单链 DNA、RNA。根据其来源可分为 cDNA 探针、寡核核苷酸探针、基因组基因探针及 DNA 探针等。其中 cDNA 探针和人工合成寡核苷酸探针常用于斑点杂交及 Northern blot，而 RNA 探针因穿透性好更适用于原位杂交。

第四节 免疫细胞的检测

检测免疫细胞的数量、功能是观察机体免疫状态的重要手段，对免疫缺陷病、自身免疫性疾病、肿瘤等临床疾病的诊断、疗效的评价有重要的价值。

一、免疫细胞的分离

从外周血分离淋巴细胞是对其数量和功能测定的前提。由于检测目的和方法不同，对细胞数量、活性及纯度的要求不同，选用的细胞分离方法各异。在选择免疫细胞分离方法时，应力求简便、快速及有较高的收获率，并确保后续实验对细胞纯度、数量及细胞活力的要求。

（一）外周血单个核细胞的分离

外周血单个核细胞（peripheral blood mononuclear cell，PBMC）包括淋巴细胞和单核细胞。PBMC 是免疫学实验中最常用的细胞群，也是进行 T、B 细胞分离纯化过程的第一步。常用的分离方法是葡聚糖 – 泛影葡胺密度梯度离心法，其原理是根据外周血中各种细胞比重不同，使不同密度的细胞呈梯度分布。红细胞密度最大沉至管底；多形核白细胞密度为 1.092，呈乳白色铺于红细胞上；PBMC 的密度约为 1.075，分布于淋巴细胞分层液上面；最上面是血浆（图 22–7）。

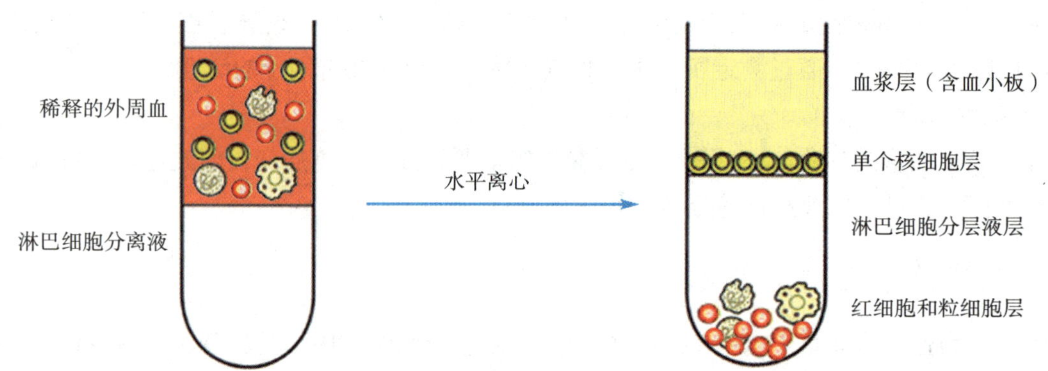

图 22–7 外周血单个核细胞分离原理示意图

（二）淋巴细胞与单核细胞的分离

单核细胞具有黏附玻璃和塑料的能力，利用这一特性，可以将单核细胞与淋巴细胞分开，从而获得纯淋巴细胞悬液。通常情况下，将分离获得的单个核细胞用细胞培养液配制成一定浓度，并将此细胞悬液置入细胞培养瓶或细胞培养皿中，于细胞培养箱培养 45 ~ 60 分钟。取出培养瓶，轻轻晃动，收集悬浮细胞即为淋巴细胞，贴壁细胞为单核细胞。

（三）淋巴细胞及亚群的分离

淋巴细胞及其亚群的分离有多种方法，如玻璃黏附法、尼龙毛分离法、E 花环形成分离法等。由于单克隆抗体的应用和免疫学技术的发展，可通过以下方法进行分离。

1. 免疫磁珠分离法

此法是将特异性抗体吸附在磁性微珠上，与细胞悬液反应后，磁珠借抗体结合于相应细胞群或亚群表面。再将此反应管置于磁场中，因磁珠被磁场吸引，而将磁珠结合的细胞与未结合的细胞分开（图 22–8）。

该方法的优点是可同时进行细胞的阳性分选和阴性分选，所获细胞的纯度、收获率以及细胞活性高于 90%。

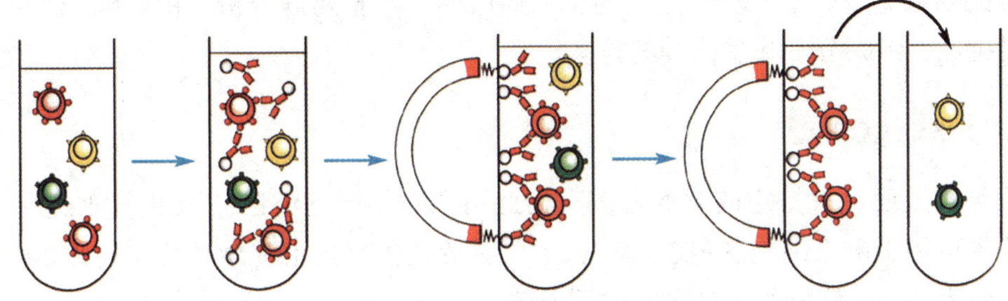

图 22-8　免疫磁珠分离法示意图

2. 流式细胞仪分离法

流式细胞仪（flow cytometer）是集光学、流体力学、电力学和计算机技术于一体，可对细胞进行多参数测定和综合分析的一种新技术，这些参数包括细胞大小、核型、表面分子的种类等。

首先将样本制备成单细胞悬液，与一种或多种荧光标记的特异性抗体反应。细胞悬液经样品孔加入，在压力作用下促使细胞排成单列经喷嘴喷出，形成细胞液滴射流，每一液滴中包裹一个细胞。但液滴射流与高速聚焦的激光束相交，液滴中的细胞受激发光照射，产生散射光并发出各种荧光信号，后者被接收器检测并转变成电信号。散射光和荧光信号经计算机收集、处理，进而对细胞特征进行统计和分析。不仅如此，具有细胞分选功能的流式细胞仪，可根据细胞检测结果，对瞬间离开喷嘴的细胞液滴充电，使之带有特定电荷。当此液滴通过分选电场时，微液滴出现不同偏转，通过细胞收集器收集特定细胞群或亚群（图 22-9）。

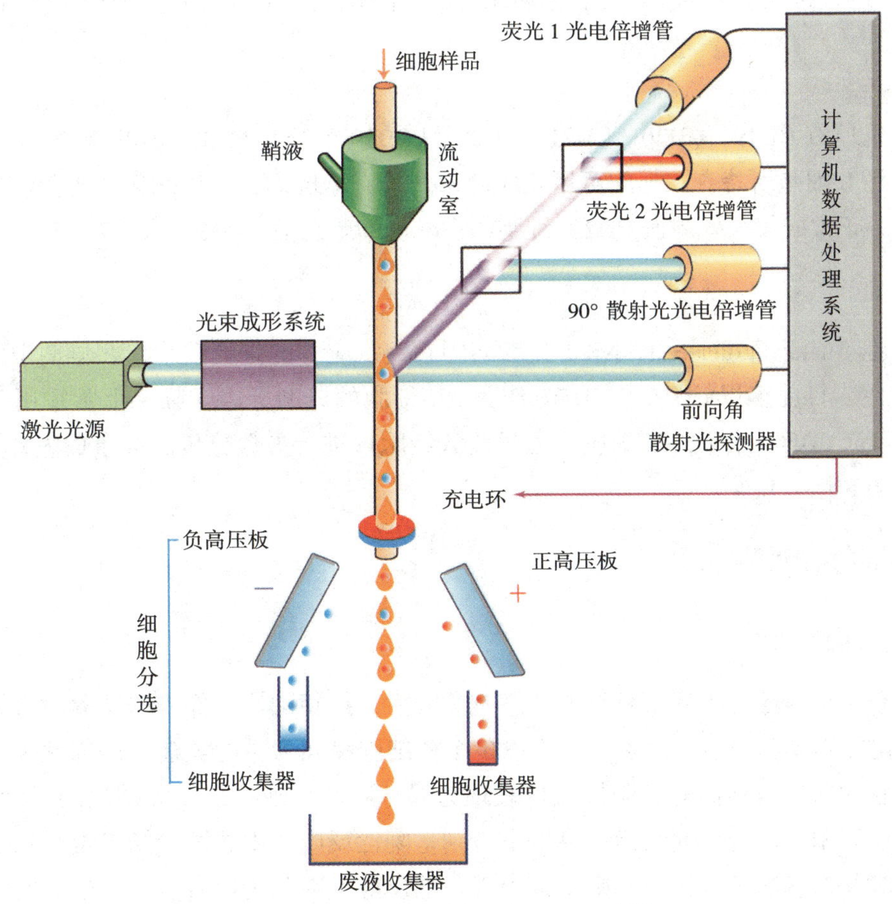

图 22-9　流式细胞仪工作原理示意图

流式细胞仪具有高灵敏度、高精密度、多参数分析、高纯度分选细胞和高速度分析等众多优点。用流式细胞仪进行的细胞免疫表型分析广泛应用于外周血淋巴细胞亚群分析、白血病细胞免疫表型分析以及各类细胞的膜抗原、黏附分子和受体等的检测。

二、淋巴细胞数量测定

不同的淋巴细胞表面具有特定的表面标志，借此可以对不同的淋巴细胞及其亚群进行鉴定和计数。免疫组化染色技术可用于淋巴细胞鉴定、计数，主要有荧光免疫技术和酶免疫组化技术。随着流式细胞仪的普及，使之成为淋巴细胞分类、计数的常用方法。

（一）T 淋巴细胞计数

外周血成熟 T 细胞表达 CD3 分子，通过检测 CD3 表面抗原对外周血 T 淋巴细胞总数可进行测定（即用 $CD3^+$ 细胞代表成熟 T 淋巴细胞）。外周血 T 淋巴细胞可分为 $CD4^+$T 细胞和 $CD8^+$T 细胞，两者通过特异性抗 CD4 抗体和抗 CD8 抗体鉴别。荧光免疫技术和酶免疫组化技术均可对上述指标进行测定。外周血 T 细胞及其亚群的平均正常值为 $CD3^+$ T 细胞 54.5% ～ 74.5%，$CD4^+$ T 细胞 25.5% ～ 51.5%，$CD8^+$ T 细胞 10.0% ～ 24.4%，$CD4^+$T 细胞与 $CD8^+$T 细胞的比值约为 1.8 ～ 2.2。

（二）B 淋巴细胞计数

1. 膜表面免疫球蛋白检测

膜表面免疫球蛋白（mIg）为 B 细胞所特有，是鉴定 B 细胞的可靠指标。采用荧光素或酶标记的抗人 Ig 抗体通过直接荧光免疫法或酶免疫组织化学法检测 mIg，正常人外周血中 mIg^+ 细胞一般为 8% ～ 12%。

2. CD 抗原检测

B 细胞表面抗原有 CD19、CD20、CD21、CD22 和 CD29 等分化抗原，其中有些是全部 B 细胞所共有，而有些仅活化 B 细胞所特有。据此可用相应的系列单克隆抗体，通过间接荧光免疫法或酶免疫组织化学法加以检测。正常成年人外周血 $CD20^+$ 细胞约占淋巴细胞总数的 8% ～ 12%。

（三）NK 细胞计数

自然杀伤细胞（nature killer cell，NK）是参与固有免疫应答的重要细胞，在早期识别、杀伤肿瘤细胞中具有重要作用。目前多以 $CD16^+$、$CD56^+$ 作为 NK 细胞的典型标志。临床上常采用荧光标记单克隆抗体（抗 CD16 和抗 CD56）标记 NK 细胞，通过流式细胞仪进行参数分析。健康成人外周血 NK 细胞约占淋巴细胞总数的 8% ～ 15%。

三、淋巴细胞功能测定

（一）T 细胞功能测定

皮肤试验：正常机体建立了对某种抗原的细胞免疫后，用相同抗原作皮肤试验时可导致迟发型超敏反应，T 细胞活化并释放多种细胞因子，产生以单个核细胞浸润为主的炎症，局部发生充血、渗出，于 24 ～ 48 小时发生，72 小时达高峰。阳性反应表现为局部红肿、硬结，反应剧烈的可发生水肿、坏死。细胞免疫正常者出现阳性反应，而细胞免疫低下者则呈阴性反应。皮肤试验结果常受到受试者致敏状况的影响，若受试者从未接触过该抗原，则不会出现阳性反应，因此阴性者也不一定表明细胞免疫功能低下。为避免判断错误，往往需用两种以上抗原进行皮试，综合判断结果。皮肤试验常用的生物性抗原有结核菌素、麻风菌素、链激酶、链道酶、念珠菌素、腮腺炎病毒等。

（二）B 细胞功能测定

1. 血清免疫球蛋白含量测定

免疫球蛋白为 B 细胞接受抗原刺激后转化为浆细胞分泌的球蛋白，检测血清免疫球蛋白水平可判断 B 淋巴细胞功能。常用指标有血型抗体、IgG、IgM、IgA 等。

2. 抗体形成细胞测定

常采用溶血空斑试验，即测定对绵羊红细胞（SRBC）产生的抗体的 B 淋巴细胞数目。基本过程是：首先用 SRBC 免疫小鼠，无菌取脾制备成脾细胞（含致敏 B 细胞）悬液；将脾细胞悬液与单层贴壁的 SRBC 混合，如被 SRBC 致敏的 B 细胞在体外培养的过程中，合成并分泌抗 SRBC 抗体（溶血素），与其周围的 SRBC 结合，在补体参与下导致 SRBC 溶血，形成肉眼可见的透明溶血区，即溶血空斑（图 22-10）。每一个空斑中央含一个抗体形成细胞，空斑数目即为抗体形成细胞数。

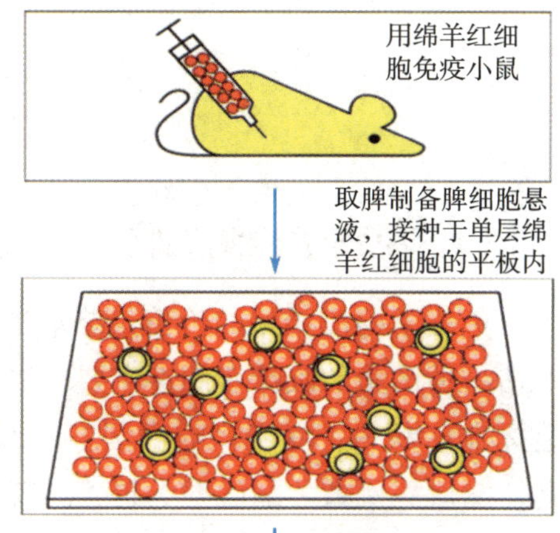

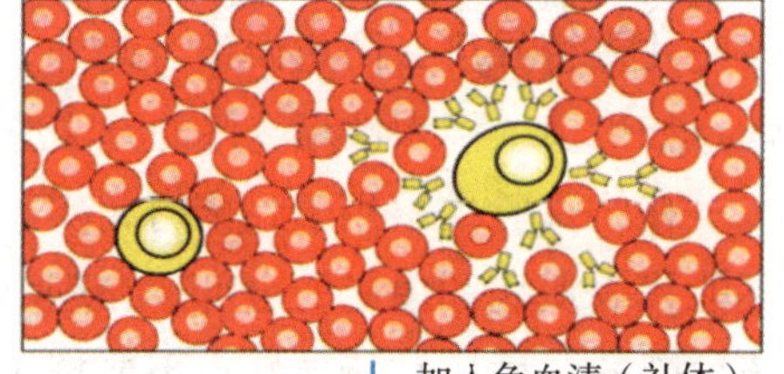

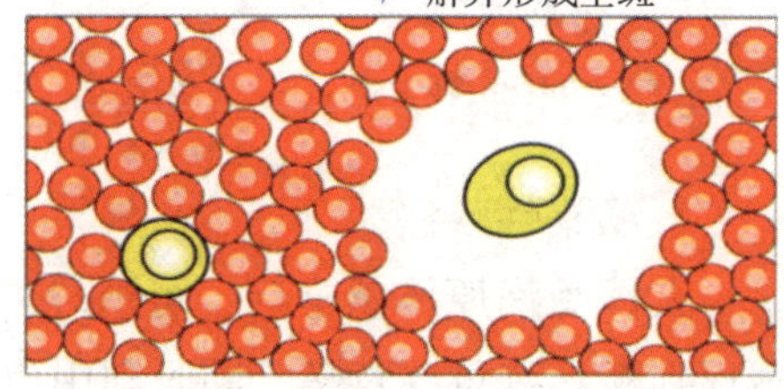

图 22-10　溶血空斑试验原理示意图

（三）NK 细胞功能测定

NK 细胞具有细胞介导的细胞毒作用，能直接杀伤靶细胞。通过细胞毒试验可测定人 NK 细胞毒活性。测定人 NK 细胞活性以 K562 细胞株作为靶细胞，而测定小鼠 NK 细胞活性常采用 YAC-1 细胞株作为靶细胞。

（四）细胞毒试验

细胞毒试验技术是检测 CTL、NK 等细胞杀伤靶细胞活性的一种细胞学技术。主要用于肿瘤免疫、移植排斥和病毒感染等方面的研究。

凋亡细胞检测法

（1）形态学检测法：凋亡细胞形态学特征表现为体积变小，细胞变圆，胞质浓缩，内质网扩张，核仁消失，核染色质浓缩呈半月形或斑块状，出现核着边现象，最后细胞膜内陷将细胞分割成多个外有胞膜包绕的凋亡小体。

（2）琼脂糖凝胶电泳法：凋亡细胞 DNA 被核酸内切酶在核小体之间切割，产生核小体及其倍数的寡核苷酸片段，进行琼脂糖凝胶电泳时呈现梯状 DNA 区带图谱。

（3）流式细胞仪分析：正常细胞 DNA 为二倍体，发生凋亡时 DNA 断裂成非二倍体或亚二倍体，故在流式细胞仪的二倍体峰前出现一个亚二倍体峰，根据峰值大小可判断细胞凋亡百分率。

（4）TUNEL 法：在细胞培养液中加入末端脱氧核苷酸转移酶（terminal deoxyribonucleotidyl transferase，TdT）和生物素标记的核苷酸（dUTP），TdT 可将含标记生物素的 dUTP 连接至断裂的 DNA3’末端，利用亲和素 - 生物素 - 酶放大系统，在 DNA 断裂处着色，显示凋亡细胞。

（五）吞噬功能测定

1. 硝基蓝四氮唑试验

细胞在杀菌过程中产生的杀菌物质超氧阴离子（O_2^-）能使被吞噬的淡黄色染料 NBT 还原成不溶性蓝黑色甲臜颗粒，沉积中胞浆中，光镜下计数 NBT 阳性细胞，可反映中性粒细胞的杀伤功能。

2. 巨噬细胞吞噬试验

将待测巨噬细胞与颗粒性物质，如鸡红细胞或荧光标记颗粒，混合孵育后颗粒性物质被吞噬，根据吞噬百分率即可反映巨噬细胞的吞噬能力。

第五节　免疫学检测与应用

一、免疫学检测的临床价值评价

免疫学检测结果的价值最终取决于临床的有效性。诊断性试验应准确可靠，尽量减少误诊和漏诊。评估一种试验的临床有效性主要取决于两个重要指标，即敏感性和特异性。敏感性（sensitivity）指采用金标准诊断为“有病”的病例中，诊断性试验检测为阳性例数的比例，真阳性例数越多，则敏感度越高，漏诊病例数（漏诊率）越少。特异性（specificity）指采用金标准诊断“无病”的例数中，诊断性试验结果为阴性例数的比例，真阴性例数愈多，则特异度愈高，误诊病例数（误诊率）愈少。选择诊断性试验时应慎重考虑临床对敏感性和特异性的要求。对于疾病筛查应提高敏感度，防止漏诊；对于疾病确诊应注重特异度，防止误诊。此外，实用性也是评价其临床价值的重要指标。实用性是临床使用环境特性，如价格、侵入性等，好的方法应简便、快速、经济、实用。

在将试验结果用于临床时，实验室和临床医生应该明确：实验室检查只是说明疾病的某个方面，而不能代表疾病和患者的全部。在理解和解释试验结果时，不要把试验方法的灵敏度和特异性误认为是临床诊断的灵敏度和特异性；不要把用标记免疫分析得到的结果误认为是其在体内的生物学活性，也不要把试验的灵敏度、精密度误认为是准确性。

二、疾病的实验室诊断

1. 感染性疾病

人体受病原体感染后，可诱导特异性抗体的产生，检测病原体抗体及其类别对感染性疾病的诊断、病程判断具有重要意义。同时利用免疫技术可对病原菌进行血清学分型，直接检测细菌或病毒特异性抗原，确定病原体的种类。由于机体初次感染病原体，特异性抗体产生需要潜伏期，因此通过检测抗体确定感染情况，存在“临床窗口期”问题，需要引起注意。

2. 免疫缺陷病

抗体、补体含量的测定有助于低丙种球蛋白血症、抗体缺陷、补体缺陷的诊断。免疫细胞的鉴定、计数以及功能试验可助于免疫细胞缺陷的诊断。

3. 自身免疫性疾病

抗核抗体、类风湿因子的检测有助于系统性红斑狼疮、类风湿性关节炎的诊断。通过检测 HLA 分子可探讨 HLA 的基因型别与自身免疫病的相关性，为优生优育提供理论依据。

4. 肿瘤

免疫标记技术能检测体内微量的肿瘤标志物，从而实现肿瘤的早期诊断。常用的标志物有 AFP、CEA、糖链抗原（CA125、CA153、CA199）等。检测肿瘤细胞表面的分化抗原有助于淋巴瘤、白血病的诊断和分型。检测细胞免疫功能可以帮助评价肿瘤患者的免疫功能状态，指导临床治疗等。

5. 超敏反应性疾病

血清总 IgE、特异性 IgE、过敏原的检测有助于Ⅰ型超敏反应的诊断和治疗；抗血细胞抗体有助于诊断血细胞减少症；循环免疫复合物测定有助于Ⅲ型超敏反应的诊断。

6. 内分泌系统疾病

超敏感免疫学技术能检测机体内微量的激素物质，如 T3、T4、TSH 等，这些指标有助于内分泌系统疾病诊断和治疗。

三、免疫学监测

感染性疾病的免疫学监测有助于疾病的转归与预后判定。如 IgM 类抗体检测阳性，说明为初次感染或感染的早期；监测乙型肝炎病毒抗原与抗体的消长有助于乙型肝炎的预后判定。T 淋巴细胞及其亚群的动态观察有助于艾滋病的诊断、病情分析、评价疗效。监测肿瘤标志物的含量可对肿瘤复发做出推测；检测肿瘤患者免疫细胞数量和功能可指导临床治疗和疗效评价。进行组织器官移植的患者，通过监测免疫功能状态可预测移植排斥反应，指导免疫抑制剂的用量。自身免疫性疾病患者，通过检测自身抗体效价的变化，可预测病情的发展、评价治疗效果。

临床案例

患者，男，33 岁，因近 10 天食欲不佳，乏力，右上腹胀入院。

自述 5 年前体检时发现 HBsAg 阳性，肝功能正常，未治疗。4 年前因疲倦、乏力、眼睛及皮肤黄染、腹胀住院，诊断为“慢性乙型肝炎急性发作”，经住院保肝治疗 30 天后，病情好转出院。1 年前因肝功能异常再次住院治疗。

10 天前出现疲倦，右上腹闷胀不适，伴食欲下降。体格检查：T 37℃，R 41 次 / 分，P 83 次 / 分，巩膜无黄染，皮肤呈古铜色、无出血点，肝掌、胸前蜘蛛病阳性，腹平软，无压痛及反跳痛，肝、脾肋下未及，墨菲征阴性，肝上界右锁骨中线第五肋间，肝、脾区无叩痛，移动性浊音阴性，双下肢无浮肿，无扑翼样震颤。实验室检查肝功能有改变；血清学检测：HBsAg（+）、抗 HBs（—）、HBeAg（—）、抗 HBe（+）、抗 HBc（+）；甲、丙、戊型肝炎及 HIV 检测均阴性；HBV DNA 2.89×10^6。根据以上描述，请分析患者患有什么病？临床确诊该病需要检测哪些内容？针对该病检测的抗原抗体系统有何实际用处？

分析：根据以上描述，患者可能患有慢性乙型病毒性肝炎；临床诊断乙型病毒性肝炎需要检测乙肝病毒（HBV）抗原抗体系统，即检测 HBsAg、HBeAg 及抗 -HBs、抗 -HBe、抗 -HBc，统称“两对半”；HBsAg 阳性，是 HBV 感染的指标之一，见于 HBV 感染者或无症状携带者，如果持续阳性 6 个月以上则认为转向慢性肝炎；HBsAg、HBeAg 阳性，见于急性或慢性乙型肝炎，或无症状携带者，如果 HBeAg 持续阳性 10 周则认为转向慢性肝炎；HBsAg、HBeAg、抗 -HBc 阳性，见于急性或慢性乙型肝炎（传染性强，“大三阳”）；HBsAg、抗 -HBe、抗 -HBc 阳性，见于急性感染趋向恢复（“小三阳”）；抗 -HBs、抗 -HBe、抗 -HBc 阳性或抗 -HBs、抗 -HBe 阳性，见于既往感染恢复期；抗 -HBc 阳性，见于既往感染或“窗口期”；抗 -HBs 阳性，见于既往感染或接种过乙肝疫苗。

本章小结

本章主要学习对抗原物质、免疫细胞、免疫分子、细胞因子、细胞受体等的定性、定量检测。抗原抗体反应包括沉淀反应、凝集反应、溶解反应、补体结合反应以及中和反应等。免疫标记技术包括免疫酶技术、免疫荧光技术、同位素标记技术、化学发光免疫技术和免疫胶体金技术等。

思考题

1. 单克隆抗体制备的原理和基本过程是什么？
2. ELISA 的基本原理和实验流程是什么？
3. 蛋白免疫印迹的基本原理是什么？

习　题

一、名词解释

1. 酶联免疫吸附法
2. 免疫组织化学技术

二、单项选择题

1. 抗原抗体反应的最适 pH 是（　　）。

A. 3 ～ 4　　B. 5 ～ 10　　C. 6 ～ 9　　D. 9 ～ 10
E. 10 ～ 12

2. 制作 ELISA 载体材料最常用的物质是（　　）。

A. 聚氯乙烯　　B. 聚苯乙烯　　C. 硝酸纤维素膜　　D. 尼龙膜
E. 磁性微粒

3. 利用 ELISA 进行双抗体夹心法是（　　）。

A. 将酶标记特异性抗体用于检测抗原
B. 先将待测抗原包被于固相载体
C. 标记一种抗体可检测多种抗原
D. 能用于半抗原的测定
E. 将酶标记抗抗体用于检测抗原

4. 经过台盼蓝染色后，活细胞呈（　　）。

A. 红色　　B. 天青色　　C. 蓝色　　D. 紫色
E. 不着色

5. 直接玻片凝集试验（　　）。

A. 只能检测抗原，不能检测抗体　　B. 只能检测抗体，不能检测抗原
C. 为半定量试验　　D. 既能检测抗原，又能检测抗体
E. 不能用于检测 ABO 血型鉴定

6. 制备单克隆抗体时，能在 HAT 培养基上生长繁殖的细胞是（　　）。

A. 小鼠脾细胞　　B. 小鼠骨髓瘤细胞

C. 杂交瘤细胞　　D. B 淋巴细胞
E. 以上均可以

7. 外周血单个核细胞（PBMC）是指（　　）。
A. 单核细胞和淋巴细胞　　B. 淋巴细胞
C. 单核细胞　　D. NK 细胞
E. 中性粒细胞

8. 免疫学技术中的亲和层析是利用的抗原抗体反应的哪种特点（　　）。
A. 特异性　　B. 比例性　　C. 可逆性　　D. 结合性
E. 记忆性

9. 可以用已知的抗原或抗体来检测相对应的抗体或抗原，是由于抗原抗体反应的哪种特点（　　）。
A. 特异性　　B. 比例性　　C. 可逆性　　D. 结合性
E. 记忆性

10. 下列哪种因素不影响抗原抗体可见反应的是（　　）。
A. 温度　　B. 电解质　　C. 酸碱度　　D. 离子浓度
E. 湿度

三、判断题（正确的划“√”，错误的划“×”）

1. 抗原抗体反应的类型有沉淀反应、凝集反应、补体参与反应、中和反应以及标记技术等。（　　）

2. 常用的免疫标记技术包括免疫荧光技术、放射免疫技术、酶免疫测定技术、免疫胶体金技术以及发光免疫技术等，不包括免疫印迹技术。（　　）

3. ELISA 实验过程大致分为包被、抗原抗体反应以及酶促反应 3 步，检测方法主要有直接法、间接法、夹心法和竞争法以及捕获法等。（　　）

4. 鉴定 B 细胞的可靠指标是 CD3 分子。（　　）

四、简答题

1. 试述 ELISA 双抗体夹心法的基本原理。

2. 简述分离外周血中单个核细胞分离的原理与操作流程。

参考答案

参考文献

[1] 肖纯凌，赵富玺．病原生物学和免疫学［M］.7 版．北京：人民卫生出版社，2014.
[2] 王承明，王松丽．病原生物学与免疫学［M］.3 版．北京：高等教育出版社，2015.
[3] 李凡，徐志凯．医学微生物学［M］.9 版．北京：人民卫生出版社，2018.
[4] 黄敏，吴松泉．医学微生物学与寄生虫学［M］.4 版．北京：人民卫生出版社，2017.
[5] 诸欣平，苏川．人体寄生虫学［M］.9 版．北京：人民卫生出版社，2018.
[6] 陆予云，李争鸣．寄生虫学检验［M］.4 版．北京：人民卫生出版社，2015.
[7] 曹雪涛．医学免疫学［M］.7 版．北京：人民卫生出版社，2018.
[8] 曹德明，吴秀珍．病原生物与免疫学［M］.2 版．北京：人民卫生出版社，2020.
[9] 程纯，郝钰。免疫学基础与病原生物学［M］.3 版．北京：人民卫生出版社，2021.